高等职业教育系列教材

工厂电气控制技术

主　编　陈　红
参　编　周冀馨　刘振昌　付连祺
主　审　张晓艳

机　械　工　业　出　版　社

本书以职业岗位能力培养为主线，理论知识以“必需、够用”为原则，强调学以致用。在整体内容编排上，将维修电工国家职业资格等级鉴定的相关理论知识与技能要求，按“点”“线”“面”层层递进，“点”为元器件，“线”为基本电路及典型应用，“面”为系统设计，每章均配有技能训练，使理论教学与实践教学有机融合。此外，将功能强大的AutoCAD绘图软件引入课程是本书的另一特色，掌握AutoCAD这一较为先进的“工程语言”工具，不仅可以为电气控制系统设计及技术文件的形成提供高效的技术支持，也能提高学生的就业竞争力。本书最后以电气控制系统的设计应用作为课程内容的整体集成与提高，完成了从“点”到“线”再到“面”的步步为营、稳步提高的过程。

本书内容丰富、层次分明、深入浅出的理论知识，配合细致详实的技能训练，特别方便教师教学和学生自学。书中还提供了常用电气元件技术数据、电气绘图标准、维修电工职业资格等级鉴定的相关内容，因而在一定程度上具备了工具书的功能。

本书配备课程标准、教学课件、电子教案、习题答案、考试试卷及答案等全套教学资料，适合高职高专院校自动化相关专业作为教学用书、课程设计指导用书，还可用于企业职工岗前培训和继续教育。

本书配有授课电子课件，需要的教师可登录 www. cmpedu. com 免费注册，审核通过后下载，联系编辑索取（QQ：1239258369，电话：010-88379739）。

图书在版编目(CIP)数据

工厂电气控制技术/陈红主编．—北京：机械工业出版社，2016.7（2024.7 重印）
高等职业教育系列教材
ISBN 978-7-111-54165-3

Ⅰ.①工… Ⅱ.①陈… Ⅲ.①工厂—电气控制—高等职业教育—教材
Ⅳ.①TM571.2

中国版本图书馆 CIP 数据核字(2016)第 151978 号

机械工业出版社(北京市百万庄大街 22 号 邮政编码 100037)
策划编辑：王 颖 责任编辑：王 颖
版式设计：霍永明 责任校对：刘秀芝
责任印制：张 博
北京雁林吉兆印刷有限公司印刷
2024 年 7 月第 1 版第 7 次印刷
184mm×260mm · 13.5 印张 · 324 千字
标准书号：ISBN 978-7-111-54165-3
定价：45.00 元

电话服务	网络服务
客服电话：010-88361066	机 工 官 网：www. cmpbook. com
010-88379833	机 工 官 博：weibo. com/cmp1952
010-68326294	金 书 网：www. golden-book. com
封底无防伪标均为盗版	机工教育服务网：www. cmpedu. com

高等职业教育系列教材电子类专业
编委会成员名单

出版说明

《国家职业教育改革实施方案》（又称“职教20条”）指出：到2022年，职业院校教学条件基本达标，一大批普通本科高等学校向应用型转变，建设50所高水平高等职业学校和150个骨干专业（群）；建成覆盖大部分行业领域、具有国际先进水平的中国职业教育标准体系；从2019年开始，在职业院校、应用型本科高校启动“学历证书+若干职业技能等级证书”制度试点（即1+X证书制度试点）工作。在此背景下，机械工业出版社组织国内80余所职业院校（其中大部分院校入选“双高”计划）的院校领导和骨干教师展开专业和课程建设研讨，以适应新时代职业教育发展要求和教学需求为目标，规划并出版了“高等职业教育系列教材”丛书。

该系列教材以岗位需求为导向，涵盖计算机、电子、自动化和机电等专业，由院校和企业合作开发，多由具有丰富教学经验和实践经验的“双师型”教师编写，并邀请专家审定大纲和审读书稿，致力于打造充分适应新时代职业教育教学模式、满足职业院校教学改革和专业建设需求、体现工学结合特点的精品化教材。

归纳起来，本系列教材具有以下特点：

1）充分体现规划性和系统性。系列教材由机械工业出版社发起，定期组织相关领域专家、院校领导、骨干教师和企业代表召开编委会年会和专业研讨会，在研究专业和课程建设的基础上，规划教材选题，审定教材大纲，组织人员编写，并经专家审核后出版。整个教材开发过程以质量为先，严谨高效，为建立高质量、高水平的专业教材体系奠定了基础。

2）工学结合，围绕学生职业技能设计教材内容和编写形式。基础课程教材在保持扎实理论基础的同时，增加实训、习题、知识拓展以及立体化配套资源；专业课程教材突出理论和实践相统一，注重以企业真实生产项目、典型工作任务、案例等为载体组织教学单元，采用项目导向、任务驱动等编写模式，强调实践性。

3）教材内容科学先进，教材编排展现力强。系列教材紧随技术和经济的发展而更新，及时将新知识、新技术、新工艺和新案例等引入教材；同时注重吸收最新的教学理念，并积极支持新专业的教材建设。教材编排注重图、文、表并茂，生动活泼，形式新颖；名称、名词、术语等均符合国家有关技术质量标准和规范。

4）注重立体化资源建设。系列教材针对部分课程特点，力求通过随书二维码等形式，将教学视频、仿真动画、案例拓展、习题试卷及解答等教学资源融入到教材中，使学生学习课上课下相结合，为高素质技能型人才的培养提供更多的教学手段。

由于我国高等职业教育改革和发展的速度很快，加之我们的水平和经验有限，因此在教材的编写和出版过程中难免出现疏漏。恳请使用本系列教材的师生及时向我们反馈相关信息，以利于我们今后不断提高教材的出版质量，为广大师生提供更多、更适用的教材。

机械工业出版社

前　言

“工厂电气控制技术”是电气自动化技术专业的一门技术应用型专业课，也是取得维修电工国家职业资格等级证书的重要课程，具有很强的实践性，是工程技术人员必须掌握的一门实用技术。因此，课程必须直接面向职业岗位能力的培养。

为了适应现代化建设对高等职业技术人才的需求，并根据高等职业教育的人才培养特点，本书以职业岗位能力培养为主线，在编写时以“必需、够用”为原则，强调学以致用。在整体内容编排上，按“点”“线”“面”层层递进，“点”为元器件，“线”为基本电路及典型应用，“面”为系统设计，每章均配有技能训练，使理论教学与实践教学有机融合、并将维修电工职业资格等级鉴定所需的相关理论知识与技能要求贯穿于教学过程的始终。此外，将功能强大的AutoCAD绘图软件引入课程是本书的另一特色，掌握AutoCAD这一较为先进的“工程语言”工具，不仅可以为电气控制系统设计及技术文件的形成提供高效的技术支持，也能提高学生的就业竞争力。本书最后以电气控制系统的设计应用作为课程内容的整体集成与提高，强化了对学生工程实践能力和综合职业能力的培养。

本书共分为6章。第1章在介绍电磁式低压电器知识的基础上，介绍了接触器、继电器等各类常用低压电器，重点强调其功能用途、选型与使用。第2章主要介绍电气控制系统的起动、制动、调速等基本控制环节，特别强调了基本控制电路的组成特点、工作原理及一般分析方法的使用。第3章主要介绍机床电气电路的分析方法，车床、磨床、钻床的电气控制及常见故障的分析、排除方法，以加深读者对典型控制环节的理解。第4章为AutoCAD 2012基本绘图概要，提纲挈领地介绍了AutoCAD 2012绘图软件的基本操作方法。第5章介绍电气制图的一般规则、电气制图文件中各种对象的表示方法，以及利用AutoCAD绘图软件进行电气控制系统图绘制的规则、方法与技巧。第6章在介绍继电器、接触器控制系统设计的基本原则与步骤的基础上，主要从电气控制系统的原理设计和工艺设计两方面介绍了电气原理图、电器元件布置图和电气安装接线图的设计与绘制方法，电气设备的安装、调试方法，最后运用具体的设计实例将电气控制系统的设计、安装、调试、运行的全部过程贯穿起来，并提供了若干难度适宜的设计课题供技能训练使用。以上各章内容均配合细致的技能训练，适合高职高专院校自动化相关专业作为教学用书、课程设计指导用书，还可用于职业技能培训。书中还提供了常用电气元器件技术数据、电气绘图标准、维修电工职业资格等级鉴定的相关内容，因而在一定程度上具备了工具书的功能。

本书由天津电子信息职业技术学院陈红担任主编，周冀馨、刘振昌、付连祺参编，张晓艳担任主审并提出了许多宝贵的修改意见。陈红编写第1、2、3、6章并承担全书的整理定稿工作，周冀馨编写第4、5章，刘振昌、付连祺编写第1~3章技能训练部分和附录部分的内容。

本书在编写过程中，参阅了许多同行专家编著的教材和资料，得到了不少启发，在此仅向编者致以诚挚的谢意！

由于编者水平有限，书中难免存在缺点和疏漏之处，恳请广大读者批评指正。

编　者

目　　录

第1章　常用低压电器

本章首先介绍电磁式低压电器的基础知识，在此基础上介绍开关电器、主令电器、熔断器、接触器、继电器等各类常用低压电器的结构组成、工作原理及功能用途等。学习本章内容，应了解各种低压电器的结构组成，认真理解其工作原理，重点掌握其功能用途、符号表示、选用原则及使用注意事项。

1.1　概述

作为现代工业的主要动力，用电动机拖动生产机械运行，以实现生产机械的各种不同工艺要求，就必须有一套控制装置。尽管电力拖动自动控制已向无触点、连续控制、弱电化、微型计算机控制方向发展，但由于继电器-接触器控制系统所用的控制电器结构简单、价格便宜、能够满足生产机械一般生产的要求，因此，目前仍然获得广泛的应用。

1.1.1　低压电器的定义

电器是一种能够根据外界信号的要求，手动或自动地接通或断开电路，以实现对电路或非电对象的切换、控制、保护、检测和调节作用的电气设备。简而言之，电器就是一种能控制电的工具，生产机械中所用的控制电器多属于低压电器。

低压电器通常是指交流1200V及以下与直流1500V及以下电路中起通断、控制、保护和调节作用的电气设备。其主要作用就是接通或断开电路中的电流，因此“开”和“关”是其最基本和最典型的功能。

1.1.2　低压电器的分类

低压电器的种类繁多，构造各异，用途广泛。下面介绍两种主要分类方式。

1. 按动作方式分类

（1）自动切换电器

自动切换电器有电磁铁等动力机构，能依靠本身参数或外部信号的变化而自动动作，实现接通或断开电路，如接触器、继电器及低压断路器等。

（2）非自动切换电器

非自动切换电器无动力机构，是依靠人力操作或其他外力（如机械力）作用推动执行机构来接通或断开电路的，如刀开关、转换开关、行程开关及按钮等。

2. 按用途分类

（1）低压配电电器

低压配电电器主要用于低压供配电系统，进行电能的输送和分配，如刀开关、转换开关、低压断路器及熔断器等。

（2）低压控制电器

低压控制电器主要用于电力拖动系统的自动控制中，用来控制电动机的起动、制动、调速等，如接触器、继电器、主令电器、磁力起动器、控制器及电磁铁等。

此外，还可以按照工作原理、电压类型或执行机构有无触点进行分类。

1.1.3 低压电器的发展方向

低压电器的发展，取决于国民经济的发展和现代工业自动化发展的需要，以及新技术、新工艺、新材料的研究与应用。近年来，随着计算机技术、电子技术、信息与网络以及材料科学的发展，低压电器产品也在传统结构模式下有所突破，智能化和电子化的低压电器产品逐步走向了前台，使低压电器朝着智能化、电子化、模块化、高性能、高可靠性及绿色环保的方向迅速发展。

1. 智能化与网络化

随着专用集成电路和高性能微处理器的出现、计算机技术与现场总线技术的引入，不仅使低压电器具有智能化的功能，而且实现了智能化电器与中央控制计算机的双向通信，并进一步使其构成的自动化通信网络从集中式控制向分布式控制发展。

2. 设计与开发手段现代化

为提高市场的竞争能力，许多生产商致力于产品开发手段的现代化，通过三维计算机辅助设计系统的广泛采用，使系统设计、制造和分析于一体，并通过计算机仿真技术的应用，实现了设计与制造的自动化。

3. 产品结构模块化

当前低压电器在结构上广泛采用了模块化、组合化设计。将不同功能的模块按照不同的需求组合成模块化的产品，是新一代产品的发展方向，不仅使产品的制造过程大为便捷，有利于产品结构紧凑，尺寸规范，便于组合安装，而且可以降低产品生产成本。

4. 产品品种电子化

近年来，我国低压电器发展很快，通过自行设计和技术引进，产品品种与质量都有明显提高，达到国际电工委员会（IEC）标准的产品数量不断增加。国家已经严格禁止生产商继续生产销售和使用单位继续购买淘汰产品，并鼓励发展电子化的新型控制电器，如光电开关、接近开关、电子式时间继电器、固态继电器及漏电继电器等，以适应控制系统迅速电子化的需要。

5. 广泛使用环保材料

随着国民经济和工农业生产的迅猛发展，环境保护问题日趋严重。近年来，一些生产商从环保要求出发，积极采用无毒、无害、可回收利用的新型环保材料，使得低压电器在其应用过程中更可靠、更环保。

1.2 电磁式低压电器的基本知识

电磁式低压电器是低压电器中最典型也是应用最为广泛的一种电器，其类型很多，并且各种类型的电磁式低压电器在结构组成和工作原理上基本相同。因此，本节介绍电磁式低压电器的基础知识。

从结构上看，电器一般都具有两个基本组成部分，即感受部分与执行部分。感受部分接受外界输入的信号，并通过转换、放大与判断作出有规律的反应，使执行部分动作，输出相应的指令，实现控制或保护的目的。有些电器还具有中间部分。对于电磁式低压电器，其感受部分是电磁机构，而执行部分则是触点系统。

1.2.1 电磁机构

电磁机构是各种电磁式低压电器的感测部分，其主要作用是将电磁能量转换成机械能，带动触点的闭合与分断。电磁机构主要由吸引线圈、铁心和衔铁三部分组成。其中，吸引线圈和铁心是静止不动的，而衔铁则是可动的。

1. 电磁机构的结构型式

电磁机构的结构型式按衔铁的运动方式、吸引线圈接入电路的方式、吸引线圈通入电流的性质不同可以有多种分类方法。

（1）按衔铁的运动方式分类

电磁机构的结构型式按衔铁的运动方式可分为直动式与拍合式，如图1-1所示。

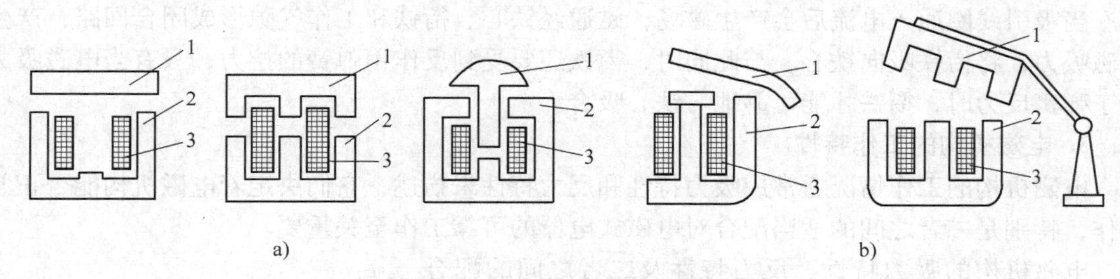

图1-1 直动式与拍合式电磁机构
a）直动式电磁机构 b）拍合式电磁机构
1—衔铁 2—铁心 3—线圈

直动式电磁机构和拍合式电磁机构均有铁心与衔铁制成为E字形，且由电工钢片叠合而成，线圈套装在中间的铁心柱上，E形铁心的中柱较短，衔铁与铁心闭合后上下中柱间形成0.1～0.2mm的气隙，这两种型式的电磁机构均用于交流电磁式低压电器中。

U形拍合式电磁机构的铁心制成U字形，衔铁的一端绕棱角或转轴做拍合运动。铁心与衔铁均由工程软铁制成且衔铁绕棱角运动者，多用于直流电磁式电器中，如直流接触器；而铁心与衔铁均由电工钢片叠合而成且衔铁绕转轴转动者，则广泛应用于交流电磁式电器中。

（2）按线圈接入电路的方式分类

电磁机构的结构型式按吸引线圈接入电路的方式可分为串联电磁机构和并联电磁机构，如图1-2所示。

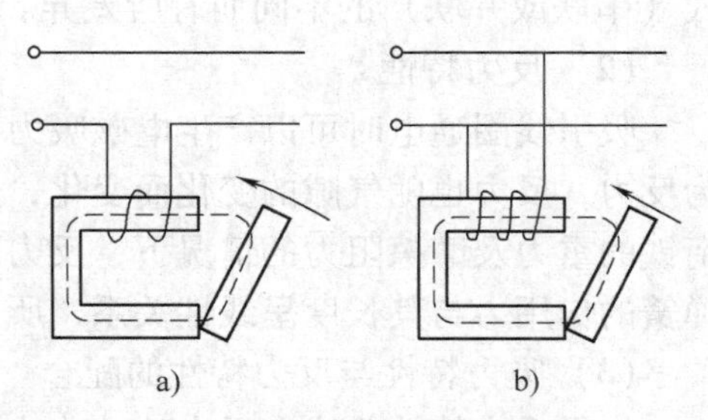

图1-2 线圈接入电路的方式
a）串联电磁机构 b）并联电磁机构

串联电磁机构的线圈串接于电路中，这种接入方式的线圈又称为电流线圈，电流线圈主要用于电流检测类电磁式电器，串联电磁机构的衔铁动作与否取决于线圈中电流的大小。为减少对电路电压分配的影响，要求线圈的内阻很小。因此，串联电磁机构的线圈采用粗导线制造，且线圈的匝数较少。

并联电磁机构的线圈并联于电路中，这种接入方式的线圈又称为电压线圈，大多数电磁式电器的线圈都按照并联接入方式设计，而并联电磁机构的衔铁动作与否取决于线圈两端电压的大小。为减少电路的分流作用，并联线圈需要较大的阻抗。因此，并联电磁机构的线圈导线较细，且线圈的匝数较多。

（3）按线圈通入电流的性质分类

吸引线圈的作用是将电能转换成磁场能量，按吸引线圈通入电流性质的不同，电磁机构可分为直流电磁机构与交流电磁机构。直流电磁机构的电磁铁在稳定状态下通入恒定磁通，铁心中没有磁滞损耗与涡流损耗，只有线圈本身的铜损，所以铁心用整块铸铁或铸钢制成，线圈无骨架，且成细长形，使线圈与铁心直接接触，易于散热；而交流电磁机构的电磁铁为减少交变磁场在铁心中产生的涡流与磁滞损耗，一般采用硅钢片叠压后铆成，线圈设有骨架，使线圈与铁心隔离，且制成短粗型，以增加散热面积。

2. 电磁机构的工作原理

当吸引线圈通入电流后会产生磁场，磁通经铁心、衔铁和工作气隙形成闭合回路，产生电磁吸力，将衔铁吸向铁心。与此同时，衔铁还要受到反作用弹簧的拉力，只有当电磁吸力大于弹簧反力时，衔铁才能可靠地与铁心吸合。

3. 电磁机构的工作特性

电磁机构的工作情况通常用吸力特性和反力特性来描述，它们决定着电磁机构能否正常工作，特别是二者之间的适当配合对电磁式电器的可靠工作至关重要。

电磁机构的吸力特性、反力特性及二者之间的配合如图 1-3 所示。图中 δ_1 为气隙的最大值，其对应触点的断开距离，也称为触点行程；δ_2 则对应动、静触点刚刚接触时的气隙。

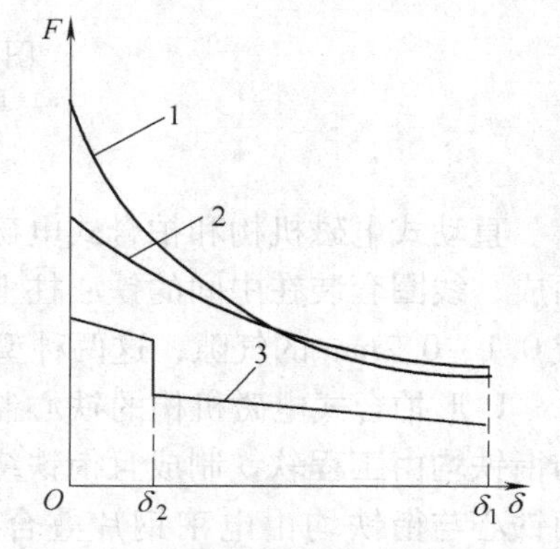

图 1-3　吸力特性与反力特性的配合
1—直流吸力特性　2—交流吸力特性
3—反力特性

（1）吸力特性

吸力特性指电磁吸力 F 与气隙 δ（铁心和衔铁之间的距离）的关系曲线。电磁吸力是影响电磁式电器可靠工作的一个重要参数，电磁式电器在吸合或释放过程中，其气隙是变化的，电磁吸力也将随气隙的变化而变化。吸力特性随励磁电流种类（交流或直流）、线圈的连接方式（串联或并联）的不同而有所差异。

（2）反力特性

吸引线圈通电时可以产生电磁吸力，当其断电时使衔铁带动触点恢复常态位置的力则称为反力，反力也随气隙的变化而变化，这种特性称为反力特性。在忽略电磁机构运动部件即衔铁的重力及摩擦阻力的情况下，反力的大小主要由复位弹簧和触点弹簧的反力构成。由于弹簧的作用力与其长度呈线性关系，所以反力特性曲线为直线段。

（3）吸力特性与反力特性的配合

如果反力特性曲线在吸力特性曲线的上方，由于反力大于吸力，使衔铁无法产生闭合动作，尤其对于交流并联电磁机构，衔铁无法吸合会导致线圈严重过热乃至烧坏；而如果反力特性曲线在吸力特性曲线的下方，但反力过小，虽然衔铁能产生闭合动作，但由于吸力过大，使衔铁闭合时的运动速度过快，因而会产生很大的冲击力，使衔铁与铁心柱端面造成严重的机械磨损。此外，过大的冲击力还有可能使触点产生弹跳现象，从而导致触点的熔焊或烧损，也就会引起严重的电磨损，降低触点的使用寿命。因此，可以通过改变复位弹簧的松紧来实现吸力特性与反力特性的适当配合。

吸力特性和反力特性适当配合的宗旨，就是在保证衔铁产生可靠吸合动作的前提下尽量减少衔铁和铁心柱端面间的机械磨损和触点的电磨损。为此，应使反力特性曲线始终在吸力特性曲线的下方且彼此靠近。

（4）单相交流电磁机构的短路环

电力拖动自动控制系统中所用的交流电磁式电器均采用单相交流电磁机构。在单相交流电磁机构中，当线圈中通以单相交流电时，在铁心中产生交变磁通，使其产生的电磁吸力在最大值与零之间脉动。因此，对衔铁的吸力时大时小，有时为零，在复位弹簧等的反力作用下，时有释放的趋势，造成衔铁振动，使触点接触不良，并且还产生噪声。不仅对电器正常工作十分不利，还降低了电器的使用寿命。

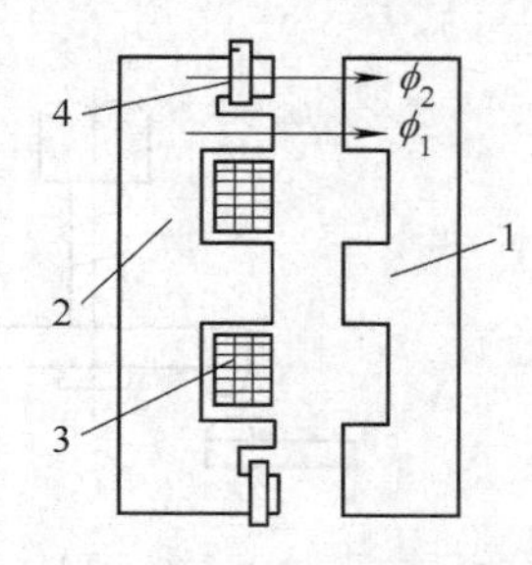

图 1-4　交流电磁铁的短路环

1—衔铁　2—铁心

3—线圈　4—短路环

因此，在交流电磁铁的铁心上装设短路环，如图 1-4 所示。短路环的作用是减少交流电磁铁吸合时产生的振动和噪声。装入短路环后，交变磁通 Φ_1 的一部分穿过短路环，在环中产生感应电流，因此环中的磁通成为 Φ_2。Φ_1 与 Φ_2 相位不同，也即不同时为零。这样就使线圈电流和铁心磁通 Φ_1 过零时短路环中的磁通 Φ_2 不为零，仍然可将衔铁牢牢吸住，从而消除了振动和噪声。只要在设计时注意保证合成吸力始终大于弹簧等的反力便可以满足减振和消除噪声的要求。

1.2.2　触点系统

触点是一切有触点电器的执行部件，通过触点的动作接通和断开电路。根据用途的不同，触点可以分为常开触点（动合触点）和常闭触点（动断触点）两类。电器元件在没有通电或不受外力作用的常态下处于断开状态的触点，称为常开触点，反之则称为常闭触点。

1. 触点的接触形式

触点的接触形式有点接触、线接触和面接触 3 种，如图 1-5 所示。点接触由于接触区域

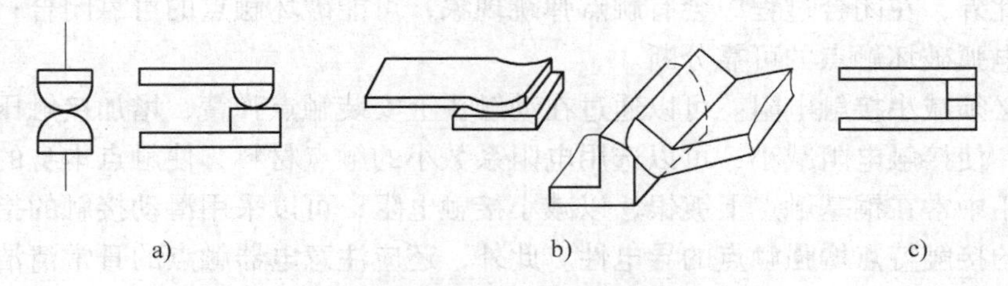

图 1-5　触点的接触形式

a）点接触　b）线接触　c）面接触

是一个点或面积很小的面，允许通过的电流很小，所以常用于电流较小的电器中，如继电器的触点。线接触由两个圆柱面接触而成，又称为指形触点，其接触区域是一条直线或一条窄面，允许通过的电流较大，常用于中等容量的触点系统，这种接触形式在触点通断过程中是滚动或滑动接触，利于自动清除触点表面的氧化膜，从而更好地保证触点的良好接触。面接触是两个平面形触点接触而成，由于接触区域有一定的面积，可以通过很大的电流，常用在大容量接触器中作为主触点。

2. 触点的结构形式

触点按其结构形式可分为桥式触点和指式触点，如图 1-6 所示。桥式触点有点接触和面接触两种，前者适用于小电流电路，后者适用于大电流电路；指式触点为线接触，适用于较大电流且操作频繁的场合。为使触点接触时导电性能好，减小接触电阻并消除开始接触时产生的振动，在触点上装设了压力弹簧，以增加动、静触点间的接触压力。

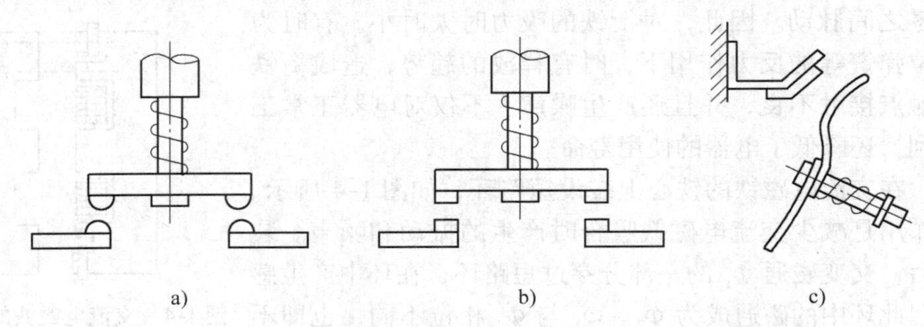

图 1-6 触点的结构形式

a）点接触桥式触点 b）面接触桥式触点 c）线接触指形触点

3. 触点的接触电阻

触点在闭合状态下，动、静触点完全接触，并有工作电流通过时，称为电接触。影响电接触工作情况的主要因素就是触点的接触电阻。因为接触电阻大，容易使触点发热而导致温度升高，从而使触点容易产生熔焊现象，既影响触点工作的可靠性，又降低了触点的使用寿命。

触点的工作状态分为：闭合过程、闭合状态、断开过程及断开状态。理想情况下，触点闭合状态时其接触电阻为零；触点断开状态时其接触电阻为无穷大；而闭合过程中接触电阻瞬时由无穷大变为零；断开过程中接触电阻瞬时由零变为无穷大。但实际上，在闭合状态时耦合触点间有接触电阻存在，若接触电阻太大，可能导致被控电路压降过大或电路不通；在断开状态时要求触点间有一定的绝缘电阻，若绝缘电阻不足则可能导致击穿放电，致使被控电路导通。此外，在闭合过程中会有触点弹跳现象，可能破坏触点的可靠闭合；在断开过程中可能产生电弧破坏触点的可靠分断。

为此，必须减小接触电阻。可以通过在动触头上安装触点弹簧，增加接触压力，进而增加接触面积，使接触电阻减小；可以选用电阻系数小的触点材料，使触点本身的电阻尽量减小，实际应用中常在铜基触点上镀银，以减小接触电阻；可以采用滑动接触的指形触点，利用触点自身的接触特点增强触点的导电性。此外，还应注意电器触点的日常清洁与维护，使触点保持良好的表面状况。

提示与指导：

应特别注意电磁机构与触点系统之间的关系，电磁机构是各种电磁式低压电器的感测部分，触点则是其执行部件，是电磁机构通过其线圈的通、断电控制触点系统各触点的动作和复位。

1.2.3 灭弧装置

1. 电弧的产生及危害

电弧是在触点由闭合状态到断开状态的过渡过程中产生的。在触点断开的过程中，动、静触点的接触面积逐渐减少，接触电阻随之增加。在触点切断电路时，如果触点间的电压在10～20V之间、电流为80～100 mA之间，触头间便会出现火花和弧光，这就是电弧。电弧实际上是触点之间的气体在强电场作用下产生的放电现象。

电弧产生时，其内部会有很高的温度和密度很大的电流，外部则有强烈的白炽弧光，电弧会使触点烧灼，降低电器的使用寿命和工作的可靠性，并使电路的分断时间延长，甚至使触头熔焊不能断开，造成严重的生产事故。因此，必须采取一定的方法使电弧迅速熄灭。

2. 灭弧方法及装置

要使电弧迅速熄灭，可以拉长电弧，以降低电弧电场强度；可以利用电磁力使电弧在冷却介质中运动，以降低弧柱周围的温度；可以将电弧挤入绝缘壁组成的窄缝中，以冷却电弧；也可以将电弧分割成许多串联的短弧，以降低起弧电压。

低压电器常用的灭弧装置中，双断口电动力灭弧如图1-7所示，该方法简便且无须专门的灭弧装置，多用于10A以下的小容量交流电器；灭弧栅灭弧示意图如图1-8所示，金属栅片既可吸入、分割电弧并降低起弧电压，又可导出电弧的热量，该装置一般为容量较大的交流电器采用；磁吹式灭弧如图1-9所示，该方法利用电弧与弧隙磁场相互作用而产生的电磁

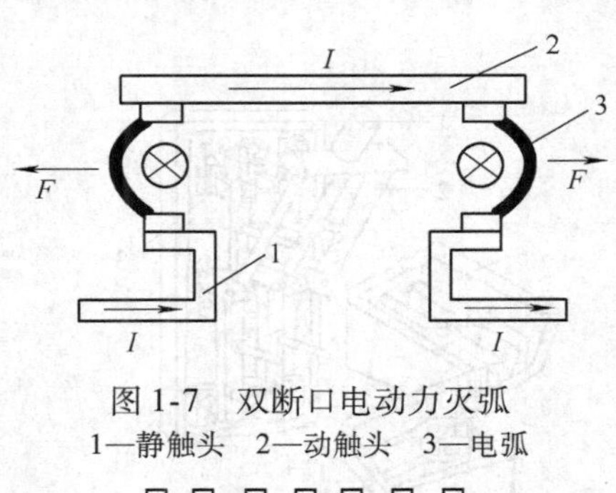

图1-7 双断口电动力灭弧
1—静触头 2—动触头 3—电弧

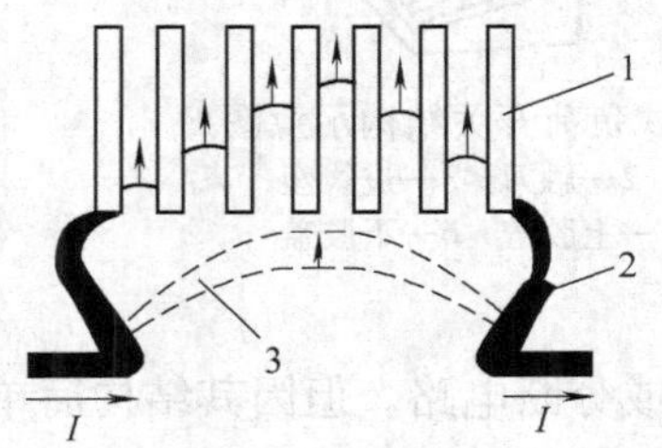

图1-8 灭弧栅灭弧示意图
1—灭弧栅片 2—触头 3—电弧

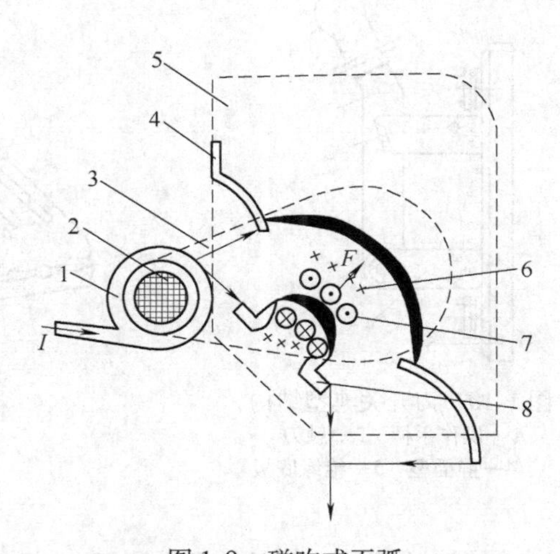

图1-9 磁吹式灭弧
1—磁吹线圈 2—铁心 3—导磁夹板
4—引弧角 5—灭弧罩 6—磁吹线圈磁场
7—电弧电流磁场 8—动触头

力实现灭弧，实际上就是利用电弧电流自身来灭弧，电弧电流越大，磁吹线圈产生的磁场越强。该方法广泛应用于直流电器作为灭弧装置；此外，还有灭弧罩灭弧，是利用灭弧罩的窄缝隔弧并降低弧温，直流接触器上广泛采用这种灭弧装置。

1.3 开关电器

1.3.1 刀开关

刀开关是结构简单、应用广泛且使用最早的一种手控开关电器。刀开关的典型结构如图1-10所示，由操作手柄、触刀（动触头）、静插座（静触头）和绝缘底板等组成，推动手柄使触刀紧紧插入插座中，电路即被接通。

刀开关是一种手动电器，一般用来不频繁地接通和分断容量不很大的低压供电电路，也可作为电源的隔离开关，三极刀开关适当降低容量后，可对小容量异步电动机作不频繁的直接起停控制。

1. 常用刀开关

刀开关的种类很多。按触刀的极数可分为单极、双极和三极；按转换方向可分为单投和双投；按操作方式可分为直接手柄操作式、杠杆操作机构式和电动操作机构式等。常用三极刀开关长期允许通过的电流有100A、200A、400A、600A和1000A 5种，其主要型号有HD单投系列和HS双投系列。此外，还有刀开关与熔断器的组合产品。

（1）开启式负荷开关

开启式负荷开关结构示意图如图1-11所示。与一般刀开关相比，增设了熔丝和防护外壳胶盖，熔丝可以实现短路保护，而防护外壳可以防止分断电路时产生的电弧飞出胶盖灼伤操作人员，并且还可以防止极间飞弧造成相间短路。

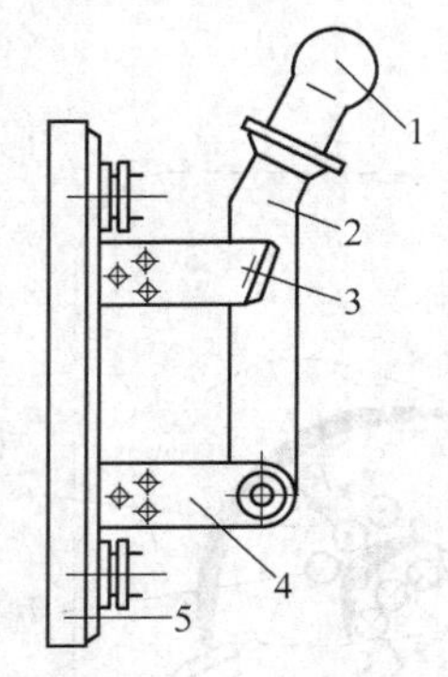

图1-10 刀开关典型结构
1—操作手柄 2—触刀
3、4—静插座 5—绝缘底板

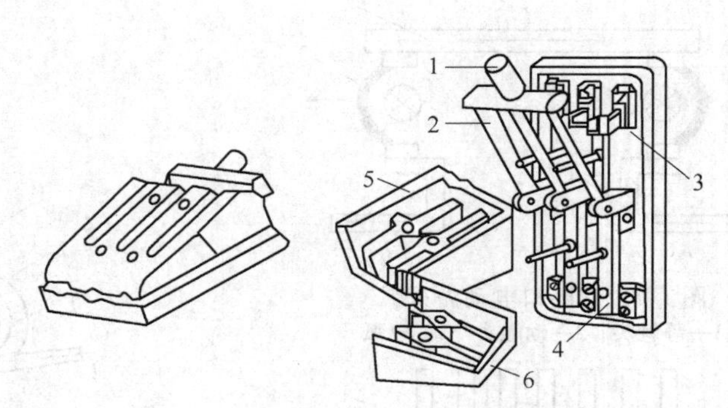

图1-11 开启式负荷开关结构示意图
1—操作手柄 2—触刀 3—进线座
4—出线座 5—上胶盖 6—下胶盖

但这种开关易被电弧灼烧损坏，因此不宜带负载接通或分断电路。但因其结构简单、价格低廉，常用作照明电路的电源开关，也可用于5.5kW以下小容量异步电动机不频繁的直接起停控制。

在控制电路进行合闸或拉闸时，必须盖好上、下胶盖，紧固螺钉，开关操作应动作迅速，以利于迅速灭弧，减少触刀与插座的灼损。开启式负荷开关常用型号有 HK1、HK2 系列等，HK2 系列刀开关主要技术参数如表 1-1 所示。

表 1-1　HK2 系列刀开关主要技术参数

额定电流/A	极数	额定电压/V	可控制电动机最大容量/kW	熔体直径/mm	额定电流/A	极数	额定电压/V	可控制电动机最大容量/kW	熔体直径/mm
10	2	250	1.1	0.25	15	3	500	3.2	0.45
15	2	250	1.5	0.41	30	3	500	4.0	0.71
30	2	250	2.0	0.56	60	3	500	5.0	1.12

（2）封闭式负荷开关

封闭式负荷开关又称铁壳开关，其结构示意图如图 1-12 所示，它主要由刀开关、熔断器、灭弧装置、操作机构和铁制外壳组成。三相动触刀固定在一根绝缘方轴上，通过操作手柄操纵。操作机构中，在手柄转轴与底座间还装有速动弹簧，使开关的接通或断开速度与手柄的操作速度无关，从而加快了分断速度，有利于迅速灭弧。此外，操作机构还设有机械联锁装置，能保证合闸状态时箱盖不能被打开；而箱盖打开时，手柄则不能操作开关合闸，这样既可防止电弧伤人，又可保证操作人员的安全。

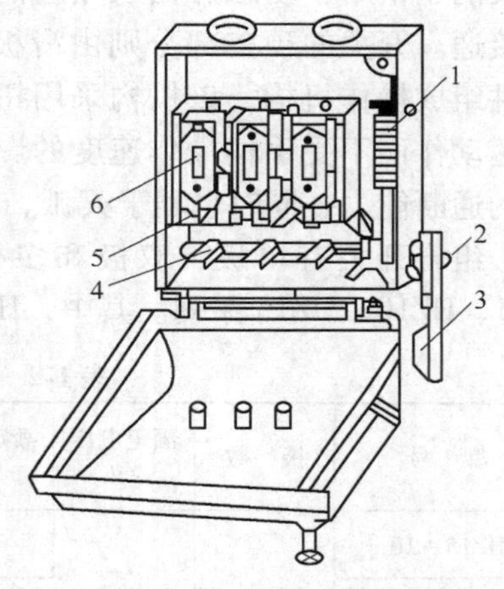

图 1-12　铁壳开关结构示意图
1—速断弹簧　2—转轴　3—操作手柄
4—触刀　5—静插座　6—熔断器

封闭式负荷开关使用时应注意外壳要可靠接地，以防止意外漏电造成触电事故。其常用型号有 HH3、HH4、HH10 等系列。

2. 刀开关选择

1）刀开关的额定电压应等于或大于电路的额定电压。

2）控制普通负载时，刀开关的额定电流应等于或稍大于电路的工作电流。

3）用刀开关控制电动机时，应适当降低容量使用，一般其额定电流要大于电动机额定电流的 3 倍。

刀开关的图形符号和文字符号如图 1-13 所示。

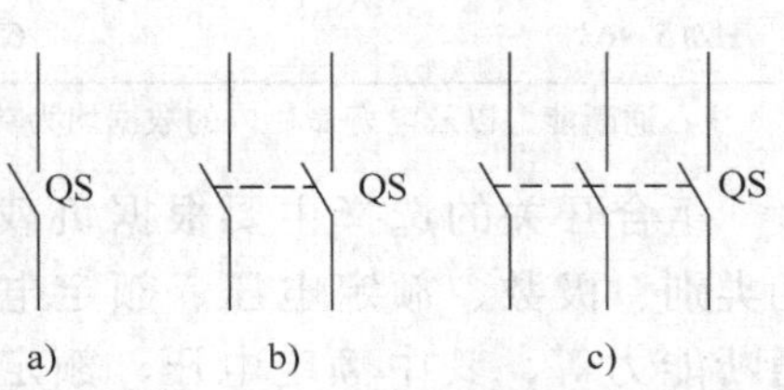

图 1-13　刀开关的图形符号和文字符号
a）单极　b）双极　c）三极

3. 刀开关使用注意事项

1）安装刀开关时，瓷底座应与地面垂直，手柄向上为合闸位置，不能平装或倒装，以防止闸刀松动落下而发生误合闸，危及人身和设备安全。

2）接线时，电源进线应接在上方的进线端，负载应接在下方的出线端。这样，拉闸后开关与熔丝均不带电，以保证更换熔丝时的安全。

1.3.2 组合开关

组合开关又称为转换开关，其实质为刀开关，不同在于一般刀开关的操作手柄是在垂直于安装面的平面内向上或向下转动，而组合开关的操作手柄则是在平行于安装面的平面内向左或向右转动。由于组合开关结构紧凑，操作方便，组合性强，所以在机床上广泛地用其代替刀开关作为电源的引入开关、照明电路的控制开关，或控制小容量异步电动机的不频繁（每小时关合次数不超过20次）起停与正反转。

组合开关的结构示意图如图1-14所示。它是由单个或多个单极旋转开关叠装在同一根绝缘方轴上组成的，转动开关的手柄时，动触片插入相应的静触片中，使相应的线路接通。开关的顶盖部分则由滑板、凸轮、扭簧及手柄等零件组成操作机构，该机构采用扭簧贮能机构，可使开关快速动作而不受手柄操作速度的影响，因而提高了组合开关的通断能力，同时也利于灭弧。

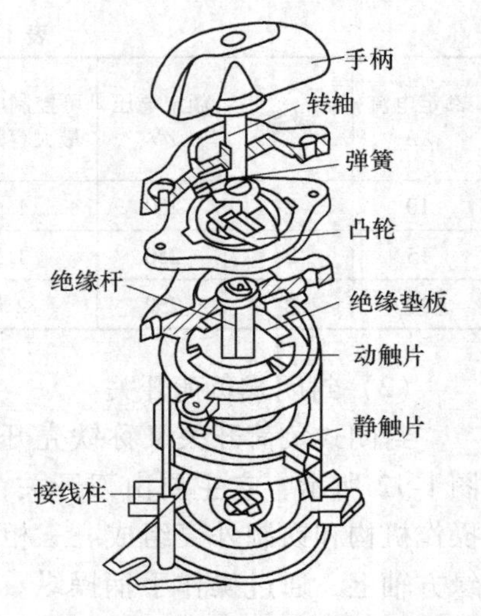

图1-14 组合开关的结构示意图

组合开关有单极、双极和多极之分，其常用型号有HZ5、HZ10、HZ15系列。其中，HZ15系列组合开关主要技术参数如表1-2所示。

表1-2 HZ15系列组合开关主要技术参数

型号	极数	额定电压/V	额定电流/A	使用类别代号	通断能力/A		电寿命/次	机械寿命/次
					接通电流	分断电流		
HZ15-10	1、2、3、4	交流380	10	配电电器 AC-20 AC-21 AC-22	30	30	10 000	30 000
HZ15-25			25		75	75		
HZ15-63			63		190	190		
HZ15-10			3	控制电动机 AC-3	30	24	5 000	
HZ15-25			6.3		63	50		
HZ15-10		直流220	10	DC-20 DC-21	15	15	10 000	30 000
HZ15-25			25		38	38		
HZ15-63			63		95	95		

注：通断能力以及电寿命栏内的数据均为功率因数0.65，直流时间常数1ms条件下的数据。

组合开关的选择主要根据负载的使用类别、极数、额定电压、额定电流及通断能力等，其中额定电压、额定电流的选择与负荷开关类似。

组合开关的图形符号和文字符号如图1-15所示。

QS　QS　QS

a)　b)　c)

图1-15 组合开关的图形符号和文字符号
a）单极 b）双极 c）三极

1.3.3 低压断路器

低压断路器又称为自动开关，集控制和多种保护功能于一体。正常情况下可用于不频繁地接通或断开电路及控制电动机的运行；当电路发生严重过载、短路以及失电压等故障时，能自动切断故障电路，有效地保护串接在它后面的电气设备。

1. 低压断路器的结构与工作原理

低压断路器的结构如图 1-16 所示，主要由触点系统、灭弧装置、操作机构和保护装置等几部分组成。开关的主触点靠操作机构手动或电动合闸后，即被锁扣锁在合闸位置，电路故障时，保护装置中的各种脱扣器动作使断路器跳闸分断电路。

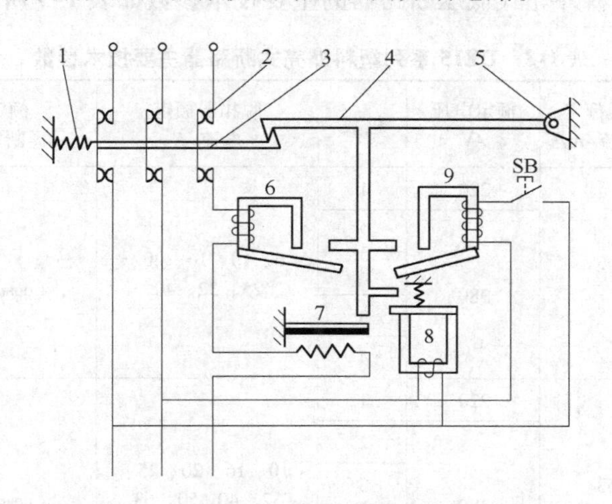

图 1-16　低压断路器的结构

1—分闸弹簧　2—主触点　3—传动杆　4—锁扣　5—轴　6—过电流脱扣器
7—热脱扣器　8—欠电压（失电压）脱扣器　9—分励脱扣器

当电路正常运行时，串联在电路中的过电流脱扣器 6 的线圈所产生的电磁吸力不足以吸动衔铁；当发生短路故障时，短路电流超过整定值，衔铁被迅速吸合，同时撞击杠杆并顶开锁扣，使主触点迅速断开将主电路分断，一般过电流脱扣器是瞬时动作的。图 1-16 中欠电压（失电压）脱扣器 8 的线圈为电压线圈，在电路正常运行时，其所产生的电磁吸力足以将衔铁吸合，当电源电压过低或降为零时，吸力减小或消失，使衔铁复位并撞击杠杆，使锁扣脱扣，实现了欠电压或失电压保护。图中还有热脱扣器 7，其工作原理与后续介绍的热继电器相同。此外，还有分励脱扣器 9，可通过按钮 SB 作为远距离控制分断电路之用。

提示与指导：

低压断路器是集控制和保护功能于一体的低压电器，实现其保护功能的是各种脱扣器。应注意：过电流脱扣器实现短路保护；热脱扣器实现过载保护；欠电压（失电压）脱扣器实现欠电压或失电压保护；分励脱扣器则没有保护功能。

2. 低压断路器的特点

低压断路器结构紧凑、安装方便、操作安全且具有多种保护功能，特别是实现短路保护比熔断器更为优越。因为电路发生三相短路时，很可能只有一相的熔体熔断，造成断相运行，而对于低压断路器，只要发生短路都会使开关跳闸，将三相电路同时切断。此外，低压断路器还具有动作值可调、分断能力较高以及动作后不需要更换零部件等优点，因此，获得了广泛的应用。

3. 低压断路器的类型

低压断路器按结构型式主要分为塑壳式和框架式两大类。

塑壳式低压断路器又称为装置式低压断路器，它是用绝缘材料制成的封闭型外壳将所有构件组装在一起，而手动扳把露在正面壳外，一般用作配电系统的保护开关以及电动机和照明电路等的控制开关。国产塑壳式低压断路器产品主要有 DZ5、DZ10、DZ15、DZ20 等系列。其中 DZ15 系列塑料外壳式低压断路器的主要技术参数如表 1-3 所示。

表 1-3　DZ15 系列塑料外壳式断路器主要技术参数

型　号	壳架额定电流/A	额定电压/V	极数	脱扣器额定电流/A	额定短路通断能力/kA	电气机械寿命/次
DZ15－40/1901	40	220	1	6、10、16、20、25、32、40	3 ($\cos\varphi=0.9$)	15 000
DZ15－40/2901		380	2			
DZ15－40/3901			3			
DZ15－40/3902			3			
DZ15－40/4901			4			
DZ15－63/1901	63	220	1	10、16、20、25、32、40、50、63	5 ($\cos\varphi=0.9$)	10 000
DZ15－63/2901		380	2			
DZ15－63/3901			3			
DZ15－63/3902			3			
DZ15－63/4901			4			

框架式低压断路器又称为万能式低压断路器，它具有绝缘衬底的框架结构底座，它的所有部件都装在框架内，导电部分加以绝缘。主要用于电力网主干线路等大电流电路，或40～100kW 电动机回路的不频繁全压起动，并起短路、过载及失电压保护作用。国产框架式低压断路器产品主要有 DW 系列，其中 DW15 系列是更新换代产品，而在 DW15 系列基础上制成的 DWX15 系列限流式断路器，具有快速断开和限制短路电流上升的特点，特别适合用于可能发生特大短路电流的电路中。DW15 系列框架式低压断路器的主要技术参数如表 1-4 所示。

此外，塑壳式低压断路器和框架式低压断路器都有引进国外先进技术的产品。如引进德国西门子公司制造技术的 3VE 系列、DZ108 系列塑壳式低压断路器、引进美国西屋公司制造技术的 H 系列塑壳式断路器、引进日本制造技术的 AE、AH 系列具有高分断能力的框架式断路器等。

4. 低压断路器的主要技术参数

1）额定电压。额定电压是指断路器在电路长期工作时的允许电压值。断路器的额定电压在数值上取决于电网的额定电压等级。我国电网标准规定为 AC 220V、AC 380V、AC 660V、AC 1140V，DC 220V、DC 440V 等。

表 1-4　DW15 系列框架式低压断路器主要技术参数

型　号	额定电压/V	额定电流/A	额定短路接通分断能力/kA					外形尺寸/mm（宽×高×深）
			电压/V	接通最大值/kA	分断有效值/kA	$\cos\varphi$	短路时最大延时/s	
DW15－200	380	200	380	40	20	—	—	242×420×341（正面） 386×420×316（侧面）
DW15－400	380	400	380	52.5	25	—	—	242×420×341 386×420×316
DW15－630	380	630	380	63	30	—	—	242×420×341 386×420×316
DW15－1000	380	1000	380	84	40	0.2	—	441×531×508
DW15－1600	380	1600	380	84	40	0.2	—	441×531×508
DW15－2500	380	2500	380	132	60	0.2	0.4	687×571×631 897×571×631
DW15－4000	380	4000	380	196	80	0.2	0.4	687×571×631 897×571×631

2）额定电流。断路器的额定电流是指过电流脱扣器允许长期通过的电流值。

3）通断能力。通断能力是指在规定操作条件（电压、频率及交流电路的功率因数和直流电路的时间常数）下，断路器能接通和分断短路电流的能力。

4）机械寿命。机械寿命是指断路器不带电时，允许的最高操作次数。

5）电气寿命。电气寿命是指断路器带电时，允许的最高操作次数。

5. 低压断路器的选择

1）低压断路器的类型应根据电路的额定电流及保护的要求选用。电网主干线路等大电流电路主要选用框架式断路器；电气设备控制系统中多选用塑壳式断路器或漏电保护断路器；而建筑配电系统中则一般选用漏电保护断路器。

2）断路器额定电压：大于或等于电路或设备的额定电压。

3）断路器额定电流：大于或等于负载的额定电流。

4）过电流脱扣器的瞬时整定电流：应大于或等于负载电路正常工作时的峰值电流；对于保护笼型感应电动机的断路器，瞬时整定电流为 8～15 倍的电动机额定电流；对于保护绕线型感应电动机的断路器，瞬时整定电流为 3～6 倍的电动机额定电流。

5）欠电压脱扣器额定电压：应等于电路的额定电压。

6）热脱扣器电流整定值：应等于负载的额定电流。

7）分励脱扣器额定电压：应等于控制电源电压。

8）额定通断能力：应大于或等于电路的最大短路电流。

低压断路器图形符号和文字符号如图 1-17 所示。

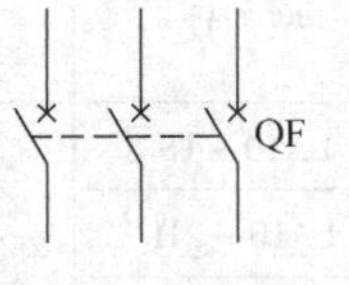

QF

图 1-17　低压断路器图形符号和文字符号

6. 低压断路器的使用注意事项

1）低压断路器应按规定垂直安装，连接导线应符合规定要求。有接地螺钉的低压断路器应可靠连接地线，插入式接线的低压断路器应特别检查其插头是否压紧。

2）脱扣器的整定值不允许随意变动，但应定期检查其动作值的准确性。

3）正常情况下，每6个月应对开关进行一次检修，并清除积尘。

4）低压断路器分断短路电流后，应在切除上一级电源的情况下，及时检查触点情况并进行相应处理。

1.4 主令电器

自动控制系统中用于发送控制命令的电器称为主令电器。主令电器可以用来按预定的顺序接通和分断电路，从而改变拖动装置的工作状态。主令电器应用广泛、种类繁多，常用的主令电器主要有按钮、行程开关、万能转换开关和主令控制器等。

1.4.1 按钮

按钮是一种手动且一般可以自动复位的主令电器，它结构简单、应用广泛。由于只能短时接通与分断5A以下的小电流电路，故按钮一般用来远距离对接触器、继电器及其控制电路发出控制指令，也可用于电气联锁电路等。

按钮的外形及结构图如图1-18所示，主要由按钮帽、触点、复位弹簧和外壳等组成。当按下按钮时，常闭触点7先断开，然后常开触点6闭合；松开按钮，则在复位弹簧的作用下，使触点恢复原位。触点数量可按照需要拼接，一般装置成1常开1常闭或2常开2常闭。

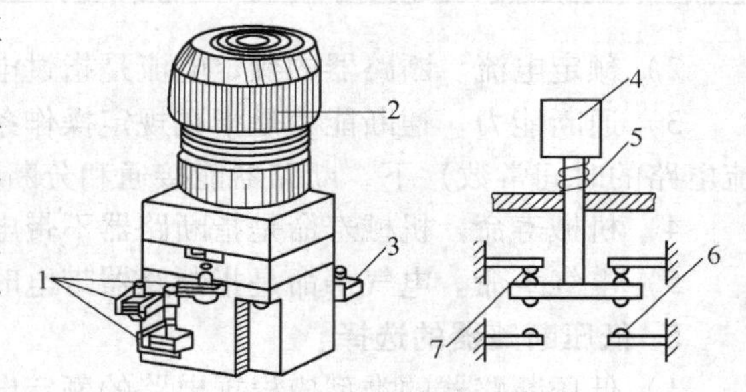

图1-18 按钮外形及结构图
1、3—触头接线柱 2、4—按钮帽 5—复位弹簧
6—常开触头 7—常闭触头

按钮的结构型式很多，适用于不同的场合。紧急式（代号为J）装有突出的蘑菇形按钮帽，便于紧急操作；钥匙式（代号为Y）需要有钥匙插入方可旋转操作，保证了安全；指示灯式（代号为D）在透明的按钮帽内装入信号灯，用于显示相关操作信号，旋钮式的代号为X，普通的平钮式则没有代号。

此外，为表明按钮的不同作用，避免误操作，通常还将按钮制成不同颜色。一般红色表示停止按钮，绿色表示起动按钮，黄色表示应急或干预，红色蘑菇形按钮表示急停按钮。

常用按钮有LA18、LA19、LA20等系列，LA系列常用按钮主要技术参数如表1-5所示。

表1-5 LA系列常用按钮主要技术参数

型　号	规　格	结构形式	触点对数		按钮数	颜　色
			常开	常闭		
LA10－1S	额定电压500V； 额定电流5A	开启式	1	1	1	绿、黑、红
LA10－2H		保护式	2	2	2	绿、黑、红
LA18－22		平钮式	2	2	1	绿、黑、红
LA18－22J		紧急式	2	2	1	红

（续）

型号	规格	结构形式	触点对数		按钮数	颜色
			常开	常闭		
LA18－22X	额定电压500V；额定电流5A	旋钮式	2	2	1	黑
LA18－44Y		钥匙式	4	4	1	黑
LA19－11		平钮式	1	1	1	绿、黄、黑、蓝、白、红
LA19－11J		紧急式	1	1	1	红
LA19－11D		带指示灯式	1	1	1	绿、黄、黑、蓝、白、红
LA19－11DJ		紧急式带指示灯	1	1	1	红

按钮的选用主要依据使用场合及用途、所需触点数量及颜色等。

按钮的图形符号和文字符号如图1-19所示。

SB　SB　SB

a)　b)　c)

图1-19　按钮的图形符号和文字符号
a）常开触点　b）常闭触点　c）复合触点

1.4.2　行程开关

生产机械的运动机构常常需要根据运动部件位置的变化来改变拖动电动机的工作状态，即要求按行程进行自动控制，如工作台的自动往复运行等。电气控制系统中通常采用行程开关作为直接测量位置信号的元件，以实现行程控制的要求。

行程开关又称限位开关或位置开关，它是一种利用生产机械运动部件的碰撞发出控制指令的主令电器。将行程开关安装在所需的相关位置，当生产机械运动部件上的撞块撞击行程开关时，其触点动作实现电路的切换。行程开关广泛用于各类机床和起重机械，用以控制其行程长短或进行终端限位保护。

行程开关按工作原理可分为电子式和机械式两种，电子式为非接触式无触点的接近开关，机械式为机械结构接触式有触点的行程开关。其中，机械式按其头部结构不同又可分为直动式和滚轮式，滚轮式还可分为单轮式和双轮式，如图1-20所示。

行程开关的结构主要由操作头、触点系统和外壳3部分组成，一般都具有瞬动机构使其触点瞬时动作，既可保证行程控制的位置精度，又可减少电弧对触点的灼烧。直动式行程开关的结构如图1-21所示。当运动部件的撞块向下按压推杆3时，推杆克服复位弹簧2的反

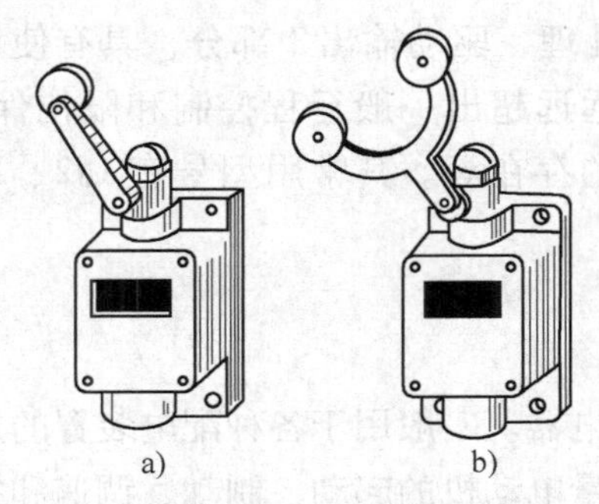

图1-20　滚轮式行程开关
a）单轮式　b）双轮式

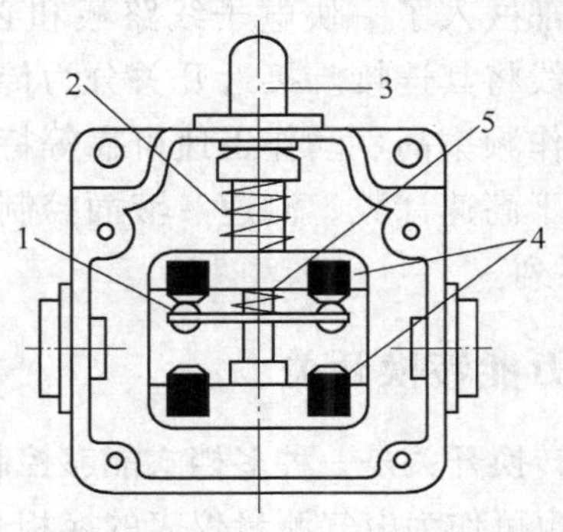

图1-21　直动式行程开关的结构
1—常闭触点　2—复位弹簧　3—推杆
4—常开触点　5—弹簧

力向下移动并压迫弹簧5，当到达一定位置时，弹簧5的弹力改变方向，实现接触状态的转换，使常闭触点断开，常开触点闭合，由此，将机械信号转换为电信号，对控制电路发出了相应的指令。当运动部件离开推杆时，推杆在复位弹簧的作用下上移，带动动触点恢复原位。

提示与指导：

行程开关受到机械力碰压时其触点会立刻动作，但运动部件一旦离开，机械力消失，直动式和单轮式行程开关会立即复位，而双轮式行程开关则不会自动复位。只有当运动部件返回，其撞块碰动另一只滚轮时，行程开关的触点才能再次切换。

常用的行程开关有LX19、LX22、LX32和JLXK1等系列。

LX19系列部分行程开关主要技术参数如表1-6所示。

表1-6　LX19系列部分行程开关主要技术参数

型　号	额定电压电流	结构特点	触点对数	
			常　开	常　闭
LX19－111	380V 5A	内侧单轮，自动复位	1	1
LX19－121		外侧单轮，自动复位	1	1
LX19－212		内侧双轮，不能自动复位	1	1
LX19－222		外侧双轮，不能自动复位	1	1

注：LA19后数字的第1位表示滚轮数目；第2位表示滚轮位置，1表示内侧，2表示外侧；第3位表示能否自动复位，1表示自动复位，2表示不能自动复位。

行程开关在选用时，主要根据机械位置对开关结构型式的要求、控制电路中所需触点数量及电压、电流等级进行确定。

行程开关的图形符号和文字符号如图1-22所示。

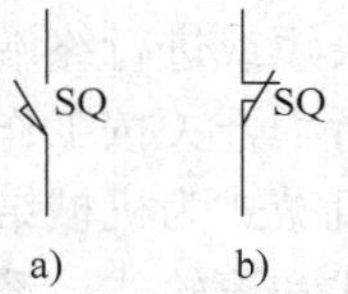

SQ　SQ

a)　b)

图1-22　行程开关的图形符号和文字符号
a）常开触点　b）常闭触点

1.4.3　接近开关

接近开关是电子式无触点行程开关，它是由运动部件上的金属片与之接近到一定距离发出接近信号来实现控制的。其结构是在内部嵌入了一块电子线路板和必要的电子器件，然后利用环氧树脂进行罐装，最后通过引线将其连接。接近开关分为传感接收、信号处理、驱动输出3部分，具有使用寿命长、操作频率高、动作迅速可靠等特点，其用途已远远超出一般行程控制和限位保护，它还可用于高速计数、测速、液面控制、检测金属体的存在等。其常用型号有LJ2、LJ5、LXJ6等系列。

1.4.4　万能转换开关

万能转换开关是一种多档式能够控制多回路的主令电器。一般用于各种配电装置的远距离控制，也可作为电气测量仪表的换相开关或用作小容量电动机的起动、制动、调速和换向控制。由于它换接线路多，用途广泛，故称为万能转换开关。

万能转换开关其中一层的结构如图1-23所示，它由凸轮机构、触点系统和定位装置等部分组成。多组相同结构的触点组件经叠装后，依靠操作手柄带动转轴和凸轮转动，使触点动作或复位。由于每层凸轮可做成不同的形状，因此当手柄转至不同位置时，通过凸轮的作用，可以按预定的顺序接通与分断电路，同时由定位机构确保其动作的准确可靠。

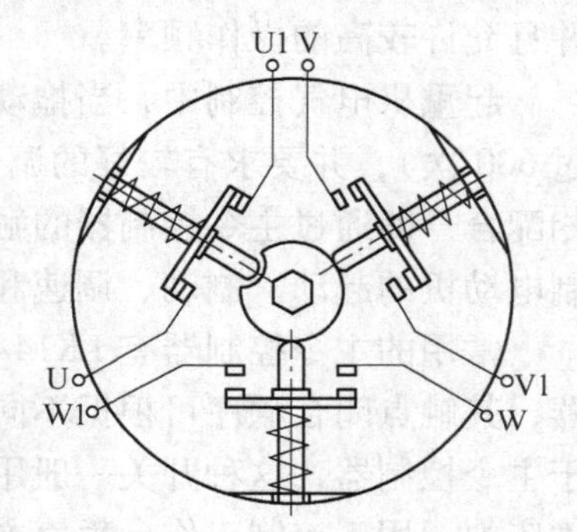

图 1-23　万能转换开关其中一层的结构示意图

常用万能转换开关有 LW5、LW6 系列。其中 LW6 系列万能转换开关可装配成双列型式，列与列之间用齿轮啮合，并由公共手柄进行操作，因此装入的触点数最多可达 60 对。

万能转换开关的符号如图 1-24 所示。图形符号中的竖虚线表示手柄的不同位置，每一条横线表示一路触点，而黑点“·”则表示该路触点的接通位置。触点通断也可以用触点通断表表示，表中的“×”表示触点闭合，空格表示触点分断。如手柄在Ⅰ位置时，触点 1、3、4 均为接通，而触点 2 为断开。

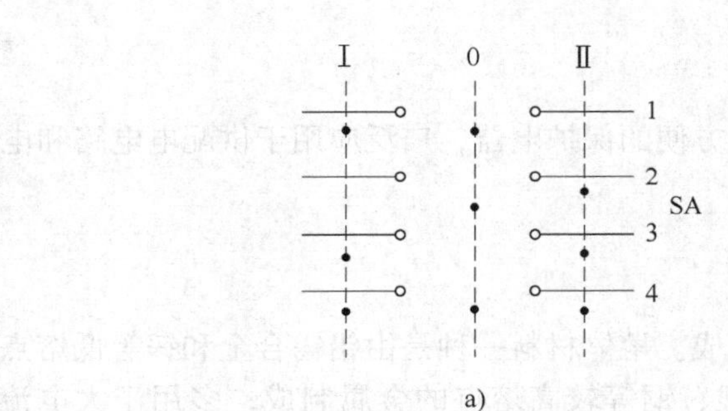

触点号	手柄位置		
	Ⅰ	0	Ⅱ
1	×	×	
2		×	×
3	×		×
4	×	×	×

b)

图 1-24　万能转换开关符号
a）图形符号和文字符号　b）触点通断表

1.4.5　主令控制器

主令控制器是用来频繁切换复杂的、多回路控制电路的一种主令电器，主要用于起重机、轧钢机等生产机械的远距离控制。

主令控制器的结构示意图如图 1-25 所示，它由触点、凸轮机构、定位机构、转轴、面板及其支承件等部分组成。凸轮块 1 和 8 固定于方轴上，动触点 2 固定于能绕转轴 6 转动的支杆 5 上，当操作主令控制器手柄转动时，带动凸轮块 1 和 8 转动，当凸轮块 8 达到推压小轮 7 的位置时，将使小轮带动支杆绕轴 6 转动，使支杆张开，从而使触点断开。而在其他情况下，由于凸轮离开小轮，因此触点是闭合的。只要安装一系列不同形状的凸轮，就可以获得按一定顺序动作的触点，即可以按一定的顺序接通与分断电路。

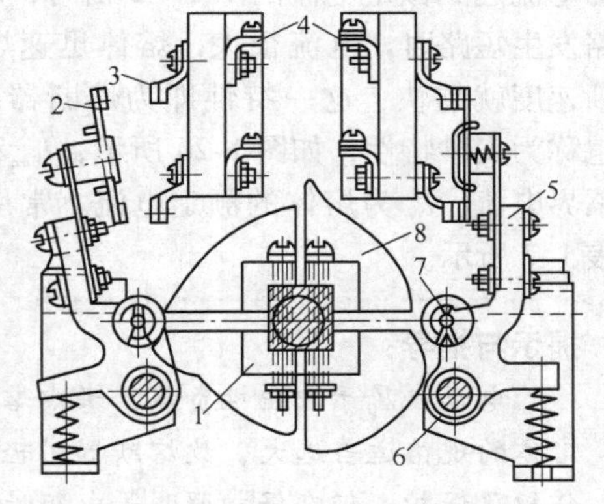

图 1-25　主令控制器结构示意图
1、8—凸轮块　2—动触点　3—静触点
4—接线柱　5—支杆　6—转轴　7—小轮

主令控制器的触点多为桥式触点，一般采用银及其合金材料制成，所以操作轻便、灵活并且允许较高的操作频率。

起重机电气控制中，当拖动电动机容量较大，要求操作频率较高（每小时通断次数超过600次），并要求有较好的调速、点动运行性能时，常采用主令控制器与交流磁力控制盘相配合，即通过主令控制器的触点变换，来控制交流磁力控制盘上的接触器动作，以达到控制电动机的起动、制动、调速和换向等目的。

常用的主令控制器有LK14、LK15系列等。其中，LK14系列属于凸轮调整式主令控制器，其触点闭合顺序可根据不同要求进行任意调节。机床上有时用到的十字型转换开关也属于主令控制器，这种开关一般用于多电动机拖动或需多重联锁的控制系统中，如X62W万能铣床中，用于控制工作台垂直方向和横向的进给运动；Z35型摇臂钻床中用于控制摇臂的上升与下降、主轴运行与零压保护，其主要型号有LS1系列。

主令控制器的图形符号与万能转换开关的图形符号相似，文字符号也为SA。

1.5 熔断器

熔断器是一种结构简单、价格低廉、使用方便的保护电器，广泛应用于供配电电路和电气设备的短路保护。

1.5.1 熔断器的结构与工作原理

熔断器由熔体和安装熔体的熔管两部分组成。熔体材料一种是由铅锡合金和锌等低熔点金属制成，多用于小电流电路；另一种则由银、铜等较高熔点的金属制成，多用于大电流电路。

熔断器是根据电流的热效应原理工作的。丝状或片状的熔体，串联于被保护电路中。当电路正常工作时，流过熔体的电流小于或等于它的额定电流，由于熔体发热的温度尚未达到熔体的熔点，所以熔体不会熔断；当流过熔体的电流达到额定电流的1.3～2倍时，熔体缓慢熔断；当电路发生短路时，电流很大，熔体迅速熔断。电流越大，熔断速度就越快，这一特性即为熔断器的反时限保护特性，也称为安秒特性，如图1-26所示，I_{min}称为最小熔化电流或临界电流，I_N为熔体的额定电流。常用熔体的安秒特性如表1-7所示。

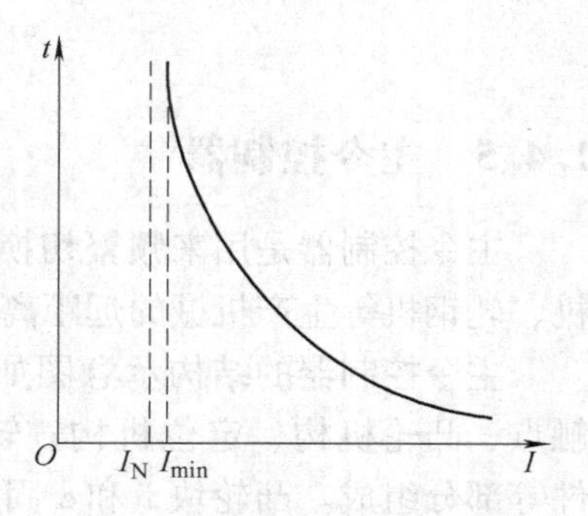

图1-26　熔断器的反时限保护特性

提示与指导：

电动机属于冲击性负载，考虑熔断器应能承受其起动电流的冲击而不发生误动作，熔体的规格适当选大，故熔断器对轻度过载反应比较迟钝，在电动机控制电路中只能用作短路保护，但在保护照明等电阻性负载时也兼有过载保护的功能。

表 1-7 常用熔体的安秒特性

熔体通过电流/A	1.25I_N	1.6I_N	1.8I_N	2I_N	2.5I_N	3I_N	4I_N	8I_N
熔断时间/s	∞	3600	1200	40	8	4.5	2.5	1

1.5.2 熔断器的主要参数

1）额定电压。熔断器的额定电压是指熔断器长期工作时和分断后能够承受的电压，它取决于电路的额定电压，其值一般等于或大于电气设备的额定电压。

2）额定电流。熔断器的额定电流指熔断器长期工作时，各部件温升不超过规定值时所能承受的电流值。熔断器的额定电流等级比较少，而熔体的额定电流等级比较多，即在一个额定电流等级的熔断管内可以安装不同额定电流等级的熔体，但熔体的额定电流最大不能超过熔断管的额定电流。

3）额定分断电流。也称为极限分断能力，指在规定的额定电压和功率因数（或时间常数）的条件下，能分断的最大短路电流值。电路中出现的最大电流值一般是指短路电流值，所以，额定分断电流也反映了熔断器分断短路电流的能力。

1.5.3 熔断器的主要类型

1. 封闭管式熔断器

封闭管式熔断器如图 1-27a 所示，它可分为有填料和无填料两种。无填料封闭管式熔断器常用的有 RM10 系列，其结构简单，更换熔片方便，常用于低压配电网或成套配电设备中。特别是根据其变截面锌熔片熔断部位的不同，可以大致判断故障性质是短路还是过负荷。短路故障熔片一般在窄部熔断，而过负荷则在宽窄之间的斜部熔断。

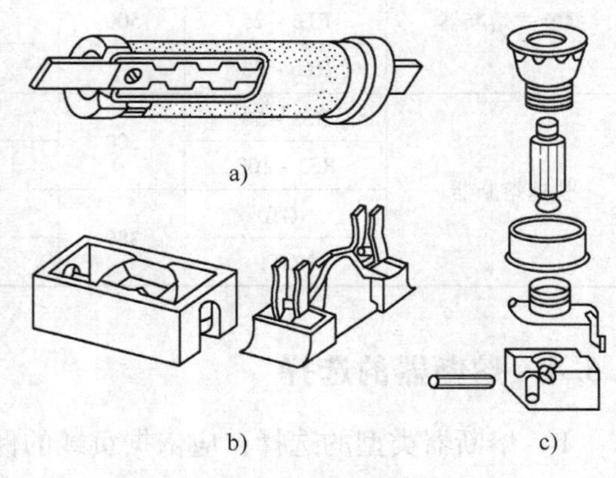

图 1-27 常用熔断器外形图
a）封闭管式 b）瓷插式 c）螺旋式

有填料封闭管式熔断器常用的有 RT12、RT14、RT15 等系列，其熔断管内装有石英砂做填料，用来冷却和熄灭电弧，因此具有较强的分断能力。

2. 瓷插式熔断器

瓷插式熔断器如图 1-27b 所示，它是低压分支电路中常用的一种熔断器。其结构简单，分断能力小，多用于民用和照明电路，常用的瓷插式熔断器为 RC1A 系列。

3. 螺旋式熔断器

螺旋式熔断器如图 1-27c 所示，它主要由瓷帽、熔管和瓷底座组成。熔管内装有石英砂或惰性气体，利于电弧的熄灭，因此具有较高的分断能力。熔体的上端有熔断指示，熔断时红色或其他颜色指示器弹出，可通过瓷帽上的玻璃孔观察到，并且将瓷帽逆时针旋下后，可方便地更换熔体。常用的螺旋式熔断器有 RL6 和 RL7 系列等，多用于电动机的主电路及其控制电路中，起短路保护作用。

4. 快速熔断器

快速熔断器主要用于半导体元器件的短路保护。半导体元器件的过载能力很低，因此要求短路保护具有快速熔断的特性。快速熔断器的熔体采用银片冲成变截面V形，熔管采用有填料的密封管。常用的有RS3等系列，NGT型是我国引进德国AGE公司制造技术生产的产品，具有分断能力高、限流特性好、功耗低、性能稳定的特点。

部分不同类型熔断器的主要技术参数如表1-8所示。

表1-8　部分不同类型熔断器主要技术参数

<table>
<tr><th>类　型</th><th>型　号</th><th>额定电压/V</th><th>熔断器额定电流/A</th><th>熔体额定电流/A</th><th>额定分断电流/kA</th></tr>
<tr><td rowspan="3">无填料封闭管式</td><td>RM10－15</td><td rowspan="3">220</td><td>15</td><td>6、10、15</td><td>1.2</td></tr>
<tr><td>RM10－60</td><td>60</td><td>15、20、25、35、45、60</td><td>3.5</td></tr>
<tr><td>RM10－100</td><td>100</td><td>60、80、100</td><td>10</td></tr>
<tr><td rowspan="3">有填料封闭管式</td><td>RT14－20</td><td rowspan="3">380</td><td>20</td><td>2、4、6、10、16、20</td><td rowspan="3">100</td></tr>
<tr><td>RT14－32</td><td>32</td><td>2、4、6、10、20、25、32</td></tr>
<tr><td>RT14－63</td><td>63</td><td>10、16、25、32、40、50、60</td></tr>
<tr><td rowspan="3">螺旋式熔断器</td><td>RL1－15</td><td rowspan="3">500</td><td>15</td><td>2、4、6、10、15</td><td>2</td></tr>
<tr><td>RL6－25</td><td>25</td><td>2、4、6、10、16、20、25</td><td rowspan="2">50</td></tr>
<tr><td>RL6－63</td><td>63</td><td>35、50、63</td></tr>
<tr><td rowspan="4">快速熔断器</td><td>RS3－50</td><td rowspan="2">500</td><td>50</td><td>10、15、30、50</td><td rowspan="2">50</td></tr>
<tr><td>RS3－100</td><td>100</td><td>80、100</td></tr>
<tr><td>NGT0</td><td rowspan="2">380</td><td>125</td><td>25、32、80、100、125</td><td rowspan="2">100</td></tr>
<tr><td>NGT1</td><td>250</td><td>100、160、250</td></tr>
</table>

1.5.4　熔断器的选择

1）熔断器类型的选择：应依据负载的保护特性、短路电流的大小、使用场合及安装条件进行选择。

2）熔断器额定电压的选择：应大于或等于所在电路的额定电压。

3）熔体额定电流的选择：

① 用于保护照明负载或电热设备的熔断器，因负载电流比较稳定，熔体的额定电流一般应等于或稍大于负载的额定电流，即：

$$I_{FU} \geqslant I_N$$

② 对于电动机类负载，则需考虑冲击电流的影响。用于保护单台长期工作的电动机时，考虑电动机起动时熔断器不应熔断，即：

$$I_{FU} \geqslant (1.5 \sim 2.5) I_N$$

轻载起动或起动时间比较短时，系数可取近似1.5，重载起动或起动时间较长时系数可取近似2.5。

③ 用于保护频繁起动电动机的熔断器，考虑电动机频繁起动时的正常发热情况下熔断器也不应熔断，即：

$$I_{FU} \geqslant (3 \sim 3.5)\ I_N$$

④多台电动机由一个熔断器保护时，在出现尖峰电流时熔断器不应熔断。通常将其中容量最大的一台电动机起动，而其余电动机正常运行时出现的电流作为尖峰电流。因此，熔体额定电流应满足以下关系，即：

$$I_{FU} \geqslant (1.5 \sim 2.5) I_{NMAX} + \sum I_N$$

4）熔断器额定电流的选择：应大于或等于熔体的额定电流。

5）应考虑选择性配合的要求：上一级熔断器的熔体额定电流应比下一级大 1 ~2 个级差。

熔断器的图形符号和文字符号如图 1-28 所示。

FU

图 1-28　熔断器的图形符号和文字符号

1.5.5　熔断器的使用注意事项

1）安装前应检查熔断器的型号及其主要技术参数是否符合规定要求。

2）安装时必须在断电情况下操作，并注意检查各部分是否接触良好，以免因接触不良造成温升过高，引起熔断器误动作。

3）熔断器熔断后，应首先查明原因，排除故障后，再更换同一规格型号的熔体或熔断器，注意不能随意变更熔体或熔断器的型号规格。

4）更换熔体前，应首先切断电源，再进行相关操作。

1.6　接触器

接触器是用于远距离频繁地接通与断开交直流主电路及大容量控制电路的一种自动切换电器。其主要控制对象是电动机，也可用于控制其他电力负载，如电热器、电焊机等。接触器不仅能实现远距离集中控制，而且操作频率高、控制容量大，并具有失电压和欠电压释放保护、工作可靠、使用寿命长等优点，是继电器—接触器控制系统中最重要和最常用的元器件之一。

接触器种类很多，按驱动力的不同可分为电磁式、气动式和液压式，按其主触点通过电流的种类，可分为交流接触器和直流接触器，机床电气控制上以电磁式交流接触器应用最为广泛。

1.6.1　交流接触器

交流接触器常用于远距离接通和分断电压至 1140V、电流至 630A 的交流电路，以及频繁控制交流电动机。交流接触器结构示意图如图 1-29 所示，它由电磁系统、触点系统、灭弧装置、弹簧和支架底座等部分组成。

1. 电磁系统

电磁系统用来操纵触点的闭合与分断，由铁心、线圈和衔铁 3 部分组成。交流接触器多采用 E 形直动式电磁机构，如 CJ10 系列，也有采用衔铁绕轴转动的拍合式，如 CJ12 系列。当线圈通电后，衔铁在电磁吸力的作用下，克服复位弹簧的拉力与铁心吸合，带动触点动作，使常闭触点断开，常开触点闭合，从而接通或断开相应电路。当线圈断电后，衔铁在复位弹簧的作用下，返回至初始位置，从而使各触点复位。

交流接触器的线圈通交流电，为减少交变磁场在铁心中产生的涡流与磁滞损耗，避免铁心过热，铁心一般采用硅钢片叠压后铆成，线圈设有骨架，使线圈与铁心隔离，且制成短粗型，以增加散热面积。此外，交流接触器为减少其吸合时产生的振动和噪音，在铁心端面上装设了短路环。

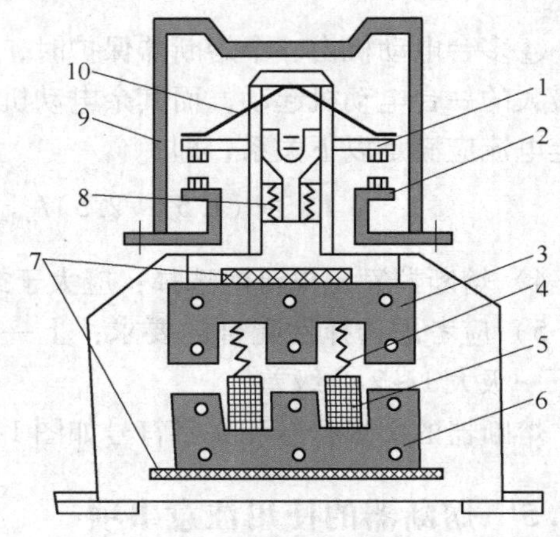

图 1-29　交流接触器结构示意图
1—动触头　2—静触头　3—衔铁　4—复位弹簧
5—线圈　6—铁心　7—垫毡　8—触头弹簧
9—灭弧罩　10—触头压力弹簧

2. 触点系统

触点系统是接触器的执行部件，用来接通与分断电路。交流接触器一般采用双断点桥式触点，根据用途不同，其触点可分为主触点与辅助触点。主触点用以通断电流较大的主电路，一般由 3 对常开触点组成；辅助触点用于通断小电流的控制电路，由常开触点和常闭触点组成。

3. 灭弧装置

接触器用于分断大电流电路，往往会在动、静触点之间产生很强的电弧。因此，必须设置灭弧装置。容量较小（10A 以下）的交流接触器通常采用电动力灭弧，容量较大的交流接触器一般采用栅片灭弧。

常用的交流接触器有 CJ10、CJ20、CJX1 等系列。其中，CJ10 系列交流接触器的主要技术参数如表 1-9 所示。

表 1-9　CJ10 系列交流接触器的主要技术参数

<table>
<tr><th rowspan="2">型　号</th><th colspan="3">主触点</th><th colspan="2">辅助触点</th><th>线圈</th><th colspan="2">可控制三相异步电动机的功率/kW</th><th rowspan="2">额定操作频率/(次/h)</th></tr>
<tr><th>极数</th><th>额定电压/V</th><th>额定电流/A</th><th>触点组合</th><th>额定电流/A</th><th>额定电压/V</th><th>220V</th><th>380V</th></tr>
<tr><td>CJ10－10</td><td rowspan="6">3 极</td><td rowspan="6">380</td><td>10</td><td rowspan="6">2 对常开触点
2 对常闭触点</td><td rowspan="6">5</td><td rowspan="6">36
127
220
380</td><td>2.2</td><td>4</td><td rowspan="6">600</td></tr>
<tr><td>CJ10－20</td><td>20</td><td>5.5</td><td>10</td></tr>
<tr><td>CJ10－40</td><td>40</td><td>11</td><td>20</td></tr>
<tr><td>CJ10－60</td><td>60</td><td>17</td><td>30</td></tr>
<tr><td>CJ10－100</td><td>100</td><td>30</td><td>50</td></tr>
<tr><td>CJ10－150</td><td>150</td><td>43</td><td>75</td></tr>
</table>

接触器的图形符号和文字符号如图 1-30 所示。

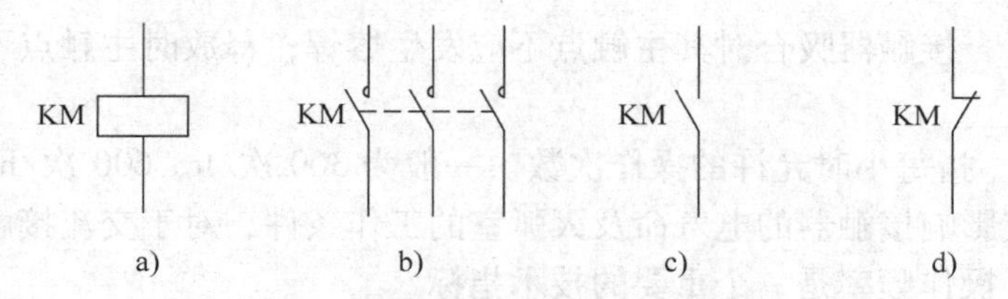

图 1-30　接触器的图形符号和文字符号
a）线圈　b）常开主触点　c）常开辅助触点　d）常闭辅助触点

1.6.2　直流接触器

直流接触器主要用来远距离接通和分断电压至440V、电流至630A 的直流电路，以及频繁地控制直流电动机的起动、反转与制动等。

直流接触器的结构和工作原理与交流接触器基本相同，均是由电磁系统、触点系统、灭弧装置等部分组成，但各部分存在不同之处。

1. 电磁系统

电磁系统由铁心、线圈和衔铁 3 部分组成。直流电磁铁通入的是直流电，其产生恒定磁通，不会在铁心中产生磁滞损耗与涡流损耗，只有线圈本身的铜损，所以铁心用整块铸铁或铸钢制成，线圈无骨架且制成细长形，使线圈与铁心直接接触，易于散热。并且由于恒定磁通，其产生的电磁吸力在衔铁与铁心闭合后是恒定不变的，因此运行中没有振动与噪音，所以铁心上不需要安装短路环。

2. 触点系统

直流接触器的主触点要接通或断开较大的电流，多采用滚动接触的指形触点，做成单极或双极两种。辅助触点开断电流较小，常做成双断口桥式触点。

3. 灭弧装置

直流接触器的主触点在分断较大的直流电时，会产生较难熄灭的直流电弧，通常采用灭弧能力较强的磁吹式灭弧。

常用的直流接触器有 CZ0、CZ18 等系列。其中，CZ0 系列直流接触器适用于直流电压 440V 以下，电流 600A 及以下电路，供远距离接通与分断直流电力线路，频繁起、停直流电动机及控制直流电动机的换向及反接制动。

1.6.3　接触器的主要技术参数

1）额定电压。指主触点的额定工作电压。交流接触器常用的额定电压等级有 127V、220V、380V、660V；直流接触器常用的额定电压等级有 110V、220V、440V、660V。

2）额定电流。指主触点的额定工作电流。它是在规定条件（额定工作电压、使用类别、额定工作制和操作频率等）下，保证电器正常工作的电流值。需要说明，若改变使用条件，额定电流也要随之改变。

3）吸引线圈的额定电压。指吸引线圈的正常工作电压。交流线圈常用的电压等级有 36V、110V、127V、220V、380V；直流线圈常用的电压等级有 24V、48V、110V、220V、440V。

4）接通与分断能力。指接触器的主触点在规定的条件下，能可靠接通和分断的电流值。在此电流值下，接触器吸合时其主触点不应发生熔焊；释放时主触点不应发生长时间的燃弧。

5）操作频率。指每小时允许的操作次数。一般为 300 次/h、600 次/h、1200 次/h 等几种。操作频率直接影响接触器的电寿命及灭弧室的工作条件，对于交流接触器还会影响其线圈的温升，因此，操作频率是一个重要的技术指标。

6）机械寿命与电寿命。机械寿命是指接触器所能承受的无载操作的次数；电寿命是指在规定的正常工作条件下，接触器带负载操作的次数。接触器属于频繁操作电器，应具备较长的机械寿命和电寿命，有些接触器的机械寿命已达 1000 万次以上，电寿命达 100 万次以上。

7）约定发热电流。指在使用类别条件下，允许温升对应的电流值。

8）额定绝缘电压。指接触器绝缘等级对应的最高电压。低压电器的绝缘电压一般为 500V。

1.6.4 接触器的选择

接触器使用广泛，但随使用场合及控制对象的不同，接触器的操作条件与工作任务的繁重程度也不同。接触器的选用应按如下原则进行。

1. 接触器类型的选择

接触器的类型首先应根据负载电流的种类选择，即交流负载应选用交流接触器，直流负载应选用直流接触器。其次，应根据接触器承担的工作任务选择相应的使用类别及产品系列。

接触器的产品系列是按使用类别设计的。这是由于接触器用于不同负载时，对主触点的接通与分断能力的要求是不一样的。接触器的使用类别比较多，其中，在电力拖动控制系统中，常用接触器的使用类别与典型用途如表 1-10 所示。如生产中大量使用的笼型异步电动机，承担起动、运转和分断等一般任务时可选用 AC3 使用类别；而承担电动机的起动、反转、反接制动等重任务时则应选用 AC4 使用类别；如选用 AC3 类用于重任务时，则应降低容量使用，例如，AC3 类的控制 4kW 电动机的接触器，用于重任务时，应降低一个容量等级使用，只能控制 2.2kW 的电动机。

表 1-10 常用接触器的使用类别与典型用途

电流种类	使用类别	主触点接通和分断能力	典型用途
交流（AC）	AC1	允许接通和分断额定电流	无感或微感负载、电阻炉
	AC2	允许接通和分断 4 倍额定电流	绕线转子电动机的起动和制动
	AC3	允许接通 6 倍额定电流和分断额定电流	笼型感应电动机的起动和分断
	AC4	允许接通和分断 6 倍额定电流	笼型感应电动机的起动、反转、反接制动
直流（DC）	DC1	允许接通和分断额定电流	无感或微感负载、电阻炉
	DC3	允许接通和分断 4 倍额定电流	并励电动机的起动、反转、反接制动
	DC5	允许接通和分断 4 倍额定电流	串励电动机的起动、反转、反接制动

2. 主触点额定电压的选择

接触器主触点的额定电压应大于或等于负载的额定电压。

3. 主触点额定电流的选择

接触器主触点的额定电流应大于或等于负载电路的额定电流。具体选用时可采用以下几种方法。

1）可根据电气设计手册给出的被控电动机的容量和接触器额定电流之间的对应数据进行选择。

2）对于电动机负载，接触器主触点的额定电流 I_N 可按下式计算：

$$I_N \geqslant \frac{P_N \times 10^3}{\sqrt{3} U_N \cos\varphi \cdot \eta}$$

式中，P_N——电动机的额定功率（kW）；

U_N——电动机的额定线电压（V）；

$\cos\varphi$——电动机的功率因数，其值一般在 0.85 ~ 0.9 之间；

η——电动机的效率，其值一般在 0.8 ~ 0.9 之间。

3）对于电动机负载，接触器主触点的额定电流也可按以下经验公式计算：

$$I_N \geqslant \frac{P_N \times 10^3}{K \cdot U_N}$$

式中，K——经验系数，一般取 1 ~ 1.4。

在确定主触点额定电流等级时，如果接触器的使用类别与所控制负载的工作任务相对应时，一般应使主触点的电流等级与所控制的负载相当，或稍大一些。如果不对应，如用 AC3 类别的接触器控制 AC4 类别对应的负载时，则需要降低电流等级使用。

4. 吸引线圈额定电压的选择

接触器吸引线圈的额定电压等级应根据控制电路的电压来确定。如果控制电路比较简单，所用电器数量较少，交流接触器线圈电压可直接选择 380V 或 220V。而如果控制电路比较复杂，所用电器数量较多时，从安全角度考虑，交流接触器线圈电压可选用较低的电压等级，如 127V 等。而直流接触器线圈电压可以选择与直流控制电路的电压一致。

直流接触器的线圈加直流电压，交流接触器的线圈一般加交流电压。如果直流线圈加上交流电压，因线圈阻抗太大，电流太小，接触器往往不能吸合；如果将交流线圈加上直流电压，则会因电阻太小，电流太大而烧坏线圈。有时为了提高接触器的最大操作频率，交流接触器也有采用直流线圈的。

5. 触点数量和种类的选择

接触器的触点数量和种类应满足主电路和控制电路的要求。

1.6.5 接触器的使用注意事项

1）接触器一般应垂直安装于竖直的平面上，其安装底面与地面的倾斜度不应超过 5°；安装孔的螺钉应装有垫圈，并拧紧螺钉以防止接触器松脱或振动。

2）应在主触点不带电的情况下通电检查，在通电吸合过程中不能有卡阻或滞缓现象，不应有噪声和振动现象；断电后，可动部分应完全恢复到原位。

3）定期检查接触器的零部件，要求可动部分灵活，紧固件无松动。已损坏的零部件应及时修理或更换。

4）检查触点动作是否灵活，动、静触点位置是否对正，三相是否同时闭合，如有问题应调节触点弹簧。应注意，触点的磨损深度不得超过1mm，清理触点时不允许使用砂纸，应使用整形锉。

5）所有触点的表面及铁心、衔铁的表面均应定期擦拭、清除油污并保持清洁；短路环应完整、牢固。

6）线圈的固定要牢固，可动部分不能碰触线圈，并且线圈绝缘电阻应符合相关要求。

7）定期检查灭弧罩是否破损，位置有无松脱和变化，及时清除灭弧罩缝隙内的金属颗粒及杂物。

1.7 继电器

继电器是一种根据电量（电压、电流）或非电量（时间、温度、速度及压力等）的变化自动接通或断开控制电路，以完成控制或保护任务的电器。

继电器一般由感测机构、中间机构和执行机构3个基本部分组成。感测机构将感测到的电量或非电量传递给中间机构，并与预定值（整定值）进行比较，当达到整定值时，中间机构便使执行机构动作，从而接通或断开电路。继电器主要用于切换小电流控制电路，因此其触点容量较小（一般小于5A），且不需安装灭弧装置。

继电器用途广泛，种类繁多。按反应参数可分为电流继电器、电压继电器、时间继电器、速度继电器和热继电器等；按动作原理可分为电磁式、电动式、电子式和机械式等。

1.7.1 电磁式继电器

电磁式继电器是以电磁力为驱动力的继电器，是电气控制设备中用得最多的一种继电器。电磁式继电器的结构及工作原理与电磁式接触器相似，电磁式继电器的典型结构如图1-31所示。交流电磁式继电器的电磁机构有U形拍合式、E形直动式等结构形式，其中U形拍合式和E形直动式的铁心及衔铁均由硅钢片叠成，且在铁心端面上装设了短路环。直流电磁式继电器的电磁机构为U形拍合式，铁心及衔铁均由电工软铁制成，无短路环。为了增加闭合后的气隙，电磁式继电器在衔铁的内侧面上装有非磁性垫片，铁心铸在铝基座上。电磁式继电器的触点一般均为桥式触点，有常开和常闭两种，由于其是通断小电流的电路，故不设置灭弧装置。

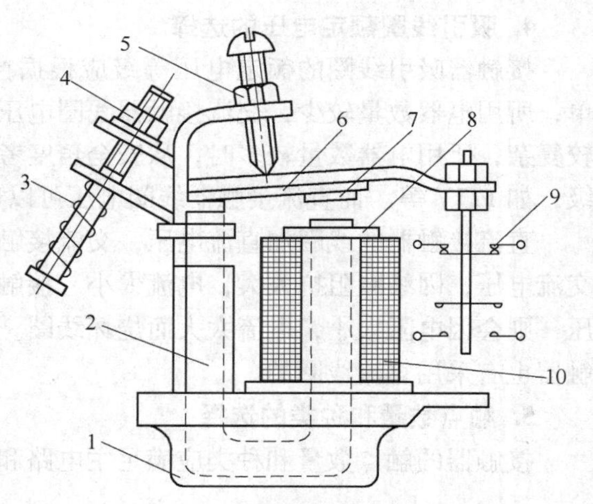

图1-31　电磁式继电器的典型结构
1—底座　2—铁心　3—反力弹簧　4、5—调节螺母　6—衔铁　7—非磁性垫片　8—极靴　9—触点　10—线圈

1. 电磁式电流继电器

根据线圈中电流大小而接通或断开电路的继电器称为电流继电器。电流继电器的线圈与负载相串联，用以反应负载电流，故线圈匝数少，导线粗，阻抗小。电流继电器既可按“电流”参量来控制电动机的运行，又可对电动机进行欠电流或过电流保护。

（1）欠电流继电器

线圈电流低于整定值时动作的继电器称为欠电流继电器。欠电流继电器的吸引电流一般为其线圈额定电流的30%～65%，释放电流为其额定电流的10%～20%。因此，在电路正常工作时，其衔铁是吸合的，只有当线圈电流降低到某一整定值时，继电器才释放。这种继电器常用于直流电动机和电磁吸盘的失磁保护。

（2）过电流继电器

线圈电流高于整定值时动作的继电器称为过电流继电器。过电流继电器在电路正常工作时不动作，当电路电流超过其整定值时才产生吸合动作，分断负载电路，所以电路中常使用过电流继电器的常闭触点。

电力拖动系统中，冲击性的过电流时有发生，因此常采用过电流继电器作为电路的过电流保护，也可用于电动机的短路保护和严重过载保护。通常，交流过电流继电器的吸合电流调整范围是1.1～4倍额定电流，直流过电流继电器的吸合电流调整范围是0.7～3.5倍额定电流。

常用的电流继电器有JL14、JL15、JT9等型号。

2. 电磁式电压继电器

根据线圈两端电压大小而接通或断开电路的继电器称为电压继电器。电压继电器的线圈与负载并联，以反应电压变化，故线圈匝数多，导线细，阻抗大。按动作电压值的不同，电压继电器可分为过电压继电器、欠电压继电器和零压继电器。

一般来说，过电压继电器在电压为额定电压的110%～120%及以上时动作，对电路进行过电压保护；欠电压继电器在电压为额定电压的40%～70%时动作，对电路进行欠电压保护；零压继电器在电压降至额定电压的5%～25%时动作，对电路进行零压保护。

常用的电压继电器有JT3、JT4型。

3. 中间继电器

中间继电器实质上是电压继电器，但它还具有触点数量多（多至6对或更多）、触点容量较大（额定电流5～10A）、动作灵敏（动作时间不大于0.05s）等特点。其主要用途是当其他电器的触点数量或触点容量不够时，可借助中间继电器来增加其触点数量或触点容量，从而起到中间信号的转换和放大作用。

常用的中间继电器有JZ7、JZ8、JZ14、JZ15等系列。

部分JZ7系列中间继电器的主要技术参数如表1-11所示。

表1-11　部分JZ7系列中间继电器主要技术参数

型号	触点额定电压/V		触点额定电流/A	触点数量		额定操作频率/(次/h)	吸引线圈电压/V		吸引线圈消耗功率/VA	
	直流	交流		常开	常闭		50Hz	60Hz	起动	吸持
JZ7－44	440	500	5	4	4	1200	12、24、36、48、110、127、220、380、420、440、500	12、36、110、127、220、380、440	75	12
JZ7－62	440	500	5	6	2	1200			75	12
JZ7－80	440	500	5	8	0	1200			75	12

4. 电磁式继电器的整定方法

电磁式继电器的衔铁开始吸合时吸引线圈的电流（或电压）称为吸合电流（或电压）；

衔铁开始释放时吸引线圈的电流（或电压）称为释放电流（或电压）。根据控制系统的要求，应预先使继电器达到某一个吸合值或释放值，该吸合值（电流或电压）或释放值（电流或电压）就称为整定值。电磁式继电器的整定方法如下：

1）改变反力弹簧的松紧。调整调节螺母 4 可以改变反力弹簧 3 的松紧程度，从而调整吸合电流（或电压）。反力弹簧调节得越紧，吸合电流（或电压）就越大；反之就越小。

2）改变初始气隙的大小。调整调节螺母 5 可以改变初始气隙的大小，从而调整吸合电流（或电压）。气隙越大，吸合电流（或电压）就越大；反之就越小。

3）改变非磁性垫片的厚度。改变非磁性垫片 7 的厚度可以调节释放电流（或电压），非磁性垫片越厚，释放电流（或电压）就越大；反之则越小。

5. 电磁式继电器的选择

电磁式继电器在选用时，应考虑继电器线圈的电压或电流需满足控制电路的要求；同时还应根据在控制电路中的作用区别选择继电器的类型，是过电流继电器、欠电流继电器、过电压继电器、欠电压继电器还是中间继电器；最后，应按照控制电路的要求选用触点的类型（常开或常闭）和数量。

电磁式继电器的图形符号和文字符号如图 1-32 所示。中间继电器的文字符号为 KA，电流继电器的文字符号为 KI，电压继电器的文字符号为 KV；电流继电器线圈图形符号的线圈方框中 $I>$（或 $I<$）表示为过电流（或欠电流）继电器，电压继电器线圈图形符号的线圈方框中 $U>$（或 $U<$）表示为过电压（或欠电压）继电器。此外，电流继电器和电压继电器也可使用线圈的一般符号。

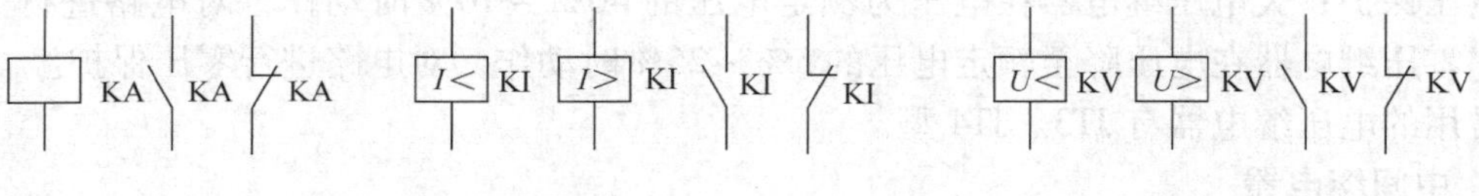

图 1-32　电磁式继电器的图形符号和文字符号
a）中间继电器　b）电流继电器　c）电压继电器

1.7.2　时间继电器

从得到输入信号起，需经过一定的延时后才能输出信号的继电器称为时间继电器。时间继电器获得延时的方法是多种多样的，根据其工作原理可分为电磁式、空气阻尼式、电动式和电子式；根据延时的方式可分为通电延时型时间继电器和断电延时型时间继电器两种。下面，以空气阻尼式时间继电器为例进行介绍。

1. 结构与工作原理

空气阻尼式时间继电器是利用空气阻尼作用获得延时的，有通电延时和断电延时两种结构型式。图 1-33 所示为 JS7－A 系列空气阻尼式时间继电器的结构原理图，它主要由电磁系统、触点系统和延时机构组成。通电延时型时间继电器工作原理如下：

线圈通电后，衔铁 3 克服复位弹簧的阻力与铁心 2 吸合，带动推板使上侧微动开关 16 立即动作；同时，活塞杆 6 在塔形弹簧 7 的作用下，带动活塞 13 及橡皮膜 9 向上移动，因此使橡皮膜下方气室空气稀薄，活塞杆不能迅速上移。当室外空气经由进气孔 12 进入气室，

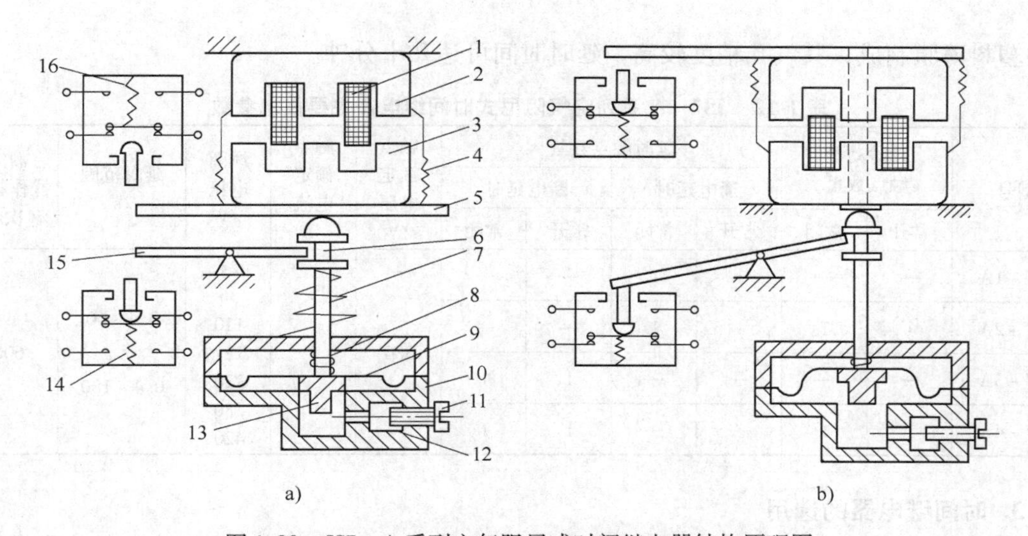

图 1-33　JS7 - A 系列空气阻尼式时间继电器结构原理图
a）通电延时型　b）断电延时型
1—线圈　2—铁心　3—衔铁　4—复位弹簧　5—推板　6—活塞杆　7—塔形弹簧　8—弱弹簧
9—橡皮膜　10—空气室壁　11—调节螺钉　12—进气孔　13—活塞　14、16—微动开关　15—杠杆

活塞杆才逐渐上移，移至最上端时，杠杆 15 撞及下侧微动开关 14，使其触点动作输出信号。从电磁线圈通电时刻起至下侧微动开关 14 动作时止的这段时间即为时间继电器的延时时间。通过调节螺钉 11 调节进气孔气隙的大小就可以调节延时时间的长短，进气越快，延时越短。

当电磁线圈断电后，衔铁在复位弹簧的作用下立即将活塞推向最下端，气室内的空气通过橡皮膜、弱弹簧 8 和活塞的局部所形成的单向阀迅速经上气室缝隙排掉，使得两微动开关同时迅速复位。

上述分析为通电延时型时间继电器的工作原理，若将其电磁机构翻转 180°安装，即可得到断电延时型时间继电器。其工作原理读者可自行分析。

提示与指导：

要注意区分不同延时方式的时间继电器线圈通断电与其延时触点动作、复位之间的关系。通电延时型时间继电器其线圈通电开始延时，延时到各触点动作，线圈断电各触点立刻复位；断电延时型时间继电器其线圈通电时触点立刻动作，而线圈断电时才开始延时，延时到各触点复位。

2. 主要特点

空气阻尼式时间继电器具有结构简单、价格低、寿命长等优点，特别是具有通电延时和断电延时两种结构形式，且附有瞬时触点，方便满足控制要求，使其应用较为广泛。空气阻尼式时间继电器的缺点是延时精度低，延时误差一般为 ±10%，且没有调节指示，很难精确地整定延时时间。因此，在延时精度要求高的场合不宜采用。

国产空气阻尼式时间继电器主要有 JS7 系列和 JS7 - A 系列，A 为改型产品，体积小。JS7 - A 系列空气阻尼式时间继电器的主要技术参数如表 1-12 所示。

日本生产的空气阻尼式时间继电器产品与 JS7 系列相比，体积小 50% 以上，橡皮膜用特殊的塑料薄膜制成，其气孔精度较高，延时时间可达几十分钟。

表 1-12　JS7 – A 系列空气阻尼式时间继电器主要技术参数

型号	瞬时动作触点数量		延时触点数量				触点额定电压/V	触点额定电流/A	线圈电压/V	延时范围/s	额定操作频率/(次/h)
			通电延时		断电延时						
	常开	常闭	常开	常闭	常开	常闭					
JS7 – 1A	—	—	1	1	—	—	380	5	24 36 110 127 220 380 420	0.4 ~ 60 及 0.4 ~ 180	600
JS7 – 2A	1	1	1	1	—	—					
JS7 – 3A	—	—	—	—	1	1					
JS7 – 4A	1	1	—	—	1	1					

3. 时间继电器的选用

时间继电器在选用时主要根据延时范围和延时精度的要求选择相应的类型，根据控制要求选择其延时方式为通电延时或断电延时。其次，考虑外形尺寸、安装方式及价格等因素。

对于延时精度要求不高的场合，在延时时间满足要求的前提下，一般多选用空气阻尼式时间继电器，而电磁阻尼式时间继电器，由于只能用于直流断电延时，且延时时间极短，影响了它的使用；对延时精度要求较高、延时范围要求较大的场合，可选用电动式或电子式时间继电器。

电动式时间继电器延时精度高、不受电源电压波动和环境温度变化影响，延时范围可达几十小时，延时时间有指示。但其结构复杂、价格高且寿命短，不适于频繁操作，延时误差受电源频率的影响。

电子式时间继电器也称为晶体管式时间继电器，具有延时时间较长，延时精度较高，体积小、工作可靠，寿命长等优点。但其延时易受电源电压波动和环境温度变化的影响，因此，抗干扰能力差。

常用的几种时间继电器的性能、特点比较如表 1-13 所示。

表 1-13　几种时间继电器的性能、特点比较

形式	型号	线圈电流种类	延时原理	延时范围	延时精度	延时方式	主要特点
空气式	JS7 – A JS23	交流	空气阻尼作用	0.4 ~ 180s	一般 ±10%	通电延时 断电延时	结构简单、价低，抗干扰能力强，适用于延时精度要求不高的场合
电磁式	JT3 JT18	直流	电磁阻尼作用	0.3 ~ 5.5s	一般 ±10%	断电延时	结构简单、价格低廉，操作频率高，但延时短且精度低，应用较少
电动式	JS10 JS11	交流	机械延时原理	0.5s ~ 72h	准确 ±1%	通电延时 断电延时	结构复杂、价高、操作频率低，适用于延时长且要求准确延时的场合
电子式	JSJ JS20	直流	电容器的充放电	0.1s ~ 1h	准确 ±3%	通电延时 断电延时	耐用、价高、抗干扰性差，修理不便，适于延时精度要求较高的场合

时间继电器的图形符号和文字符号如图 1-34 和图 1-35 所示，通电延时型和断电延时型的图形符号有所差别。二者的线圈图形符号可以分别使用图示线圈符号，也可使用线圈的一般符号；二者瞬时触点的图形符号相同，均为常开、常闭触点的一般符号，读者在使用中应注意其延时触点图形符号的区别，以免混淆。

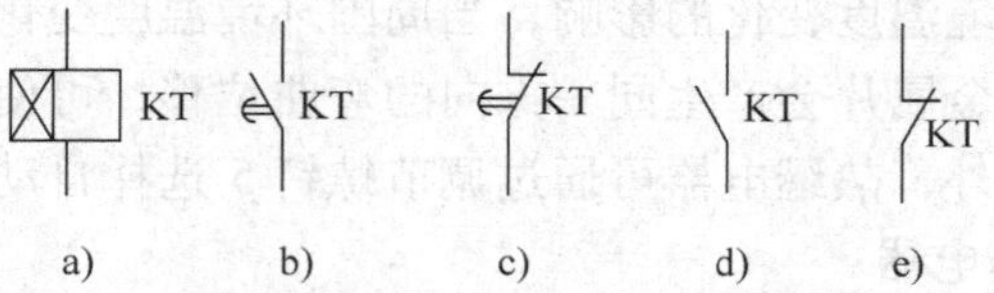

KT　KT　KT　KT　KT

a)　b)　c)　d)　e)

图 1-34　通电延时型时间继电器的图形符号和文字符号
a）线圈　b）延时闭合的常开触点　c）延时断开的常闭触点
d）瞬时常开触点　e）瞬时常闭触点

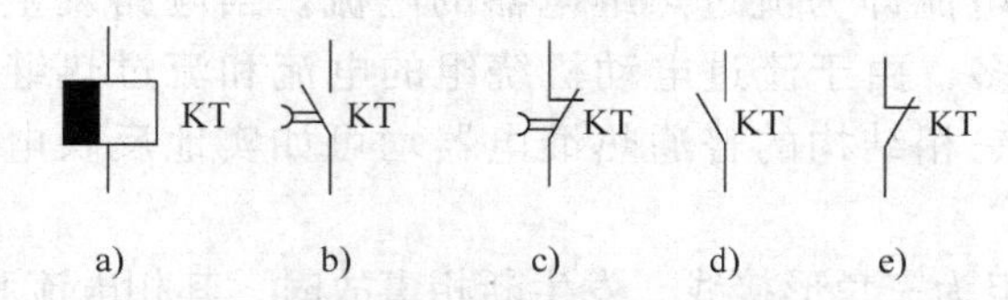

图 1-35　断电延时型时间继电器的图形符号和文字符号
a）线圈　b）延时断开的常开触点　c）延时闭合的常闭触点
d）瞬时常开触点　e）瞬时常闭触点

1.7.3　热继电器

电动机在实际运行中，短时过载是允许的，但如果长期过载，欠电压运行或断相运行等都可能使电动机的电流超过其额定值，这样将引起电动机发热。绕组温升超过额定温升，将损坏绕组的绝缘，缩短电动机的使用寿命，严重时甚至会烧毁电动机绕组。因此必须采取过载保护措施。最常用的是利用热继电器进行过载保护。

1. 结构与工作原理

热继电器是一种利用电流的热效应原理进行工作的保护电器，具有反时限的保护特性。双金属片式热继电器的结构组成如图 1-36 所示，主要由热元件、主双金属片、补偿双金属片、触点和动作机构等部分组成。双金属片是由两种膨胀系数不同的金属片碾压而成，受热后膨胀系数较高的主动层将向膨胀系数小的被动层方向弯曲。其工作原理如下。

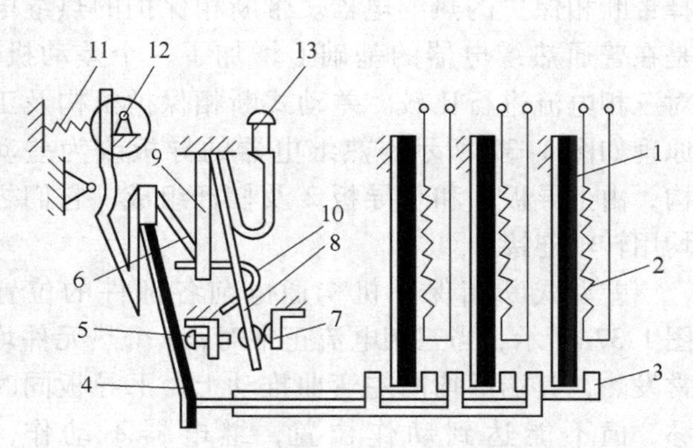

图 1-36　双金属片式热继电器结构组成
1—主双金属片　2—热元件　3—导板
4—补偿双金属片　5—螺钉　6—推杆
7—触点　8、9—片簧　10—弓簧
11—弹簧　12—凸轮　13—复位按钮

热继电器在使用时，其热元件 2 即电阻丝串接在电动机定子绕组中，绕组电流即为流过热元件的电流。当电动机正常工作时，热元件发热虽然能使主双金属片 1 弯曲，但不足以使其触点动作。当发生过载时，流过热元件的电流增大，其产生的热量增加，使双金属片端部产生的弯曲位移增大，从而推动导板3，带动温度补偿双金属片4和与之相连的动作机构，使热继电器的触点7动作，切断电动机控制电路。因此，一般将热继电器的常闭触点串联接于电动机的控制电路中。

图中由片簧8、9及弓簧10构成一组跳跃机构；凸轮12可用来调节动作电流；补偿双金属片则用于补偿周围环境温度变化的影响，当周围环境温度变化时，主双金属片和与之采用相同材料制成的补偿双金属片会产生同一方向的弯曲位移，可使导板与补偿双金属片之间的推动距离保持不变。此外，热继电器可通过调节螺钉5选择自动复位或手动复位。

2. 带断相保护的热继电器

三相异步电动机的断相运行（三相绕组中的一相断线）是导致三相异步电动机长时间过载运行而烧坏的主要原因之一。三相异步电动机若为星形接线，则线电流等于相电流，流过电动机绕组的电流即为流过热继电器的电流。当电路发生一相断电事故时，另外两相电流便会增大很多，由于流过电动机绕组的电流和流过热继电器的电流增加的比例相同，因此，两相或三相结构的普通热继电器均可如实地反映电动机的过载情况，并对此做出保护。

如果电动机定子绕组为三角形接线，发生断相事故时，其相电流和线电流不等，流过电动机绕组的电流和流过热继电器的电流增加的比例不同，而热继电器的热元件串联在三角形接线电动机的电源进线中，并且按电动机的额定电流即线电流来整定，整定值较大。当故障线电流达到额定电流时，在电动机绕组内部，电流较大的那一相绕组的故障相电流将超过额定电流。因热元件串接在电源进线中，所以热继电器不动作，但电动机便有过热烧毁的危险。

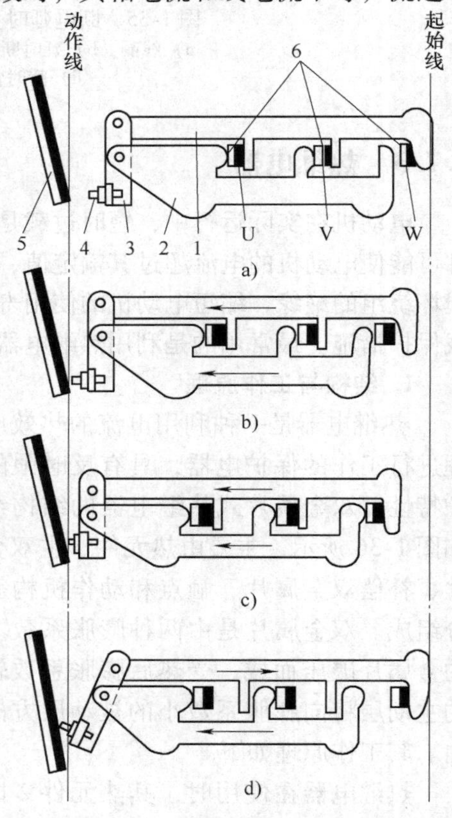

图1-37 差动式断相保护机构及工作原理
a）通电前 b）三相正常电流
c）三相均匀过载 d）W相断路
1—上导板 2—下导板 3—杠杆 4—顶头
5—补偿双金属片 6—主双金属片

综上所述，对于三角形接线的电动机，必须选择带断相保护的热继电器。带断相保护的热继电器是在普通热继电器的基础上增加了一个差动机构，对三相电流进行比较。差动式断相保护机构及工作原理如图1-37所示。热继电器的导板改为差动机构，由上导板1和下导板2及杠杆组成，它们之间均用转轴连接。

差动式断相保护机构通电前各部件的位置如图1-37a所示；当三相电流正常时，3个热元件均正常发热，其端部均向左弯曲推动上、下导板同时左移，但不能达到动作位置，继电器不动作，如图1-37b所示；当三相均匀过载达到整定值时，双金属片弯曲增大，推动导板和杠杆至动作位置，继电器动作，其常闭触点立即断开，如图1-37c所示；当W相断路时，W相的双金属片逐渐冷却降温，其端部向右移动，推动上导板向右移动，而另外两相双金属片温度上升，其端部向左移动，则会推动下导板继续向左移动，由于上、下导板一左一右移动，产生了差动作用，通过杠杆的放大作用，使常闭触点打开。由于差动作用，使热继电器在断相故障时加速动作，可靠地保护了电动机。

3. 热继电器的主要技术数据与型号

热继电器的主要技术参数有额定电压、额定电流、相数、热元件号、整定电流及其调整范围等。热继电器的整定电流是指热继电器的热元件允许长期通过又不致引起继电器动作的最大电流值，超过此值继电器就会动作。

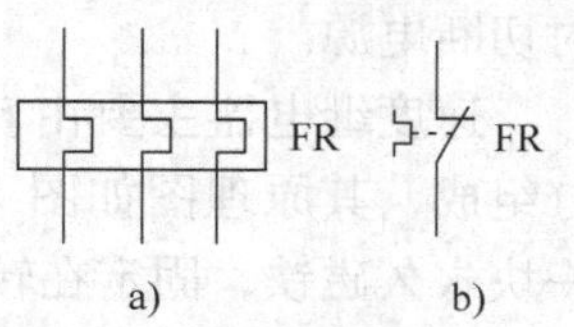

图 1-38　热继电器图形符号和文字符号

a）热元件　b）常闭触点

常用热继电器有 JR14、JR15、JR16、JR20 等系列。每一系列的热继电器一般只能和相应系列的接触器配套使用，如 JR20 系列热继电器一般与 CJ20 接触器配套使用。

热继电器的图形符号和文字符号如图 1-38 所示。

JR20 系列热继电器的主要技术参数如表 1-14 所示。

表 1-14　JR20 系列热继电器主要技术参数

型　号	额定电流/A	热元件号	整定电流调节范围/A
JR20 - 10	10	1R ~ 15R	0. 1 ~ 11. 6
JR20 - 16	16	1S ~ 6S	3. 6 ~ 18
JR20 - 25	25	1T ~ 4T	7. 8 ~ 29
JR20 - 63	63	1U ~ 6U	16 ~ 71
JR20 - 160	160	1W ~ 9W	33 ~ 176

4. 热继电器的选择

1）热继电器有两相、三相和三相带断相保护等形式。星形联结的电动机及电源对称性较好的情况可选用两相结构的普通热继电器；电网电压均衡性较差时宜选用三相结构的热继电器；三角形联结的电动机应选用带断相保护装置的三相结构热继电器。

2）原则上热继电器的额定电流，也即热元件的额定电流一般应大于电动机的额定电流。热元件选好后，还需根据电动机的额定电流调整其整定值，使整定电流与电动机的额定电流基本相等。但对于过载能力较差的电动机，其配用热继电器的额定电流应适当小些，一般取电动机额定电流的 60% ~80%。

3）对于工作时间较短、间歇时间较长的电动机，以及虽然长期工作但过载的可能性很小的电动机，可以不设过载保护。

4）双金属片式热继电器一般用于轻载、不频繁起动电动机的过载保护。对于重载、频繁起动的电动机，可用延时动作型过电流继电器做其过载保护。

提示与指导：

由于金属的热惯性，发热元件受热弯曲至触点动作需要一定的时间，当发生短路故障时不能立即动作切断电路，因此，热继电器不能用作短路保护。同理，当电动机处于重复短时工作时，亦不适宜用热继电器作其过载保护，而应选择能够及时反映电动机温升变化的温度继电器作为过载保护。

1.7.4 速度继电器

速度继电器是当转速达到规定值时动作的继电器。主要用于电动机反接制动控制电路中，当反接制动的转速下降到接近零时能自动地及时切断电源。

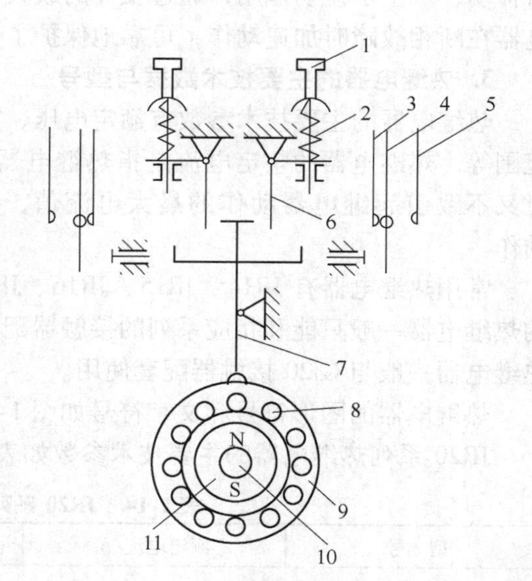

图 1-39　速度继电器结构原理图
1—调节螺钉　2—反力弹簧　3、5—静触点
4—动触点　6—返回杠杆　7—杠杆
8—定子导条　9—定子
10—转轴　11—转子

速度继电器主要由转子、定子和触点 3 部分组成，其原理图如图 1-39 所示。转子 11 是一块永久磁铁，固定在转轴 10 上。浮动的定子 9 与轴同心，且能独自偏摆，定子由硅钢片叠成，并装有笼形绕组。速度继电器的转轴与电动机轴相连，当电动机起动旋转时，转子随之一起转动，形成旋转磁场。笼型绕组切割磁力线产生感应电流，此电流与旋转磁场作用产生电磁转矩，使定子随转子的转动方向偏摆，带动杠杆 7 推动相应触点动作。在杠杆推动触点的同时也压缩反力弹簧 2，其反作用阻止定子继续转动。当转子转速下降到一定数值时，电磁转矩小于反力弹簧的反作用力矩，定子便返回至初始位置，对应的触点恢复到原来状态。

提示与指导：

速度继电器的轴与电动机的轴相连，因此速度继电器的安装位置不同于大部分低压电器。此外还需注意，绝大部分低压电器其触点系统动作时均是所有触点同时动作同时复位，而速度继电器触点系统的动作则是根据其转轴不同的旋转方向，对应有不同的触点动作，即正转时一对触点动作，而反转时另一对触点动作。

机床上常用的速度继电器有 JY1 型和 JFZ0 型两种。一般速度继电器的动作转速为 120r/min，触点的复位转速在 100r/min 以下。调整反力弹簧的松紧即可改变触点动作或复位时的转速，从而准确地控制相应的电路。

JY1 型和 JFZ0 型速度继电器的主要技术参数如表 1-15 所示。

表 1-15　JY1 型和 JFZ0 型速度继电器的主要技术参数

型　号	触点容量		触点数量		额定工作转速/(r/min)	允许操作频率/(次/h)
	额定电压/V	额定电流/A	正转时动作	反转时动作		
JY1	380	2	1 常开 1 常闭	1 常开 1 常闭	100 ~ 3600	<30
JFZ0					300 ~ 3600	

速度继电器的图形符号和文字符号如图 1-40 所示。

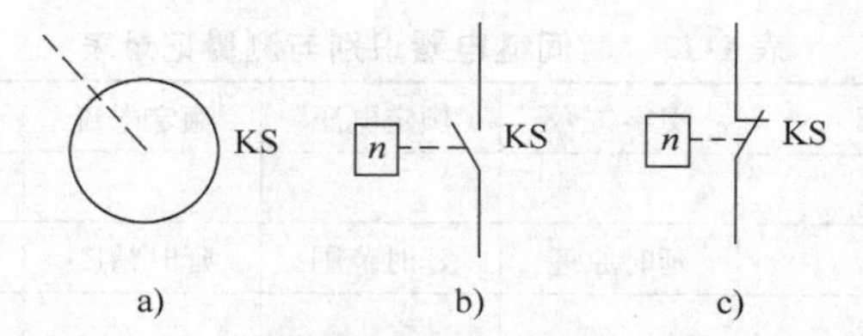

图1-40　速度继电器的图形符号和文字符号
a）转子　b）常开触点　c）常闭触点

1.8　技能训练

1.8.1　常用低压电器的识别与测量

1. 实训目的

1）认识常用低压电器，了解它们的基本结构与功能用途。

2）掌握用万用表检测低压电器并判断其好坏的基本方法。

2. 实训准备

低压断路器、熔断器、按钮、行程开关、时间继电器、中间继电器、热继电器、万用表以及常用电工工具，以上各低压电器可选 DZ10、RL1、LA18、LX19、JS7、JZ7、JR16 系列，也可根据实际情况选择其他系列产品。

3. 实训内容

1）正确识别以上各常用低压电器，了解其基本结构组成及作用。

2）手动模拟各低压电器动作与复位，用万用表测量并判断其好坏。

4. 步骤与要求

1）依次认识各低压电器的外形特点，了解其基本结构组成，手动模拟各低压电器的动作与复位，用万用表测量并判断其好坏。

2）将中间继电器与时间继电器的相关内容与测量结果分别填入表1-16与表1-17所示记录表中，并完成以下思考题。

① 如何用万用表欧姆档测量低压电器的线圈、触点等部件并判断其好坏?

② 简要描述时间继电器线圈的通断电与其延时触点动作、复位之间的关系。

表1-16　中间继电器识别与测量记录表

<table>
<tr><td colspan="2" rowspan="2">主要技术数据</td><td>型　号</td><td>文字符号</td><td>额定电压</td><td>额定电流</td><td colspan="2">线 圈 电 压</td></tr>
<tr><td></td><td></td><td></td><td></td><td colspan="2"></td></tr>
<tr><td rowspan="5">结构组成</td><td rowspan="2">电磁机构</td><td>作用</td><td>铁心形状</td><td>衔铁形状</td><td>短路环位置</td><td>线圈阻值</td><td>动作方式</td></tr>
<tr><td></td><td></td><td></td><td></td><td></td><td></td></tr>
<tr><td rowspan="3">触点系统</td><td>作用</td><td>触点类型</td><td colspan="2">常开触点（　）个</td><td colspan="2">常闭触点（　）个</td></tr>
<tr><td rowspan="2"></td><td>内容</td><td>动作前</td><td>动作后</td><td>动作前</td><td>动作后</td></tr>
<tr><td>阻值</td><td></td><td></td><td></td><td></td></tr>
</table>

表 1-17　时间继电器识别与测量记录表

<table>
<tr><td colspan="2" rowspan="2">主要
技术数据</td><td>型　　号</td><td>文字符号</td><td>额定电压</td><td>额定电流</td><td colspan="2">线 圈 电 压</td></tr>
<tr><td></td><td></td><td></td><td></td><td colspan="2"></td></tr>
<tr><td rowspan="8">结构组成</td><td rowspan="2">延时机构</td><td>作用</td><td>延时原理</td><td>延时范围</td><td>延时精度</td><td>延时方式</td><td>延时方式对调</td></tr>
<tr><td></td><td></td><td></td><td></td><td></td><td>是（　）否（　）</td></tr>
<tr><td rowspan="2">电磁机构</td><td>作用</td><td>铁心形状</td><td>衔铁形状</td><td>短路环位置</td><td>线圈阻值</td><td>动作方式</td></tr>
<tr><td></td><td></td><td></td><td></td><td></td><td></td></tr>
<tr><td rowspan="4">触点系统</td><td>延时触点作用</td><td>触点类型</td><td colspan="2">瞬时触点（　）对</td><td colspan="2">延时触点（　）对</td></tr>
<tr><td rowspan="3"></td><td>内容</td><td>常开触点</td><td>常闭触点</td><td>常开触点</td><td>常闭触点</td></tr>
<tr><td>通电前</td><td></td><td></td><td></td><td></td></tr>
<tr><td>通电后</td><td></td><td></td><td></td><td></td></tr>
</table>

5. 注意事项

1）手动或工具模拟低压电器的动作过程中，应注意用力均匀，以防损坏。

2）测量线圈与触点时注意万用表应扳至适当量程，以防误判。

6. 评分标准

常用低压电器的识别与测量成绩评定标准如表 1-18 所示。

表 1-18　常用低压电器的识别与测量成绩评定标准

<table>
<tr><td colspan="2">项目内容</td><td colspan="2">评 分 标 准</td><td>配分</td><td>扣分</td><td>得分</td></tr>
<tr><td colspan="2">电器识别</td><td colspan="2">能正确识别各低压电器，每错一次扣 5 分</td><td>25</td><td></td><td></td></tr>
<tr><td colspan="2">模拟操作</td><td colspan="2">能正确模拟操作低压电器的动作与复位，每错一次扣 5 分</td><td>25</td><td></td><td></td></tr>
<tr><td colspan="2">测量方法</td><td colspan="2">使用万用表测量方法正确，每错一次扣 5 分</td><td>25</td><td></td><td></td></tr>
<tr><td colspan="2">表格填写</td><td colspan="2">表格填写完整正确，每错一处扣 5 分</td><td>25</td><td></td><td></td></tr>
<tr><td colspan="2" rowspan="2">安全文明操作</td><td colspan="2">正确使用工具仪表，损坏工具仪表扣 50 分</td><td></td><td></td><td></td></tr>
<tr><td colspan="2">执行安全操作规定，违反安全规定扣 50 分</td><td></td><td></td><td></td></tr>
<tr><td>课时</td><td>90min</td><td>说明</td><td colspan="2">每超时 5min 扣 5 分，超时 10min 以上为不及格</td><td>总分</td><td></td></tr>
</table>

1.8.2　交流接触器的拆装与测量

1. 实训目的

1）熟悉交流接触器的结构，了解各组成部分的作用，加深对其工作原理的理解。

2）掌握拆装与测量交流接触器的基本方法、步骤及注意事项。

3）熟悉交流接触器常见故障的检修方法。

2. 实训准备

CJ10－20 型交流接触器、三极刀开关、熔断器、按钮、220V/40W 白炽灯、导线若干、万用表以及螺钉旋具、尖嘴钳、锉刀等常用工具。

3. 实训内容

1）交流接触器的拆装与测量。

2）对拆装后的交流接触器进行通电测试并判断其好坏。

4. 步骤与要求

（1）交流接触器的拆卸

1）拆卸灭弧罩，此款接触器的灭弧罩为陶瓷材质，拆卸时应交替拆卸灭弧罩两边的固定螺钉，以避免灭弧罩碎裂。拆卸后观察灭弧罩的内部结构，如发现有炭化等异常现象，需使用锉刀等工具将其清除，并将灭弧罩内清理干净。检查主触点和辅助触点的数量及现况，使用万用表测量各触点的通断状况。然后将触点架压下，此时各触点的动触点与静触点接触，使用万用表再次测量各触点的通断情况并记录。

2）拆卸主触点。先将压在3片动触点上面的触点压力弹簧片拆下，再拆下动触点；用螺钉旋具旋下3对静触点的紧固螺钉，即可拆下静触点。

3）拆卸常开辅助触点。拆卸常开辅助触点的静触点时，先用螺钉旋具旋下两边紧固导线螺钉与连接片，再用钳子将静触点拔出。

4）拆卸吸引线圈与铁心。将接触器底座朝上，用螺钉旋具将底盖拆下，取出静铁心、铁心支架、缓冲弹簧；再用钳子将吸引线圈的线端拔出，取下线圈和反力弹簧。

5）拆卸常闭辅助触点。将接触器翻转，用螺钉旋具将常闭触点的静触点上紧固导线的螺钉拆下，再用钳子将静触点拔出即可。

（2）交流接触器的组装

安装前，需要对所有拆除下来的零件进行检查，如表面是否有油污，触点表面是否有放电烧损情况，铁心的短路环是否完整，线圈是否有断路情况，灭弧罩是否有破损等。检查完毕后，可以依据下述顺序进行安装。

1）安装铁心及线圈。先将反力弹簧装入槽内，再将电磁线圈装入动铁心中；用钳子将电磁线圈出线端插入接线片中；最后装上铁心支架及静铁心等部分，盖上底盖并确认平整后，再用螺钉旋具将螺钉紧固。

2）安装主触点。将3对主触点的静触点用螺钉固定，再将3个动触点装上，并压上弹簧片。安装完毕后用手按压3个主触点检查动作是否流畅，最后用螺钉旋具旋上接线螺钉。

3）安装辅助触点。先将两对常开辅助触点推进槽内，紧固接线螺钉；安装常闭触点时，需要将主触点按下后，用钳子将静触点插入槽内并紧固接线螺钉。

4）安装灭弧罩：将灭弧罩平整地嵌入槽内，然后沿对角线方向固定螺钉。

（3）交流接触器的断电检测

1）使用万用表检测触点情况。将万用表扳至欧姆档，在接触器不动作情况下测试各主触点及辅助触点的通断情况；然后用工具按压触点架，使主触点闭合，再用万用表对各触点的通断情况进行测试。正常情况下，主触点及常开辅助触点在不动作时应为断开（$R\to\infty$）状态，触点架按下后则应为导通（$R\to0$）状态；常闭辅助触点在不动作时应为闭合状态，触点架按下后则应为断开状态。

2）使用万用表检测电磁线圈情况：将万用表扳至欧姆档，测量线圈两接线端电阻。正常状态下阻值应为几百至几千欧姆，如阻值为无穷大则表示线圈断开，需更换线圈。

3）用工具多次按压触点架使之动作，观察各触点动作是否流畅。

（4）交流接触器的通电检测

交流接触器重新装配并断电检测无误后，将其接入图1-41所示测试电路进行通电检测。

合上刀开关 QS，HL1 与 HL3 同时点亮，表明两常闭辅助触点装配合格；按下按钮 SB2，接触器 KM 线圈通电吸合并自锁，其主触点闭合使 3 只白炽灯同时点亮，表明接触器通电可正常动作；按下按钮 SB1，接触器断电释放，HL2 熄灭，HL1 与 HL3 继续点亮，说明接触器断电可正常复位。以上各项表明接触器所有部件装配合格。

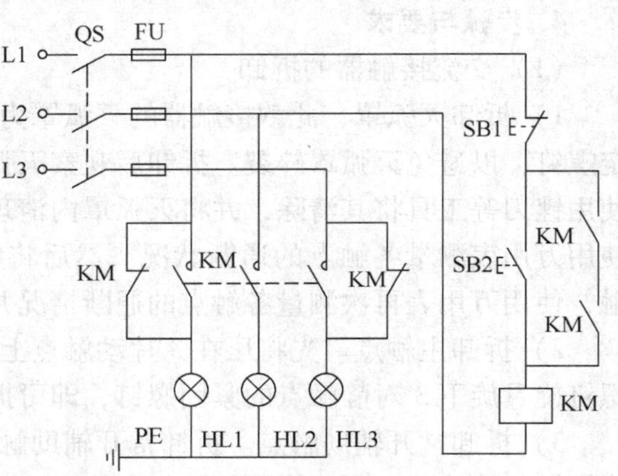

图 1-41　交流接触器测试电路

（5）填写表 1-19 所示交流接触器拆装与测量记录表，并完成以下思考题。

1）如何用万用表的欧姆档测量并判断交流接触器的好坏？

2）交流接触器的电磁线圈与触点之间有什么关系？画出其电气符号。

3）简要说明交流接触器的拆装步骤。

表 1-19　交流接触器拆装与测量记录表

主要技术数据		型　号	文字符号	额定电压		额定电流		线 圈 电 压	
结构组成	电磁机构	作用	铁心形状	衔铁形状		短路环位置		线圈阻值	动作方式
	触点系统	作用	触点类型	主触点		常开辅助触点		常闭辅助触点	
			内容	数量	阻值	数量	阻值	数量	阻值
			动作前						
			动作后						
	灭弧装置	作用	位置	电弧性质		灭弧装置		灭弧原理	
通电测量		测量步骤	合上 QS	按下 SB2		按下 SB1		装配测试结论	
		测量现象							
		测量结果							

5. 注意事项

1）拆装操作的整个过程中，不允许硬撬，拆装灭弧罩时应轻拿轻放，避免碰撞。

2）拆下的细小零部件如反力弹簧、缓冲弹簧、压线螺钉等应放入容器，以免丢失。

3）组装时应注意各部分零部件必须安装到位，无机械卡阻现象，最后再安装灭弧罩。

4）组装后必须先进行断电检测无误后，再进行通电测试，才能确认组装结果。

6. 评分标准

交流接触器的拆装与测量成绩评定标准如表 1-20 所示。

表 1-20　交流接触器的拆装与测量成绩评定标准

项目内容	评分标准	配分	扣分	得分
拆卸过程	拆卸步骤方法正确，方法步骤错一次扣 5 分	25		
装配过程	装配步骤方法正确，方法步骤错一次扣 5 分	25		
断电检测	检查方法正确，触点动作与复位顺畅，方法错一次扣 5 分	10		
通电检测	操作检查方法正确，方法错一次扣 10 分	20		
表格填写	表格填写完整正确，每错一处扣 5 分	20		
安全文明操作	正确使用工具仪表，损坏工具仪表扣 50 分			
	执行安全操作规定，违反安全规定扣 50 分			
课时　90min	说明　每超时 5min 扣 5 分，超时 10min 以上为不及格		总分	

1.9　小结

工作在交流 1200V 及以下与直流 1500V 及以下电路中起通断、控制、保护和调节作用的电气设备称为低压电器。常用的低压电器有刀开关和转换开关、自动开关、熔断器、接触器、继电器、主令电器、控制器、起动器、电阻器、变阻器与电磁铁等。

低压电器中大部分为有触点的电磁式电器，电磁式低压电器是低压电器中最典型也是应用最为广泛的一种电器，其类型很多，并且各种类型的电磁式低压电器在结构组成和工作原理上基本相同，一般均由电磁机构、触点系统和灭弧装置 3 部分组成。

为使电器可靠地接通与分断电路，对电器提出了各种技术要求，其主要技术数据有使用类别、电流种类、额定电压与额定电流、通断能力及寿命、触点数量等。使用时，可根据具体使用场合与相关控制要求等，通过查阅产品样本及电工手册确定相关的技术数据和电器型号。

学习本章内容时应注意理论联系实际，对照图、文与实物，了解各种低压电器的结构组成、深入理解其工作原理，重点掌握其功能用途、符号表示、选用原则及使用注意事项等，特别是应通过低压电器的拆装训练，识别其各组成部分，掌握使用万用表测量并判断低压电器好坏的基本方法。

1.10　习题

1.10.1　判断题

（正确的在括号内画✓，错误的画✕）。

1. 低压刀开关可对小容量异步电动机作不频繁的直接起停控制。　（　　）
2. 交流接触器通电后如果铁心吸合受阻，将导致线圈烧毁。　（　　）
3. 直流接触器比交流接触器更适用于频繁操作的场合。　（　　）
4. 低压断路器只具有低电压释放保护的功能。　（　　）
5. 一定规格的热继电器，其所装的热元件规格可能是不同的。　（　　）

6. 熔断器是利用电流的热效应原理工作的，其保护特性是反时限的。（ ）

7. 熔断器在电动机控制电路中可以兼具短路和过载保护功能。（ ）

8. 熔断器的额定电流与熔体的额定电流必须相等。（ ）

9. 万能转换开关本身具有各种保护功能。（ ）

10. 热继电器的额定电流就是其触点的额定电流。（ ）

11. 无断相保护装置的热继电器不能对电动机的断相提供保护。（ ）

12. 热继电器是用来对连续运行的电动机进行短路保护的保护电器。（ ）

13. 行程开关、转换开关均可用于电气控制电路的限位保护。（ ）

14. 交流接触器铁心端面嵌有短路铜环的目的是为了保证动、静铁心吸合严密，不发生振动与噪声。（ ）

15. 用万用表欧姆档测量接触器的触点系统，如为常开触点阻值应显示为“0”；如为常闭触点则阻值应显示为“∞”。（ ）

1.10.2 选择题

（将正确选项填在题后的括号内）。

1. 电磁机构的吸力特性与反力特性的配合关系是（ ）。
   a. 反力特性曲线应在吸力特性曲线的下方且彼此靠近
   b. 反力特性曲线应在吸力特性曲线的上方且彼此靠近
   c. 反力特性曲线应在远离吸力特性曲线的下方
   d. 反力特性曲线应在远离吸力特性曲线的上方

2. 低压电器用途广泛，种类繁多，原理结构各异，按用途可分为（ ）。
   a. 有触点电器和无触点电器
   b. 自动切换电器和非自动切换电器
   c. 电磁式电器和非电磁式电器
   d. 低压配电电器和低压控制电器

3. 为了减小接触电阻，下列做法中不正确的是（ ）。
   a. 在静铁心的端面上嵌有短路铜环　　b. 加一个触点弹簧
   c. 触点接触面保持清洁　　d. 在触点上镶一块纯银块

4. 由于电弧的存在，将导致（ ）。
   a. 电路的分断时间不变　　b. 电路的分断时间缩短
   c. 电路的分断时间延长　　d. 分断能力提高

5. 低压电器用途广泛，品种规格繁多，以下属于非自动切换电器的是（ ）。
   a. 电流继电器　　b. 行程开关
   c. 时间继电器　　d. 接触器

6. 为防止生产机械运动部件的行程超出其允许范围而发生事故，在行程控制电路中需设置限位保护环节，以下各项中可实现限位保护的是（ ）。
   a. 万能转换开关　　b. 行程开关
   c. 自动空气开关　　d. 组合开关

7. 低压断路器的文字符号是（ ）。

a. KA　　b. KT　　c. KS　　d. QF

8. 低压断路器不能实现的保护功能是（　　）。

a. 短路保护　　b. 过载保护　　c. 失电压保护　　d. 限位保护

9. 在接触器的铭牌上常见到 AC3、AC4 等字样，它们代表（　　）。

a. 生产厂家代号　　b. 使用类别代号　　c. 国标代号　　d. 产品系列代号

10. 电压继电器的线圈与电流继电器的线圈相比，具有的特点是（　　）。

a. 电压继电器的线圈匝数少、导线细、阻抗大

b. 电压继电器的线圈匝数少、导线粗、阻抗小

c. 电压继电器的线圈匝数多、导线细、阻抗大

d. 电压继电器的线圈匝数多、导线粗、阻抗小

11. 在延时精度要求不高、电源电压波动较大的场合，应选用（　　）。

a. 电磁式时间继电器　　b. 电子式时间继电器

c. 电动式时间继电器　　d. 空气阻尼式时间继电器

12. 通电延时型时间继电器，其延时触点的动作情况是（　　）。

a. 线圈通电时触点瞬时动作，线圈断电时触点延时复位

b. 线圈通电时触点瞬时动作，线圈断电时触点瞬时复位

c. 线圈通电时触点延时动作，线圈断电时触点瞬时复位

d. 线圈通电时触点延时动作，线圈断电时触点延时复位

1.10.3　问答题

1. 什么是低压电器？按用途可以分为哪两大类？常用的低压电器有哪些？
2. 交流接触器的铁心上为什么要装设短路环？
3. 电磁式低压电器主要由哪几部分组成？各部分的作用是什么？
4. 什么是接触器？接触器结构上由哪几部分组成？
5. 按动作原理不同，时间继电器可分为哪几种形式？各有何特点？
6. 低压断路器有什么功能和特点？
7. 电动机处于重复短时工作时可否采用热继电器作为过载保护？为什么？
8. 什么是主令电器？常用的主令电器有哪些？
9. 热继电器只能作电动机的长期过载保护而不能作短路保护，而熔断器则相反，为什么？

第2章　机床电气控制的基本环节

各种生产机械虽然工艺过程不同，控制要求千差万别，但其控制电路都是由一些基本控制环节组成。本章主要介绍电气控制系统的起动、制动、调速等基本控制环节。学习本章内容，应在熟悉各种常用低压电器的基本结构、工作原理及功能用途的基础上，重点掌握继电器－接触器控制电路中基本控制环节的组成特点和工作原理；掌握控制电路的一般分析方法；熟悉电气原理图的画法规则并学会简单控制电路的设计。

2.1　电气控制系统图

继电器－接触器控制电路是由各种继电器、接触器、按钮及行程开关等低压电气元器件按照一定的要求连接而成的，用来实现对电力拖动系统的起动、制动、反向和调速等的控制以及相应的保护。为了便于电气控制系统的分析设计、安装调试和使用维护，需要将电气控制系统中各电气元器件及其连接关系用一定的图表示出来，这种图就是电气控制系统图。常用的电气控制系统图有控制系统流程图、电气原理图、电器布置图和电气安装接线图等。

电气控制系统图中，所有电气元器件必须使用国家统一规定的图形符号和文字符号。图形符号用来表示各种不同的电气元器件，使用时应尽量选用其优选形式，符号的大小、取向、引出线位置等可按照使用规则作某些变化，以达到使图面清晰、减少图线交叉的目的。文字符号标注在图形符号近旁，进一步说明电气元器件或设备的名称、功能、状态和特征等。

2.1.1　控制系统流程图

控制系统流程图又称为功能表图或框图，是用符号或带注释的框形象、直观地表示系统或分系统的基本组成、相互关系、控制过程及其主要特征的一种电气图。它是依据系统或分系统的功能层次来绘制的，不仅是绘制电气原理图的基础，而且还是操作、维修不可缺少的文件。电气原理图设计完毕后，还可对照流程图验证电路是否正确合理。因此，流程图的绘制是电气控制系统设计实现科学化、规范化的一个极为重要的环节。

1. 流程图的画法规则

流程图是一种描述控制系统功能的图解表示法。流程图中，需要把一个控制过程分解成若干连续的阶段，每个阶段称为“步”。步用矩形框表示，框中加注不同的数字标号用以识别不同的步。表示控制过程初始状态的初始步需用双线矩形框表示。步的图形符号如图2-1a所示。

步是指一个稳定的状态，即表示控制过程中的一个动作，用该步右边的一个矩形框内注明的文字或符号来表示与该步对应的动作。矩形框与对应的步符号相连，当一个步有多个动作时，可作水平布置，也可作垂直布置，分别如图2-1b与图2-1c所示。

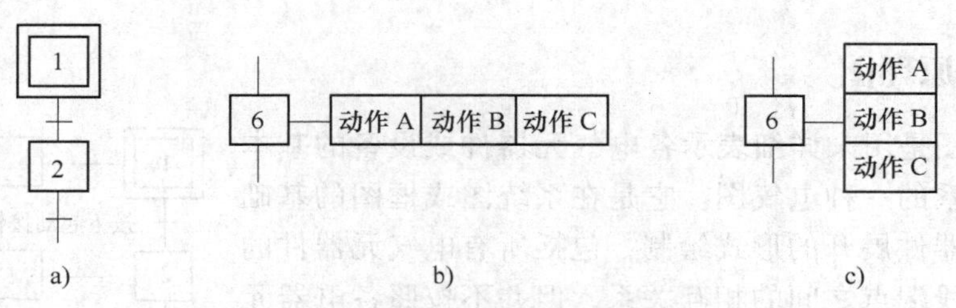

图 2-1　步符号及对应动作的表示
a）步的图形符号　b）动作的水平布置　c）动作的垂直布置

2. 流程图的基本结构

控制系统运行过程中的工作步有两种状态，即活动状态（动步）和非活动状态（静步）。在控制过程中会发生步的活动状态的转移，可在相邻的步符号间用有向线段表示步的转移方向（当从上向下转移时，也可将箭头省略），该有向线段上的一短横线为转移符号，转移条件通常采用文字语句或逻辑表达式等方式表示在转移符号近旁。只有当一个步处于活动状态，而且与它相关的转移条件成立时，才能实现步状态的转移。

流程图中步之间的转移通常有单一序列、选择序列和并行序列三种基本结构。单一序列由一系列相继激活的步组成，每一步后面仅连接一个转移，如图 2-2a 所示。选择序列是指在某一步后有若干个单一序列等待选择，一次只能选择进入一个序列，如图 2-2b 所示，当步 2 处于活动状态时，如果转移条件 e 成立，则发生步 2 到步 3 的转移；如果转移条件 h 成立，则发生步 2 到步 5 的转移。并行序列是指在某一转移条件下，同时起动若干个序列，如图 2-2c 所示，并行序列介于双水平线之间，当步 3 处于活动状态时，如果公共转移条件 b 成立，则会发生从步 3 到步 4 和步 3 到步 6 两个序列的同时激活，在并行序列结束处，只有当步 5 和步 7 处于活动状态而且公共转移条件 e 成立时，才会发生从步 5、7 到步 8 的转移。应当注意，上述三种基本形式在很多情况下往往是综合出现的。

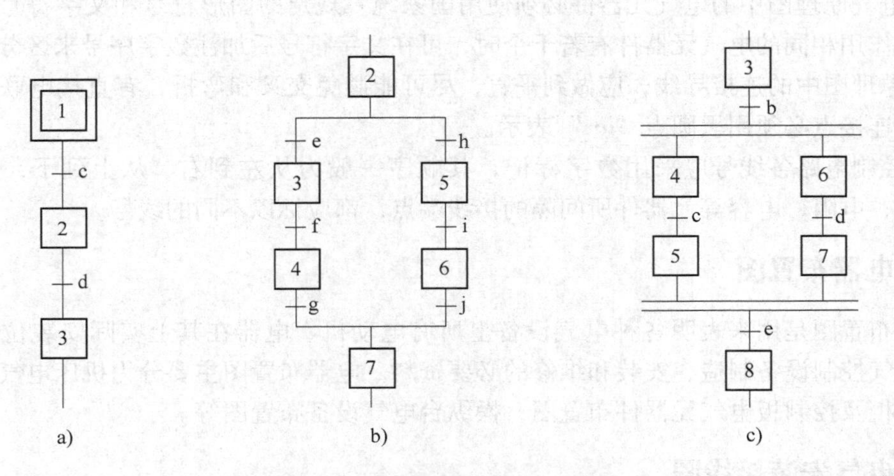

图 2-2　控制系统流程图的基本结构
a）单一序列　b）选择序列　c）并行序列

图 2-3 所示为电动机单向起动、反接制动控制的控制系统流程图。

2.1.2 电气原理图

电气原理图是用来详细表示各电气元器件或设备的基本组成和连接关系的一种电气图。它是在系统图或框图的基础上采用电气元器件展开的形式绘制，包括所有电气元器件的导电部件和接线端点之间的相互关系，但并不按照各电器元器件的实际位置和实际接线情况来绘制，也不反映电气元器件的实际大小，原理图是绘制电气安装接线图的依据。

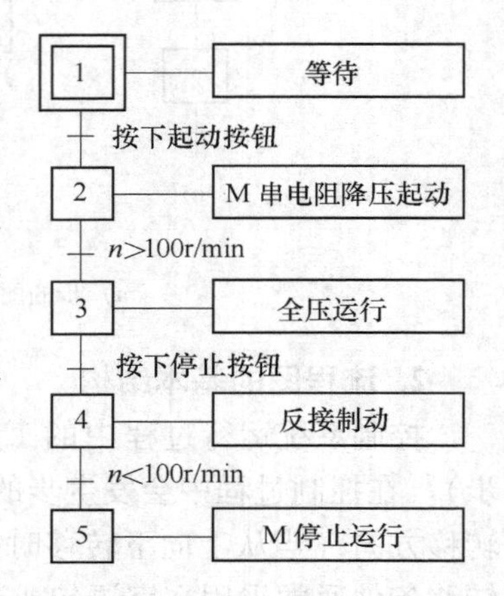

图 2-3　电动机单向起动、反接制动控制流程图

由于电气原理图结构简单，层次分明，适用于研究和分析电路工作原理，所以在设计部门和生产现场获得了广泛应用，绘制电气原理图时应遵循以下基本原则。

1）原理图一般分为主电路和辅助电路两部分，主电路是电气控制电路中从电源到电动机定子绕组的大电流通过的部分，一般用粗实线绘制。主电路中三相电路导线按相序从上到下或从左到右排列，中性线应排在相线的下方或右方，分别用 L1、L2、L3 及 N 标记；辅助电路包括控制电路、照明电路、信号电路和保护电路等，是小电流通过的部分，应用细实线绘制。通常将主电路画在辅助电路的上方或左方。

2）无论是主电路还是辅助电路，各电气元器件一般应按动作顺序从上到下，从左到右依次排列，电路可采用水平布置或垂直布置。电气元器件的触点通常按照没有通电或不受外力作用时的正常状态画出。

3）在电气原理图中，电气元器件采用展开的形式绘制，也称为分散画法。即同一电气元器件的各个组成部分如接触器的线圈和触点，分别画在各自所属的电路中。为便于识别，同一电器的各个部件均编以相同的文字符号。

4）电气原理图中的电气元器件必须使用国家统一规定的图形符号和文字符号。同一原理图中，作用相同的电气元器件有若干个时，可在文字符号后加注数字序号来区分。

5）原理图中的连接导线，应做到平直，尽可能避免交叉和弯折，有直接电联系的十字交叉导线连接点必须用黑圆点“·”表示。

6）控制电路各线号应采用数字标记，其顺序一般为从左到右、从上到下，凡是被线圈、触点、电阻、电容等元器件所间隔的接线端点，都应标以不同的线号。

2.1.3 电器布置图

电器布置图是用来表明各种电气设备上所有电动机、电器在其上实际安装位置的一种图，是电气控制设备制造、安装和维修的必要资料。电器布置图主要分为机床电气设备布置图，控制柜及控制板电气元器件布置图，操纵台电气设备布置图等。

2.1.4 电气安装接线图

电气安装接线图是在电气原理图的基础上，根据电气设备上电动机和电气元器件实际位置绘制的，是进行配线施工和检查维修电气设备不可缺少的技术资料。安装接线图主要分为单元接线图，互连接线图和端子接线图等。

2.1.5 电气原理图的阅读分析方法

电气原理图的分析广泛采用“查线读图法”。采用此方法应注意遵循“化整为零看电路，积零为整看全部”的原则。

所谓“化整为零看电路”，首先应从主电路着手，明确此控制电路由几台电动机组成，每台电动机由哪个接触器控制，根据其组合规律，大致可知各电动机采用何种起动方式、是否具有正反转控制和制动控制等。其次分析控制电路，控制电路一般可分为几个控制单元，每个单元一般主要控制一台电动机。可将主电路中接触器的文字符号和控制电路中具有相同文字符号的线圈一一对照，然后单独分析每台电动机的控制环节，观察主令信号发出后，先动作的电器元器件如何控制其他元器件的动作，并随时注意控制元器件触点，特别是接触器主触点的动作，如何驱动被控对象，即电动机的不同运行状态。

经过“化整为零”，逐步分析了每一个控制环节的工作原理之后，还必须用“积零为整”的方法，从整体角度去进一步分析、理解各个控制环节之间的联系、联锁关系及相关的各种保护环节，将整个电路有机地联系起来。最后，再分析其他电路，如照明电路与信号指示电路等。

在某些控制电路中，还设置了一些与主电路、控制电路关系不密切，相对独立的一些特殊环节，如自动调温装置、自动检测装置、晶闸管触发电路等。这些部分往往自成一个小系统，其分析方法可参照上述分析过程，并灵活运用所学过的电子技术、变流技术、自动检测技术等知识逐一分析。

2.2 三相笼型异步电动机全压起动控制电路

三相笼型异步电动机以其结构简单、价格便宜、坚固耐用和维修方便等优点获得广泛应用。它的起动方式有直接起动和降压起动两种。

全压起动又称为直接起动，指将电源电压通过刀开关、接触器等直接加至电动机定子绕组进行起动，是一种简便、经济的起动方法，但是起动电流较大，可达到电动机额定电流的4~7倍。过大的起动电流会造成电网电压明显下降，直接影响在同一电网上的其他电气设备的正常工作，对电动机本身也有不利影响，所以直接起动电动机的容量受到一定限制。判断一台交流电动机能否采用直接起动，可根据下面的经验公式来确定：

$$K_{\mathrm{I}}=\frac{I_{\mathrm{q}}}{I_{\mathrm{N}}}\leqslant\frac{3}{4}+\frac{\text{电源变压器的容量（kVA）}}{4\times\text{电动机额定功率（kW）}}$$

式中 K_{I}——电动机的起动电流倍数；

I_{q}——电动机的起动电流，单位为A；

I_{N}——电动机的额定电流，单位为A。

符合本公式，可以直接起动；不符合本公式，则应降压起动。通常容量小于10kW的笼型异步电动机可采用直接起动。

2.2.1 单向运行控制电路

单向运行控制电路是生产机械电气控制中最基本也最典型的控制电路，同时也是生产机械电气控制中的最基本的组成环节。

1. 开关控制电路

用刀开关或低压断路器直接控制电动机的起动和停止，是最简单的手动控制电路，此方法适用于不频繁起停的小容量异步电动机，但不能实现远距离控制和自动控制。普通机床上的冷却泵、小型台钻等常采用此种控制方法。

2. 接触器控制电路

图 2-4 所示为接触器控制电动机单向运行电路，它是最常用，最简单的单向运行控制电路。图中由电源 L1、L2、L3 经电源开关 QS、熔断器 FU1、接触器 KM 的 3 个常开主触点、热继电器 FR 的热元件到电动机的三相定子绕组构成主电路部分，它流过的电流较大；由起动按钮 SB2、停止按钮 SB1、接触器 KM 的线圈及其常开辅助触点、热继电器 FR 的常闭触点和熔断器 FU2 构成控制电路部分，它流过的电流较小。

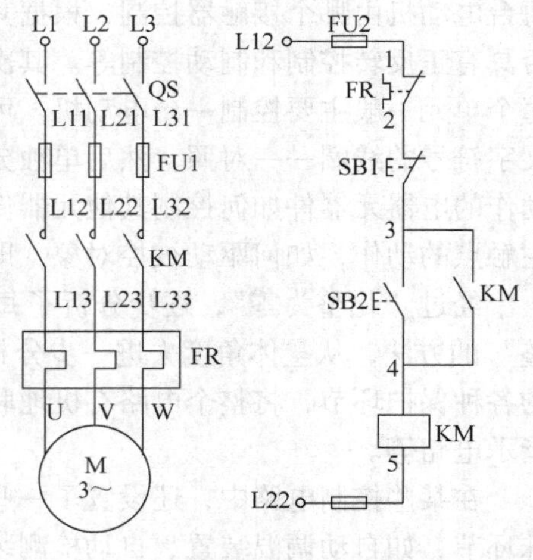

图 2-4　单向运行控制电路

电动机的起动控制：合上电源开关 QS，按下起动按钮 SB2，接触器 KM 线圈通电吸合，其主触点闭合，电动机定子绕组接通三相电源在全压下起动运转。同时，KM 自锁触点闭合，从而使电动机保持连续运行。

电动机需停转时，可按下停止按钮 SB1，接触器 KM 线圈断电释放，其常开主触点与辅助触点同时复位断开，切断了电动机主电路及控制电路，电动机停止运转。

电路中采用熔断器 FU1、FU2 分别实现主电路与控制电路的短路保护；并由热继电器 FR 实现电动机的长期过载保护；由于此控制电路是具有自锁的按钮控制，因而电路本身还具有失电压和欠电压保护功能。关于电动机控制电路的保护环节将在 2. 7 中详细介绍。

3. 点动控制电路

生产机械不仅需要连续运转，而且经常需要试车或调整，即所谓点动控制。点动控制多用于机床刀架、横梁及立柱等运动部件的快速移动和机床对刀等场合。图 2-5a 所示为基本点动控制电路，其工作原理如下：

起动时，先合上电源开关 QS，按下按钮 SB，接触器 KM 线圈通电吸合，其主触点闭合，电动机 M 全压起动运转；停止时，松开按钮 SB，接触器 KM 线圈断电释放，其主触点断开，电动机 M 停止运转。

图 2-5b 与图 2-5c 所示是两种既可点动又可连续运行的控制电路，这种电路既可用于机床的连续运行加工，又可满足短时的调整动作，操作非常方便。

提示与指导：

点动控制与连续运行控制最大的区别在于电路是否具有自锁功能。没有自锁即为点动，具有自锁就可实现连续运行控制。此外，点动控制不需要单独设置停止按钮，其起动按钮同时也是停止按钮，而连续运行则需单独设置停止按钮。

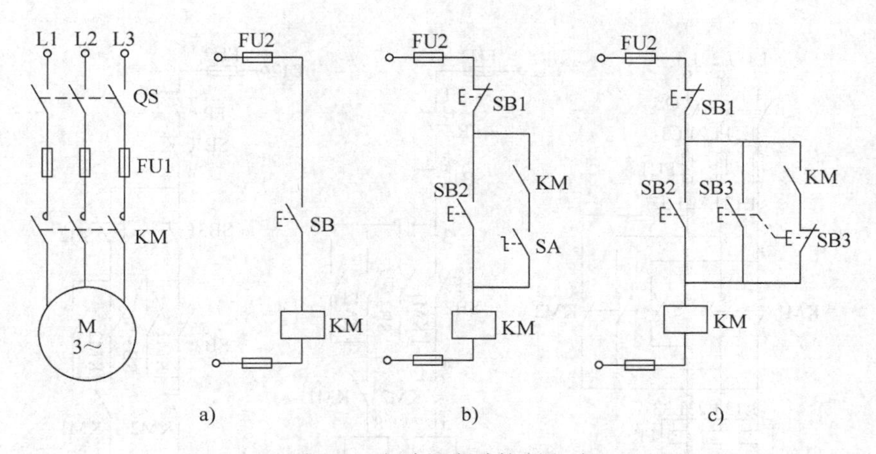

图 2-5　电动机点动控制电路
a）点动控制电路　b）、c）既可点动又可连续运行的控制电路

2.2.2　可逆运行控制电路

生产机械的运动部件往往要求实现正反两个方向的运动，如主轴的正反转、起重机的升降、机械装置的夹紧和放松等，这就要求拖动电动机可作正反向运转。由电机原理可知，若将电动机三相电源中的任意两相对调，即可改变电动机的旋转方向。常用的电动机可逆运行控制电路有以下几种。

1. 倒顺开关控制电路

倒顺开关属于组合开关，用倒顺开关直接控制电动机正反转，这种控制电路简单、经济，但不具备失电压和欠电压保护等基本保护功能，所以仅适用于5.5kW以下的小容量电动机的正反转控制。机床控制中，有时仅采用倒顺开关来预选正反转，而由接触器来接通与断开电源，倒顺开关预选可逆运行控制电路如图2-6所示，此种控制在万能铣床中即有采用。

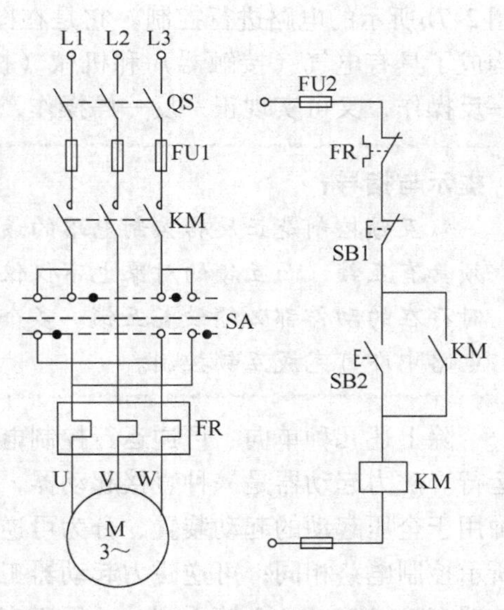

图 2-6　倒顺开关预选可逆运行控制电路

2. 接触器互锁可逆运行控制电路

图2-7a所示为接触器控制电动机可逆运行控制电路，采用了两个接触器KM1和KM2分别控制电动机的正转、反转运行。需要注意，电路中KM1和KM2不可同时通电，若二者同时通电，两接触器的主触点同时闭合，将造成两相电源短路。为此，需将接触器KM1、KM2的常闭触点串接在对方线圈电路中，形成相互制约的控制，这种相互制约关系称为互锁控制。由接触器或继电器常闭触点构成的互锁称为电气互锁，起互锁作用的触点称为互锁触点。该控制电路在进行正反转切换时，必须先按停止按钮SB1，而后再起动相反方向的控制，这就构成了正—停—反的操作顺序。

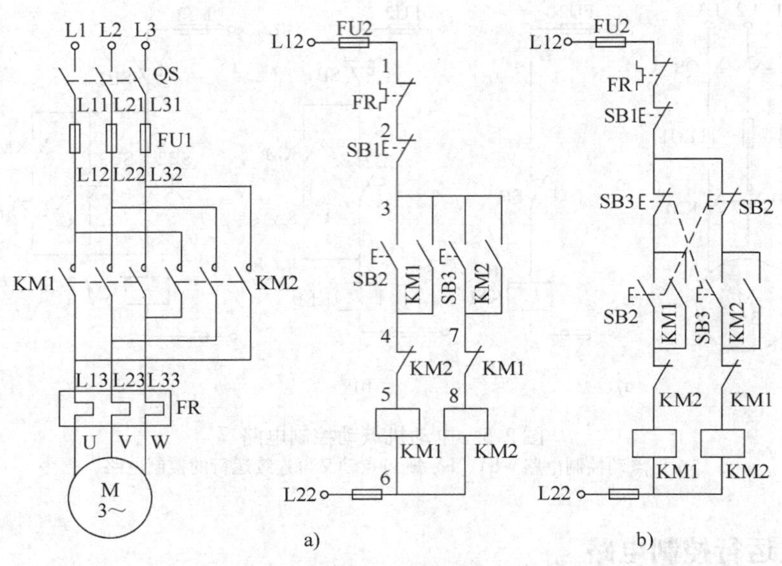

图 2-7　接触器控制电动机可逆运行控制电路
a）接触器互锁控制电路　b）按钮接触器双重互锁控制电路

3. 按钮和接触器双重互锁可逆运行控制电路

为缩短辅助工时，提高生产效率，就要求电动机能直接进行正反转的切换，可采用图 2-7b所示的电路进行控制。它是在图 2-7a 的基础上增设了起动按钮的常闭触点作互锁，构成了具有电气（接触器）和机械（按钮）双重互锁的控制电路。该电路既可实现正—停—反操作，又可实现正—反—停操作，使得控制方便，安全可靠。

提示与指导：

互锁控制是正反转控制电路的最关键环节。但是需要注意，并不只有正反转控制必须具有互锁，而互锁的对象也不仅仅限于两者之间，生产设备及其控制中，凡是不能同时存在的动作都必须设置互锁。多个控制对象中，将自身的常闭触点串接于对方的线圈电路中即可完成互锁控制。

除上述几种单向、可逆运行控制电路外，还可采用磁力起动器控制电动机的单向或可逆运行。磁力起动器是一种直接起动器，是将接触器、热继电器和按钮等元件组合在一起的一种用于全压起动的起动装置，分为可逆和不可逆两种。不可逆磁力起动器工作原理与图 2-4 所示控制电路相同；可逆磁力起动器工作原理与图 2-7a 所示控制电路相同。常用的磁力起动器有 QC10、QC12 等系列，适用于直接起动容量在 75kW 以下的笼型异步电动机。

2.2.3　行程控制电路

某些生产机械的运动机构需要在一定距离内自动往复运行，以使工件能得到连续地加工，如龙门刨床、导轨磨床工作台的自动往复运行、刀架的快速移动，又如运料机的自动循环控制、自动生产线上的自动定位和工序转换等都需要根据生产机械运动部件的位置变化来控制电动机的运行状态。通常采用行程开关作为控制元件来控制电动机的正反转，这种控制方式称为行程原则的自动控制。行程控制是机械设备自动化及生产过程自动化中应用最广泛的控制方式之一。

图 2-8 所示为工作台自动往复运行的示意图。在工作台两侧分别装有挡铁 1 和 2，机床床身上装有行程开关 SQ1 和 SQ2，工作台的行程可通过移动挡铁或行程开关的位置来调节，以适应加工零件的不同要求。SQ3 和 SQ4 用来作为限位保护，即防止工作台运行超出其极限位置而引发事故。

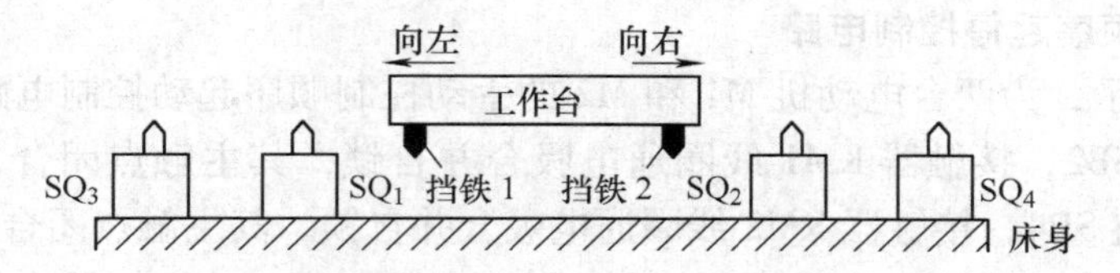

图 2-8　工作台自动往复运行示意图

图 2-9 所示为电动机自动往复运行控制电路。合上电源开关 QS，按下起动按钮 SB2，接触器 KM1 线圈通电吸合并自锁，电动机正转起动，拖动工作台左移。当工作台运动到一定位置时，挡铁 1 压下行程开关 SQ1，其常闭触点断开，使接触器 KM1 断电释放，电动机暂时脱离电源，同时 SQ1 常开触点闭合，使接触器 KM2 通电吸合并自锁，电动机反向起动拖动工作台右移。当工作台运动到挡铁 2 压下行程开关 SQ2 时，使 KM2 断电释放，KM1 重新通电吸合，电动机又开始正转运行。如此往复循环，直至按下停止按钮 SB1，电动机停止运行，加工结束。

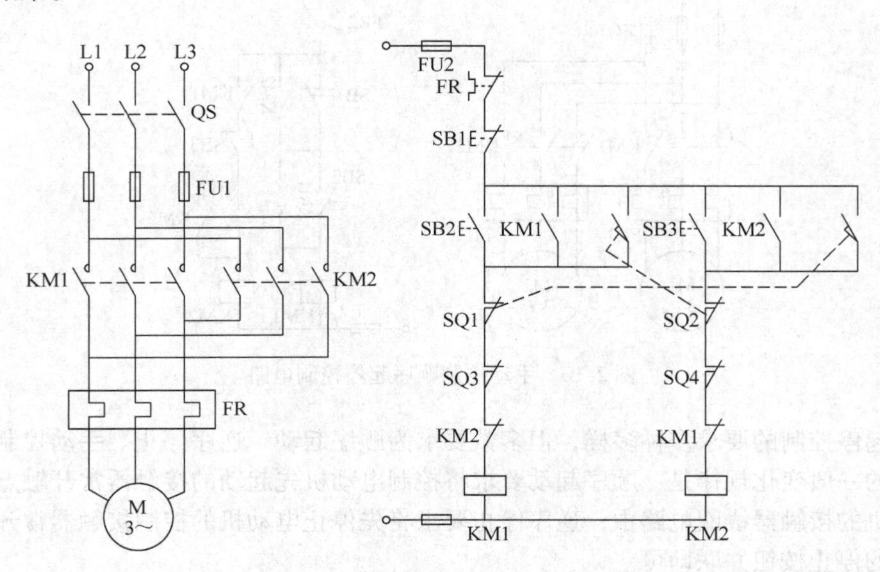

图 2-9　电动机自动往复运行控制电路

由上述控制情况可以看出，工作台往返运行一次，电动机要进行两次反向起动，反向起动时将会出现较大的电流，不仅会使电动机过热，而且较强的机械冲击还会损坏电动机的转轴。因此，这种电路只适用于电动机容量较小，循环周期较长和电动机转轴具有足够刚性的拖动系统，而且接触器的容量，应比一般情况下选择的大些。

2.2.4 顺序控制电路

在多台电动机拖动的生产机械上，有时需要按一定的顺序起动和停车，才能保证操作过程的合理和工作的安全可靠，这些顺序关系反映在控制电路上，称为顺序控制。如铣床起动时，要求先起动主轴电动机，然后才能起动进给电动机。又如带有液压系统的机床，在液压泵电动机起动后，才能起动其他电动机。

1. 手动控制顺序起停控制电路

如图 2-10 所示，为两台电动机 M1 和 M2 的手动控制顺序起动控制电路。合上电源开关 QS，先按下按钮 SB2，接触器 KM1 线圈通电吸合并自锁，其主触点闭合，电动机 M1 起动运转；再按下按钮 SB4，接触器 KM2 线圈通电吸合并自锁，其主触点闭合，电动机 M2 起动运转。停车时，如先按下停止按钮 SB1，由于并联其两端的 KM2 常开触点为闭合状态，因此 KM1 不能断电释放；所以只有先按下停止按钮 SB3，KM2 断电释放即电动机 M2 停止后，再按下 SB1 才能断开 KM1 线圈，使电动机 M1 停止运转。

该电路将接触器 KM1 的常开触点串联在电动机 M2 的控制电路中，这就保证了只有当 KM1 接通，M1 起动后，M2 才能起动。将接触器 KM2 的常开触点并联在停止按钮 SB1 两端，则保证了只有 M2 停止后才能停止 M1。

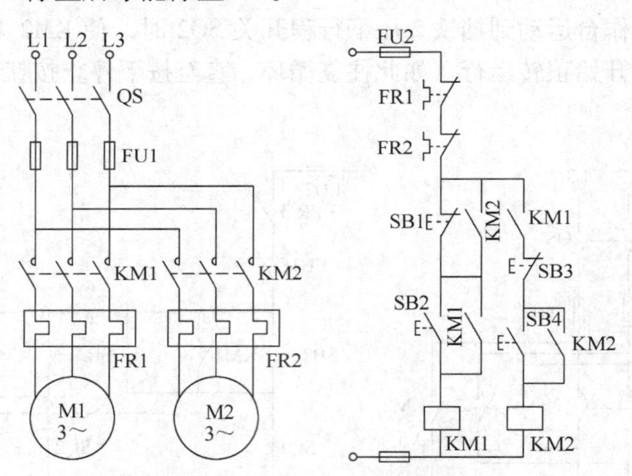

图 2-10 手动控制顺序起停控制电路

顺序起停控制的要求多种多样，但多数要求为顺序起动、逆序停止。手动控制顺序起停控制电路的一般变化规律是：顺序起动要求将控制电动机先起动的接触器常开触点串联在后起动电动机的接触器线圈电路中；逆序停止要求将先停止电动机的控制接触器常开触点与后停电动机的停止按钮并联即可。

2. 自动控制顺序起停控制电路

顺序起停控制除手动控制方式外，还有时间继电器控制的自动控制方式，如图 2-11 所示。其控制过程如下：

合上电源开关 QS，按下按钮 SB2，接触器 KM1 线圈通电吸合并自锁，其主触点闭合，电动机 M1 全压起动运转；同时时间继电器 KT 线圈也通电吸合并开始延时。延时到，其常开触点闭合，使接触器 KM2 线圈通电吸合并自锁，KM2 主触点闭合，电动机 M2 全压起动运转；KM2 常闭辅助触点断开，KT 线圈断电释放。按下按钮 SB1，两台电动机同时停止。

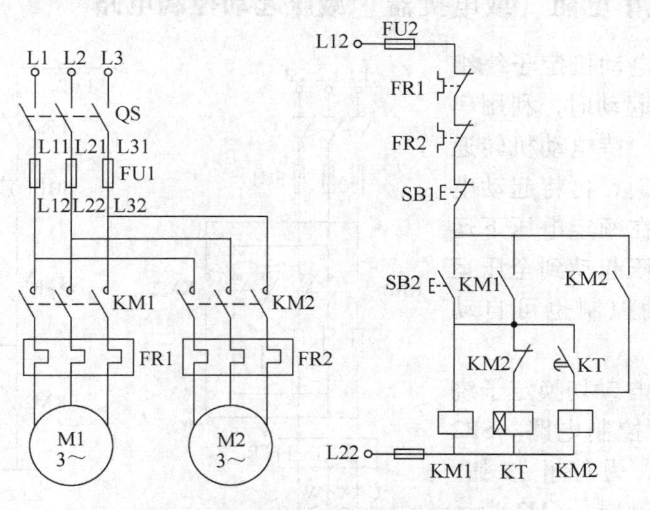

图 2-11 自动控制顺序起停控制电路

2.2.5 多地点控制电路

对于大型生产机械，为了操作方便，常常要求在两个或两个以上的地点都能进行操作，统称为多地点控制。实现这种控制的电路，如两地运行控制电路如图 2-12 所示，即在每一操作地点各安装一组起停按钮。其接线原则是：各起动按钮应并联连接，各停止按钮应串联连接。

大部分多地点控制电路按以上原则进行设计，但在某些重要的大型设备中，为保证操作安全，要求多个操作者同时发出控制信号（按下各自起动按钮）后，设备才能起动，此时多个起动按钮的常开触点均应串联连接。

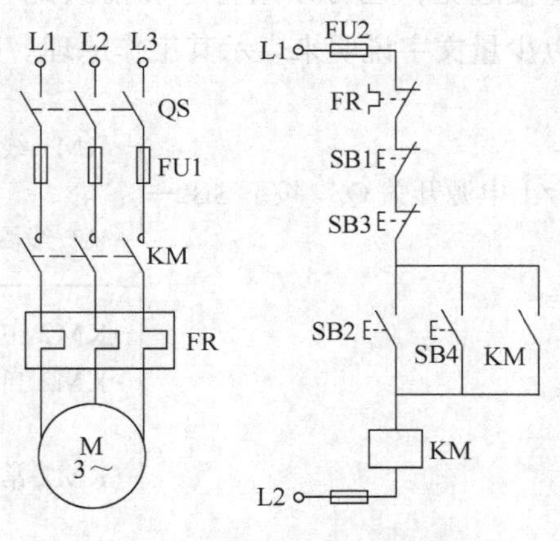

图 2-12 两地运行控制电路

2.3 三相笼型异步电动机减压起动控制电路

三相笼型异步电动机容量较大，不能进行全压起动时，则应采用减压起动。减压起动的目的在于减小起动电流，以减小供电线路因电动机起动引起的电压降。但当电动机转速上升到接近额定转速时，需将电动机定子绕组电压恢复到额定电压，使电动机进入全压正常运行状态。

三相笼型异步电动机常用的减压起动方法有：定子绕组串接电阻（或电抗器）减压起动、星形－三角形减压起动、自耦变压器减压起动和延边三角形减压起动。任何一种减压起动控制电路都是由减压起动到全压运行过程的切换。

2.3.1 定子绕组串电阻（或电抗器）减压起动控制电路

三相笼型异步电动机定子绕组串电阻减压起动，起动时，利用串入的电阻降压限流，待电动机转速升至接近额定转速时，再将起动电阻切除，使电动机在额定电压下运行。控制电路由减压起动到全压运行的切换可以手动控制也可自动控制。

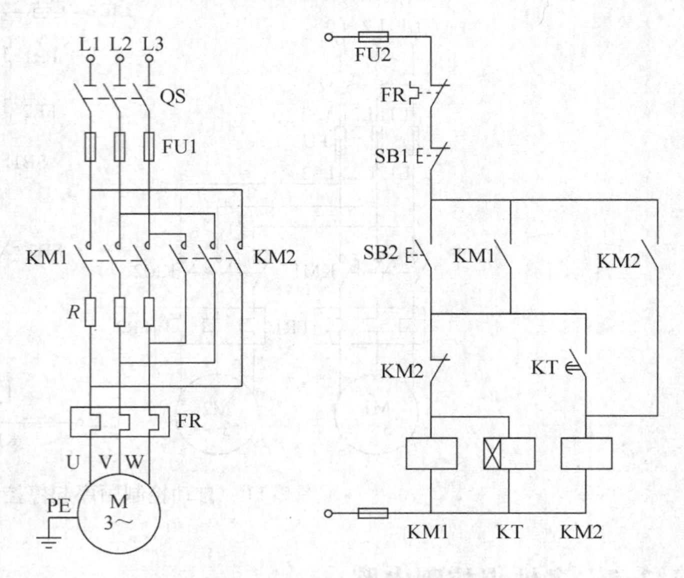

图 2-13　定子绕组串电阻减压起动控制电路

图 2-13 所示为自动切换定子绕组串电阻减压起动控制电路。SB2 为起动按钮，SB1 为停止按钮，KM1 为起动控制接触器，KM2 为运行控制接触器，*R* 为限流电阻。

分析各种控制电路原理时，为简便起见，也可以用符号和箭头配以少量文字说明来表示其工作原理。图 2-13 所示电路的工作原理可表示如下：

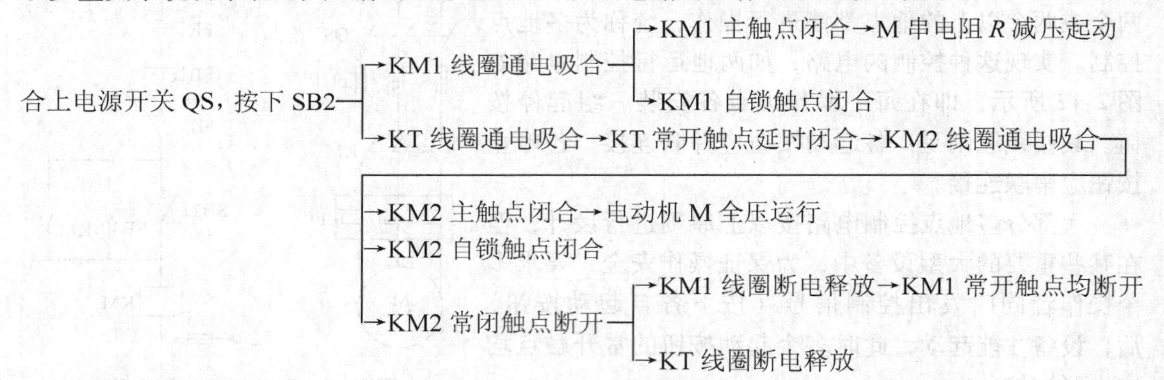

提示与指导：

图 2-13 所示控制电路中，当电动机起动过程结束后，通过 KM2 的常闭触点切断了 KM1 及 KT 的线圈回路，使接触器 KM1 和时间继电器 KT 只在减压起动过程中短时通电工作，保证了在电路正常运行后，尽可能少的电器元件工作，既节约了电能，又延长了电器元件的使用寿命。

虽然手动切换方式在三相笼型异步电动机的减压起动控制中皆可采用，但从减压起动到全压运行的切换靠手动操作，不仅需要按两次按钮，而且需要人为控制切换时间，很不方便，故一般均采用时间继电器进行控制，即时间原则的控制方式。在配合不同电动机起动时，一旦调整好延时时间，从降压起动到全压运行的过程就能够自动、准确的完成。

定子绕组串电阻减压起动，其所串电阻在起动过程中有较大的能量损耗，所以不适于经常起动的电动机。可用三相电抗器代替电阻，其控制电路与串电阻起动相同。需点动调整的电动机，常采用串电阻减压起动方式来限制其起动电流。上述两种方法，均不受电动机接线形式的限制，但电压降低后，起动转矩与电压的平方成比例地减小，因此只适用于空载或轻载起动的场合。

2.3.2 星形－三角形（Y－△）减压起动控制电路

凡是正常运行时三相定子绕组成三角形联结的三相笼型异步电动机，均可采用Y－△减压起动的方法来达到限制起动电流的目的。起动时，定子绕组先作星形联结，待转速上升到接近额定转速时，将定子绕组的接线改为三角形联结，电动机便进入全压正常运行状态。

1. 减压起动工作原理

电动机的Y－△联结示意图如图2-14所示。其中U1、V1、W1为电动机三相定子绕组的首端，U2、V2、W2为其尾端。所谓Y联结，指三个尾端短接于一点，三个首端接电源；所谓△联结，则指三相绕组首尾相连再接电源。电动机Y联结时每相绕组承受的电压为额定电压的$1/\sqrt{3}$，起动电流也为△联结起动电流的1/3。

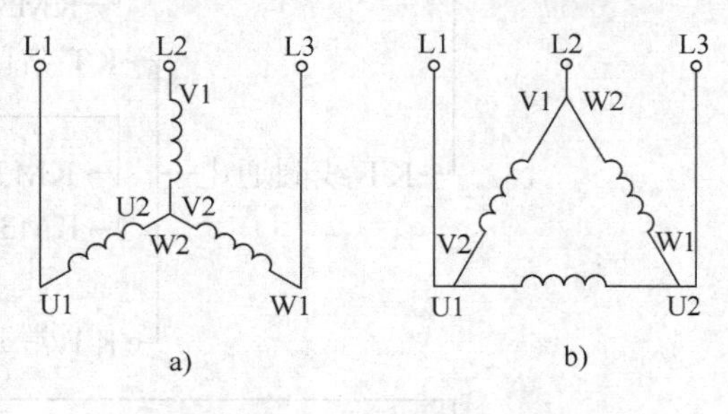

图2-14 Y－△联结示意图
a）Y联结 b）△联结

2. 控制电路工作过程

时间原则自动控制的三相笼型异步电动机Y－△减压起动控制电路如图2-15所示。电路中SB2为起动按钮，SB1为停止按钮，KM1为电源控制接触器，KM3为Y联结接触器，KM2为△联结接触器。当KM3主触点闭合，KM2主触点断开时，相当于U2、V2、W2联结于一点，为Y联结；而当KM3主触点断开，KM2主触点闭合时，相当于三相绕组首尾相连，即为△联结。

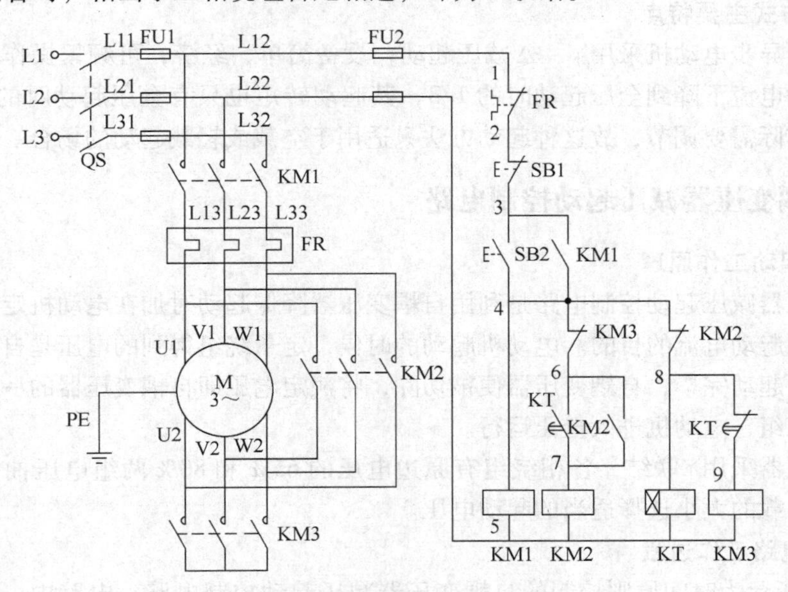

图2-15 电动机Y－△减压起动控制电路

图 2-15 所示Y－△减压起动控制电路工作原理如下：

先合上电源开关 QS，

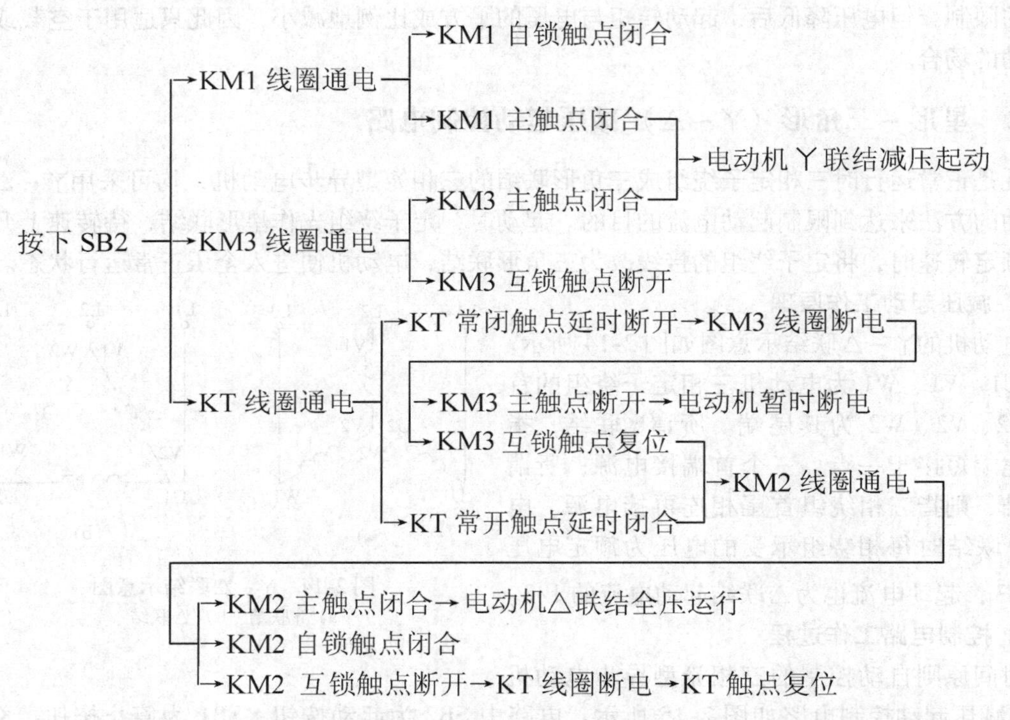

目前，手动操作和时间继电器自动切换的Y－△起动器均有现成产品，常用的 QX2 系列为手动切换方式，其余皆为自动切换方式。其中 QX3 系列由三个接触器、一个热继电器和一个时间继电器组成，工作原理与图 2-15 所示控制电路相同，其控制电动机的最大容量可达 125kW。

3. 控制方式主要特点

三相笼型异步电动机采用Y－△减压起动，设备简单、经济，可频繁操作，机床中应用很多。但起动电流下降到全压起动时的 1/3，其起动转矩也只有全压起动时的 1/3，且起动电压不能按实际需要调节，故这种起动方法只适用于空载或轻载起动的场合。

2.3.3 自耦变压器减压起动控制电路

1. 减压起动工作原理

自耦变压器减压起动控制电路是利用自耦变压器降低起动时加在电动机定子绕组上的电压，达到限制起动电流的目的。电动机起动的时候，定子绕组得到的电压是自耦变压器的二次电压，一旦起动完毕，自耦变压器便被切除，将额定电压即自耦变压器的一次电压直接加于三相定子绕组，电动机进入全压运行。

自耦变压器采用Y联结，各相绕组有原边电压的 65% 和 80% 两组电压抽头，可根据电动机起动时负载的大小选择适当的起动电压。

2. 控制电路工作过程

图 2-16 所示为时间原则控制的自耦变压器减压起动控制电路。电路中，T 为自耦变压器，KM1 为减压起动接触器，KM2 为全压运行接触器，KA 为中间继电器，HL1 为电源指

示，HL2 为减压起动指示灯，HL3 为全压运行指示灯。

起动时，合上电源开关 QS，指示灯 HL1 亮，表明电源电压正常。按下起动按钮 SB2，KM1、KT 线圈同时通电吸合并自锁，KM1 主触点闭合，电动机定子绕组经自耦变压器作减压起动，同时指示灯 HL1 灭，HL2 亮，表明电动机正在减压起动。时间继电器 KT 延时时间到，其常开触点闭合，使中间继电器 KA 线圈通电吸合并自锁，其常闭触点 KA（4－5）断开，使 KM1 线圈断电释放；常闭触点 KA（10－11）断开，使 HL2 断电熄灭；而常开触点 KA（3－8）闭合，使 KM2 线圈通电吸合，其主触点闭合，将自耦变压器切除，电动机在额定电压下运行，同时指示灯 HL3 亮。

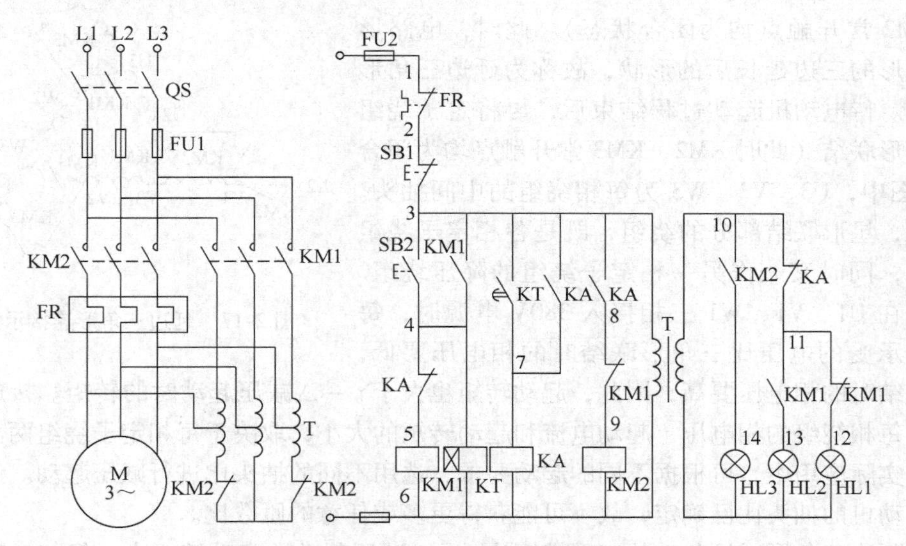

图 2-16　自耦变压器减压起动控制电路

需要注意，图中接触器 KM2 的常闭触点用于将自耦变压器的中性点断开，由于流入自耦变压器中性点的电流是一、二次的电流之差，所以可以采用接触器的辅助触点进行分断。尽管如此，该控制电路所控制电动机的容量依然受到限制，可将电路作适当变动，选用三个接触器控制的自耦变压器减压起动控制电路。

一般工厂常用的自耦变压器减压起动是采用成品的补偿减压起动器。这种补偿起动器有手动和自动操作两种型式。手动操作的补偿器一般由自耦变压器、保护装置、触点系统和手动操作机构等组成，常用的有 QJ3、QJ5 等型号；自动操作的补偿器则由接触器、自耦变压器、热继电器、时间继电器和按钮等组成，常用的有 XJ01 等型号。

3. 控制方式主要特点

电动机经自耦变压器减压起动时，加在定子绕组上的电压是自耦变压器的二次电压 U_2，自耦变压器的电压变比为 $K=U_1/U_2>1$。由电机原理可知：自耦变压器减压起动时的电压为额定电压的 $1/K$ 时，起动电流则减小到 $1/K^2$，而起动转矩也降为直接起动时的 $1/K^2$，但大于Y－△减压起动时的起动转矩，并且可通过抽头调节自耦变压器的变比来改变起动电流和起动转矩的大小。因此，这种方法适用于电动机容量较大（可达 300kW），且正常工作时为星形联结的电动机。其主要缺点是自耦变压器价格较贵，且不允许频繁起动。

2.3.4　延边三角形减压起动控制电路

三相笼型异步电动机采用Y-△减压起动，可在不增加专用起动设备的情况下实现减压起动，但由于起动转矩较小，应用受到一定的限制。而延边三角形减压起动是一种既不增加专用起动设备，又能得到较高起动转矩的减压起动方法，这种起动方法适用于定子绕组为特殊设计的异步电动机，其定子绕组共有9个接线端。

起动时，把定子三相绕组的一部分接成△，另一部分接成Y，使整个绕组接成图2-17所示形状（此时KM1、KM2常开触点均为闭合状态）。此时，电路形状如三角形的三边延长后的形状，故称为延边三角形起动电路。待电动机起动过程结束后，再将定子绕组改为三角形联结（此时KM2、KM3常开触点均为闭合状态）。图中，U3、V3、W3为每相绕组的中间抽头。可以看出，星形联结部分的绕组，既是各相定子绕组的一部分，同时又兼作另一相定子绕组的降压绕组。其优点是在U1、V1、W1三相接入380V电源时，每相绕组所承受的电压比三角形联结时的相电压要低，比星形联结时的相电压要高，因此，起动转矩也大于Y-△减压起动时的转矩。接成延边三角形时，每相绕组的相电压，起动电流和起动转矩的大小，取决于每相定子绕组两部分的匝数比。在实际应用中，可根据不同的起动要求，选用不同的抽头比进行减压起动。但一般情况下，电动机的抽头比已确定，故不可能获得更多或任意的匝数比。

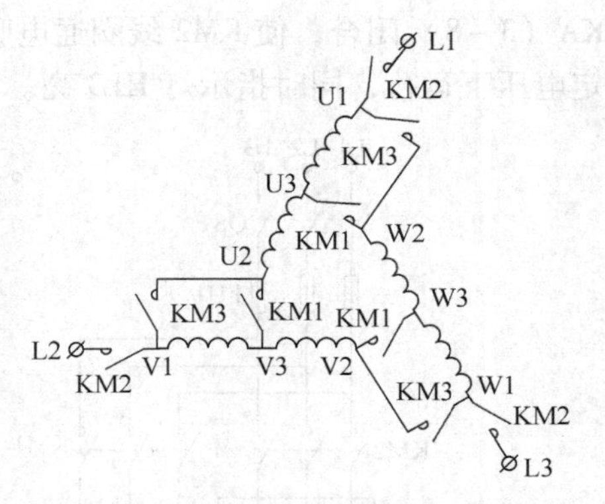

图2-17　延边三角形连接示意图

虽然延边三角形减压起动的起动转矩比Y-△减压起动的起动转矩大，但与自耦变压器减压起动时的最大转矩相比仍有一定差距，而且延边三角形接线的电动机制造工艺复杂，接线麻烦，所以目前尚未得到广泛应用。

2.4　三相绕线式异步电动机起动控制电路

三相绕线式异步电动机可以通过滑环在转子绕组中串接外加电阻，来减小起动电流，提高转子电路的功率因数，增加起动转矩，并且还可以通过改变所串电阻的大小进行调速。所以在一般要求起动转矩较高和需要调速的场合，绕线式异步电动机得到了广泛应用。其起动方法主要有转子绕组串电阻起动和串接频敏变阻器起动。

2.4.1　转子绕组串电阻起动控制电路

串接在三相转子绕组中的起动电阻，一般都联结成星形。起动开始时，起动电阻全部接入，以减小起动电流，保持较高的起动转矩。随着起动过程的进行，起动电阻依次被短接，起动结束时，起动电阻被全部切除，电动机在额定转速下运行。实现这种切换可以采用时间原则控制，也可采用电流原则进行控制。

图2-18所示为时间原则控制转子绕组串电阻起动控制电路。接触器KM1、KM2、KM3用于短接三级起动电阻，时间继电器KT1、KT2、KT3则分别控制三级电阻的切除时间。按下

按钮 SB2，接触器 KM 线圈通电吸合并自锁，KM 主触点闭合，电动机转子绕组串三级电阻起动。之后，依靠 3 个时间继电器与 3 个接触器的配合完成三级电阻的逐段切除，使起动结束。

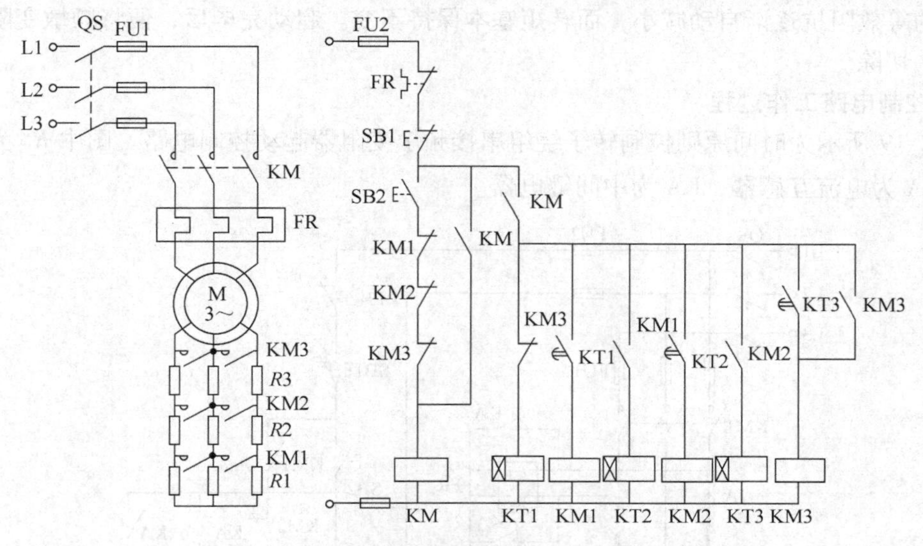

图 2-18　时间原则控制转子绕组串电阻起动控制电路

提示与指导：

应特别注意串接于 KM 线圈电路中的 KM1、KM2、KM3 的常闭触点，其作用是保证在转子电路接入全部三级电阻的情况下，按下 SB2 才能起动电动机。此外，只在起动过程中短时工作的 3 个时间继电器与 KM1、KM2 在起动结束全部断电切除，既节约电能，又延长了电器元件的使用寿命，是电路设计应注意的要点。

绕线式异步电动机转子绕组串接电阻的起动方法，在电动机的起动过程中，由于电阻是逐级减小的，在减小电阻的瞬间，电流及转矩突然增加会产生一定的机械冲击力。同时，串接电阻起动的控制电路复杂，降低了电路的可靠性，而且电阻器较笨重，能量损耗也较大，一般情况下，起动电阻以不超过四级为宜。

2.4.2　转子绕组串接频敏变阻器起动控制电路

为提高绕线转子异步电动机起动的平滑性，从 20 世纪 60 年代开始，广泛采用频敏变阻器代替起动电阻以控制绕线式异步电动机的起动。

1. 频敏变阻器工作原理

频敏变阻器是一种静止的无触点电磁元件，利用它对频率的敏感而自动变阻。频敏变阻器实质上是一个铁损很大的三相电抗器，其结构类似于没有二次绕组的三相变压器，主要由钢板叠成的铁心和绕组两部分组成，绕组有几个抽头，一般联结成星形。

将频敏变阻器接入绕线式异步电动机转子电路中，其由绕组电抗和铁心损耗（主要是涡流损耗）决定的等效阻抗随转子电流频率的变化而变化。电动机刚起动的瞬间，转差率接近于 1 为最大，转子电流的频率等于交流电源的频率也是最高，频敏变阻器的等效阻抗值也就最大，所以限制了电动机的起动电流；随着转子转速的升高，转子电流在减小，转子电流的频率逐渐下降，频敏变阻器的等效阻抗值也自动平滑地减小。因此整个起动过程中频敏变阻器的等效阻抗逐渐自动减小，而转矩基本保持不变。起动完毕后，便将频敏变阻器从转子电路中切除。

2. 控制电路工作过程

图 2-19 所示为时间原则控制转子绕组串接频敏变阻器起动控制电路。图中 R_F 为频敏变阻器，TA 为电流互感器，KA 为中间继电器。

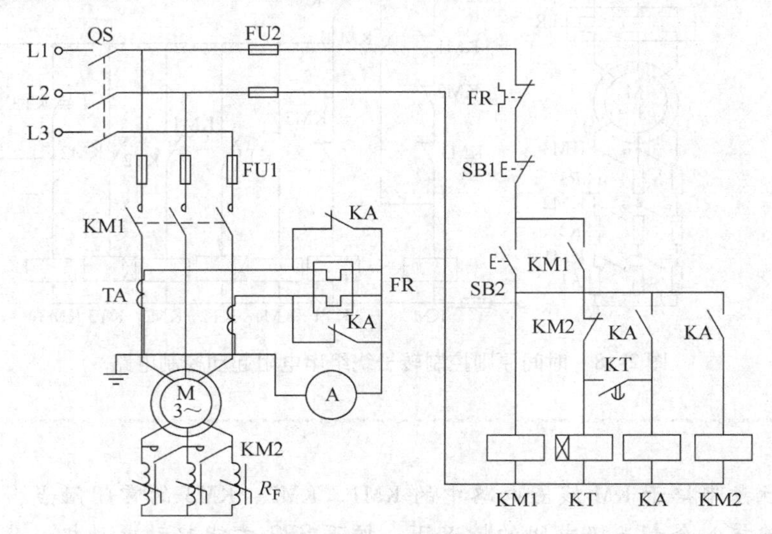

图 2-19　时间原则控制转子绕组串接频敏变阻器起动控制电路

电路工作情况如下：合上电源开关 QS，按下起动按钮 SB2，KM1、KT 线圈同时通电吸合并自锁，KM1 主触点闭合，电动机定子绕组接通电源，转子绕组接入频敏变阻器起动。随转子转速的上升，转子电流频率减小，频敏变阻器等效阻抗值逐渐减小。当电动机转速接近额定转速时，时间继电器 KT 延时到，其常开触点闭合，使中间继电器 KA 线圈通电吸合并自锁，KA 的另一常开触点闭合使 KM2 线圈通电吸合，其主触点闭合将 R_F 短接，电动机进入正常运行状态；KM2 常闭辅助触点断开，使 KT 线圈断电释放；位于主电路中的 KA 常闭触点断开，使热继电器 FR 的热元件接入定子电路，对电动机进行过载保护。

该控制电路使用时，一方面应注意调节时间继电器 KT，使其延时时间略大于电动机实际起动时间 2～3s 为宜，这样可防止热继电器过早接入定子电路而发生误动作；另一方面应注意电流互感器 TA 的二次绕组必须可靠接地。

3. 控制方式主要特点

频敏变阻器是绕线式异步电动机的一种较为理想的起动装置。它可以自动平滑地调节电动机的起动电流并得到大致恒定的起动转矩，且结构简单、运行可靠、无须经常维修，但其功率因数低，起动转矩小于串电阻起动。当电动机反接时，频敏变阻器的等效阻抗最大，在反接制动到反向起动的过程中，其等效阻抗随转子电流频率的减小而减小，转矩也接近恒定。因此，频敏变阻器尤为适用于反接制动和需要频繁正反转的生产机械。亦有由低压断路器、接触器、频敏变阻器及时间继电器等低压电器组合而成的绕线式异步电动机用频敏变阻器起动控制柜，广泛用于冶金、矿山、轧钢等工矿企业，控制电动机容量可由几十到几百千瓦。

常用的频敏变阻器有 BP1、BP2、BP3 等系列。变阻器出厂时上下铁心间气隙为零。使用时可在上下铁心间增减非磁性垫片来调节气隙的大小，增大气隙，可使起动电流略有增加。变阻器绕组有三个抽头，分别为100%、85%和71%匝数，出厂时接在85%匝数上，若起动时起动电流过大，起动太快，可增加匝数，使阻抗变大，从而减小起动电流和起动转矩。反之，则应使匝数减小。

2.5 三相异步电动机的制动控制电路

三相异步电动机定子绕组脱离电源后，由于惯性作用，转子需经一定时间后才停止转动，这往往不能满足某些生产机械的工艺要求，也影响生产率的提高，并造成运动部件停位不准确。为此，应对拖动电动机采取有效的制动措施。

异步电动机的制动方法有两大类：机械制动与电气制动。所谓机械制动是在切断电动机电源后，利用机械装置所产生的作用力使电动机迅速停转的一种方法，应用较普遍的机械制动装置有电磁抱闸和电磁离合器两种，其制动原理基本相同，多用于系统惯性较大且需经常制动的场合，如起重、卷扬设备等；而电气制动则是使电动机工作在制动状态，使其产生一个与原来旋转方向相反的制动转矩，从而使电动机迅速停止转动。电气制动有反接制动、能耗制动和回馈制动等方式。

2.5.1 电磁抱闸制动控制电路

电磁抱闸制动是常用的机械制动方法，靠闸瓦的摩擦片制动闸轮，制动力较大，制动迅速。电磁抱闸的结构如图 2-20 所示，主要由制动电磁铁和闸瓦制动器两部分组成。其中，制动电磁铁由铁心、衔铁和线圈 3 部分组成；闸瓦制动器包括闸轮、闸瓦、杠杆和弹簧等，闸轮与电动机装在同一根转轴上。

电磁抱闸有通电制动和断电制动两种。图 2-21 所示为断电制动电磁抱闸控制电路。当

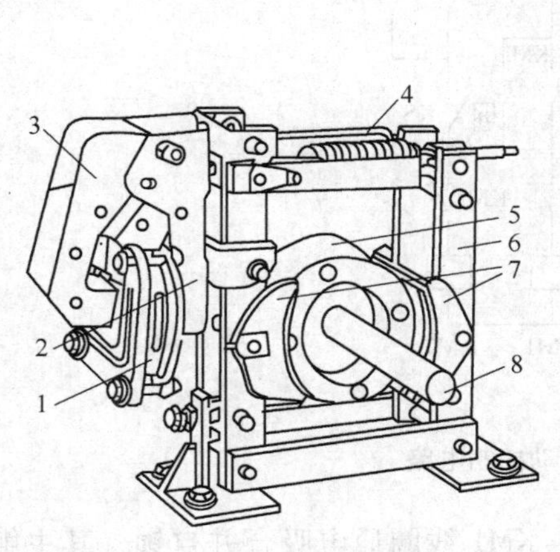

图 2-20　电磁抱闸结构

1—线圈　2—衔铁　3—铁心　4—弹簧　5—闸轮　6—杠杆　7—闸瓦　8—轴

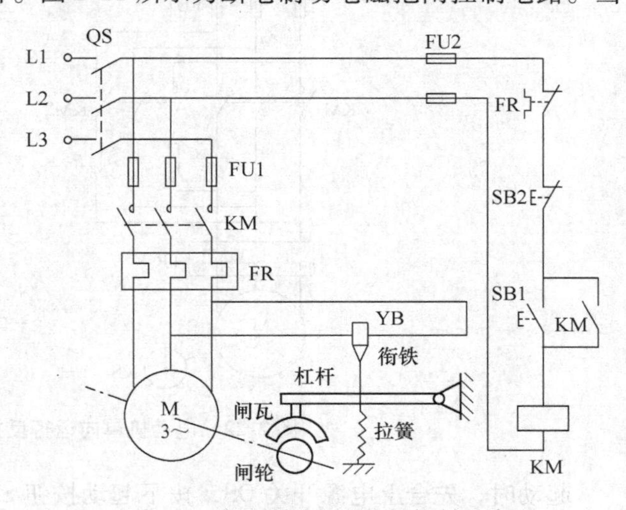

图 2-21　断电制动电磁抱闸控制电路

电动机定子绕组通过接触器 KM 主触点接通电源，电磁抱闸线圈 YB 也同时得电，其衔铁吸合，电磁力克服弹簧的拉力带动杠杆上移，使制动器的闸瓦与闸轮分开，电动机正常运转。当 KM 主触点复位电动机断电，电磁抱闸线圈也断电，衔铁在弹簧拉力作用下与铁心分开，并使制动器的闸瓦紧紧抱住闸轮，电动机被制动而停转。

2.5.2 反接制动控制电路

三相异步电动机的反接制动有两种情况：一种是在负载转矩作用下使正转接线的电动机出现反转的倒拉反接制动，它往往出现在位能负载的场合，如起重机下放重物时，为了使下降速度不致太快，就常用这种工作状态，这种制动不能实现电动机转速为零；另一种是电源反接的反接制动，即改变异步电动机三相电源的相序，从而使定子绕组的旋转磁场反向，转子受到与原旋转方向相反的制动力矩而迅速停转。

电源反接制动时，转子与定子旋转磁场的相对速度接近于两倍的同步转速，以致使反接制动电流相当于全压起动时起动电流的两倍。为防止绕组过热和减小制动冲击，一般应在电动机定子电路中串入反接制动电阻。反接制动电阻的接法有对称接法与不对称接法两种。此外，在制动过程中，当电动机转速接近零时应及时切断三相电源，否则，电动机将会反向起动。为此，在一般反接制动控制电路中常利用速度继电器进行控制，即速度原则的自动控制。

1. 单向运行反接制动控制电路

电动机单向运行反接制动控制电路如图 2-22 所示。它的主电路和正反转控制的主电路基本相同，只是增加了 3 个限流电阻。图中 KM1 为正转运行接触器，KM2 为反接制动接触器，速度继电器 KS 与电动机 M 用虚线相连表示同轴。

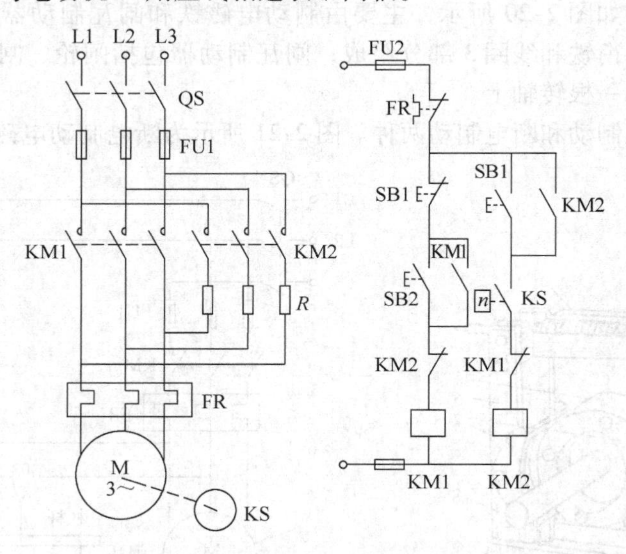

图 2-22 电动机单向运行反接制动控制电路

起动时，先合上电源开关 QS，按下起动按钮 SB2，KM1 线圈通电吸合并自锁，其主触点闭合，电动机接通三相电源全压起动。当电动机转速升至速度继电器 KS 动作值时，其常开触点闭合，为反接制动做准备。需停车时，将 SB1 按到底，KM1 线圈断电释放，电动机瞬时失电作惯性旋转，KM1 互锁触点闭合，使 KM2 线圈通电吸合并自锁，电动机定子绕组串入限流电阻 R 进行反接制动，使电动机转速迅速下降，至速度继电器复位值时，KS 常开触点复位，使 KM2 线圈断电释放，电动机及时脱离电源，制动结束。

电动机定子绕组的相电压为 380V 时，若要限制反接制动电流不大于起动电流，则三相电路每相应串入的电阻 R 可根据经验公式估算如下：

$$R \approx 1.5 \times \frac{220}{I_q}$$

式中，I_q——电动机全电压起动时的起动电流，单位为 A。

如果反接制动只在任意两相定子绕组中串联电阻，则电阻值应取上述估算值的 1.5 倍，当电动机容量较小时，也可不串接限流电阻。

2. 可逆运行反接制动控制电路

电动机可逆运行反接制动控制电路如图 2-23 所示。图中 KM1、KM2 为电动机正、反转运行接触器，同时又互为对方反接制动接触器，KM3 用来短接反接制动电阻，KA1 ~ KA4 为中间继电器，KS 为速度继电器，其中 KS-1 为正转触点，KS-2 为反转触点，R 为限流电阻。

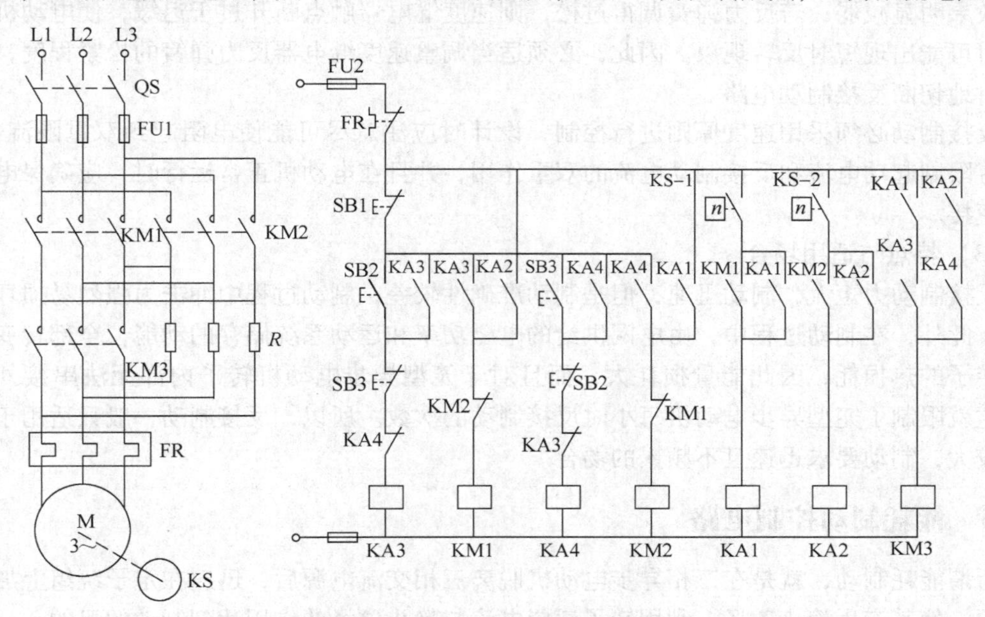

图 2-23　电动机可逆运行反接制动控制电路

（1）控制电路工作过程

当电动机正向起动时，合上电源开关 QS，按下正向起动按钮 SB2，中间继电器 KA3 线圈通电吸合，其 3 个常开触点闭合，其一实现自锁，其二接通 KM1 线圈，KM1 主触点闭合，电动机定子绕组串入限流电阻 R，正向减压起动，同时 KM1 常开辅助触点闭合，其三为 KM3 通电做准备；当电动机转速达到速度继电器动作值时，其正转触点 KS-1 闭合，使中间继电器 KA1 通电吸合，KA1 的 3 个常开触点闭合，其一实现自锁，其二接通 KM3 线圈，KM3 主触点闭合将电阻 R 短接，电动机进入全压运行，其三为 KM2 通电做准备，也即为反接制动做准备。

需要停车时，按下停止按钮 SB1，KA3、KM1、KM3 线圈相继断电释放，其所有触点均复位，使 KM2 线圈通电吸合，其主触点闭合，电动机定子绕组串入限流电阻 R 并接入反相序电源进行反接制动，使电动机转速迅速下降，至速度继电器复位值时，其正转触点 KS－1 断开，使 KA1、KM2 线圈同时断电释放，电动机及时脱离电源，反接制动结束。

此外，控制正反向起动的 KA3 与 KA4、KM1 与 KM2 之间均设置了互锁。

提示与指导：

图 2-23 所示控制电路中使用了多个中间继电器，是其中间信号转换作用的典型应用，分析时应特别注意每个中间继电器各个触点的不同作用，加深对中间继电器使用的理解。电动机反向起动和反接制动过程与正向起动和反接制动过程相似，读者可自行分析。

（2）注意事项

电动机反接制动的效果与速度继电器反力弹簧的松紧程度有关。若反力弹簧调得过紧，电动机转速较高时，其触点即在反力弹簧作用下断开，则过早切断了反接制动电路，使反接制动效果明显减弱；若反力弹簧调得过松，则速度继电器触点断开过于迟缓，使电动机制动结束时可能出现短时反转现象。因此，必须适当调整速度继电器反力弹簧的松紧程度，以使其适时地切断反接制动电路。

反接制动必须采用速度原则进行控制，设计时应注意尽可能使电阻起到双重限流作用，即具有限制起动电流和反接制动电流的双重作用；并且在电动机正常运行时，应确保电阻被可靠短接。

（3）特点与适用场合

反接制动力矩大，制动迅速，但是制动准确性较差，制动过程中冲击力强烈易损坏传动零件。此外，在制动过程中，由电网供给的电磁功率和运动系统储存的动能，全部转变为电动机转子的热损耗，因此能量损耗大，而且对于笼型异步电动机转子内部无法串接外加电阻，这就限制了笼型异步电动机每小时反接制动的次数。所以，反接制动一般只适用于系统惯性较大，制动要求迅速且不频繁的场合。

2.5.3 能耗制动控制电路

所谓能耗制动，就是在三相异步电动机脱离三相交流电源后，迅速在定子绕组上加一直流电源，使其产生静止磁场，利用转子感应电流与静止磁场的作用达到制动的目的。

能耗制动时制动转矩的大小与通入定子绕组的直流电流的大小及电动机的转速有关。在相同转速下，通入的直流电流越大，静止磁场越强，产生的制动转矩就越大。但通入的直流电流不能太大，一般约为异步电动机空载电流的 3～5 倍，否则会烧坏定子绕组。直流电源可通过不同的整流电路获得。

1. 单向运行能耗制动控制电路

图 2-24 所示为时间原则控制的电动机单向运行能耗制动控制电路。其直流电源为带整流变压器的单相桥式整流电路，这种整流电路制动效果较好，而对于容量较大的电动机则应采用三相整流电路。图中 KM1 为运行接触器，KM2 为制动接触器，T 为整流变压器，RP 为电位器。

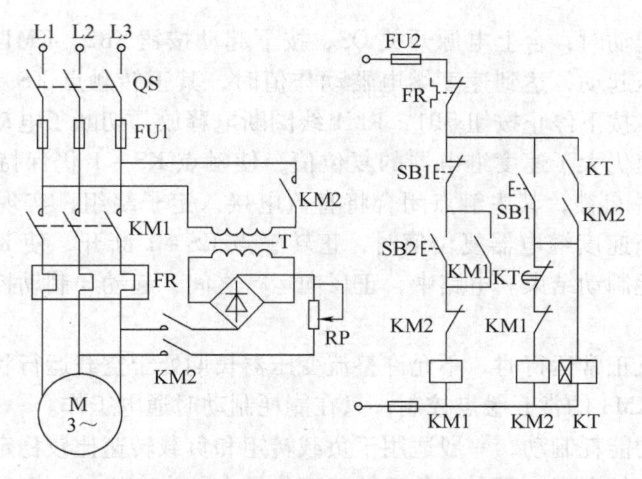

图2-24　时间原则控制电动机单向运行能耗制动控制电路

起动时，先合上电源开关 QS，再按下起动按钮 SB2，接触器 KM1 线圈通电吸合并自锁，KM1 主触点闭合，电动机 M 全压起动运转。需停车时，按下停止按钮 SB1，其常闭触点断开切断 KM1 线圈电路，使电动机断电作惯性运转；同时 SB1 的常开触点闭合，使接触器 KM2 和时间继电器 KT 同时通电吸合并自锁，KM2 主触点闭合，电动机通入直流电进行能耗制动，使电动机转速迅速下降。时间继电器 KT 常闭触点经延时后断开，使 KM2 线圈断电释放，切断了制动用直流电源和 KT 线圈电路，制动结束。电路中，起动与制动控制之间还设置了互锁保护。

2. 可逆运行能耗制动控制电路

图 2-25 所示为速度原则控制的电动机可逆运行能耗制动控制电路。图中 KM1、KM2 为正、反转运行接触器，KM3 为制动接触器，KS 为速度继电器，其中 KS－1 为正转触点，KS－2为反转触点，RP 为电位器。

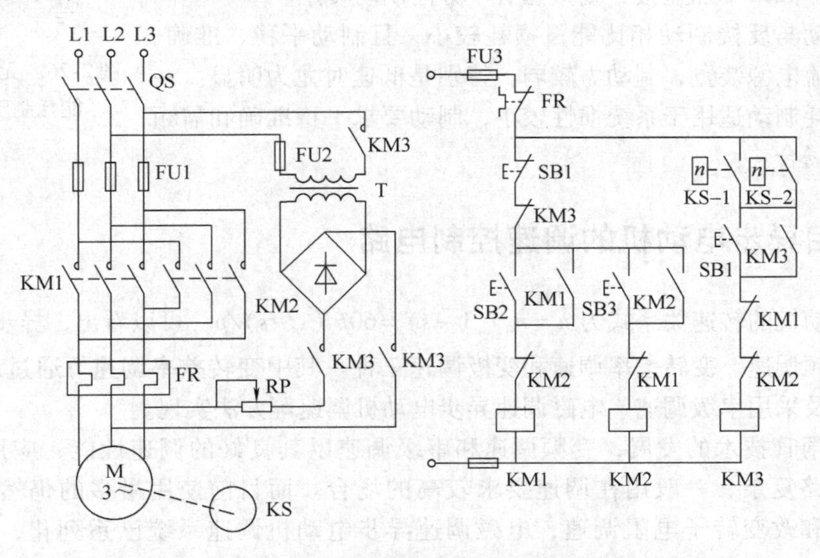

图 2-25　速度原则控制电动机可逆运行能耗制动控制电路

当电动机正向起动时，合上电源开关 QS，按下起动按钮 SB2，KM1 线圈通电吸合并自锁，电动机正向全压起动，达到速度继电器动作值时，其正转触点 KS－1 闭合，为制动做准备。需要停车时，按下停止按钮 SB1，KM1 线圈断电释放，切断了电动机三相电源。由于此时电动机惯性转速仍大于速度继电器的复位值，使触点 KS－1 仍保持闭合状态，从而使 KM3 线圈通电吸合并自锁，其主触点闭合将直流电接入定子绕组，实现能耗制动，使电动机转速迅速降低，至速度继电器复位值时，正转触点 KS－1 断开，使 KM3 线圈断电释放，切断直流电源，能耗制动结束。电路中，正反向运行之间，起动与制动控制之间都设置了互锁保护。

此外，在电动机正常运行时，不允许整流变压器长期处于空载运行状态，因此变压器的一次侧采用接触器 KM3 的常开触点控制，只在能耗制动时通电工作。

时间原则控制的能耗制动，一般适用于负载转矩和负载转速比较稳定的电动机，这样时间继电器的整定值比较固定；而对于负载转速变化较大的生产机械，则采用速度原则控制较为合适。

3. 无变压器单管能耗制动控制电路

能耗制动中，整流变压器的容量随电动机容量的增大而增大，这就使其体积和重量增大。为简化控制电路并减少附加设备，10kW 以下的小容量电动机，在制动要求不高的场合，可采用无变压器的单管能耗制动控制电路。

图 2-26 所示为无变压器单管能耗制动的主电路部分，其控制电路的组成和工作原理与图 2-24 所示控制电路完全相同。这种电路设备简单，体积小，成本低。其直流电源是由电源 L3→KM2 主触点→U、V 绕组→W 绕组→KM2 主触点→二极管 VD→电阻 R→中性线 N，构成半波整流回路提供。制动时 U、V 两相绕组被 KM2 主触点短接，如果不加短接，则只能有单方向制动转矩。

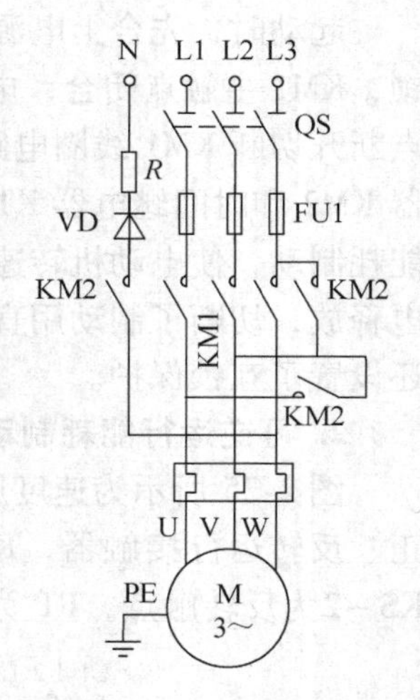

图 2-26　无变压器单管能耗制动主电路

能耗制动与反接制动相比能量损耗较小，且制动平稳、准确、但需附加直流电源装置，制动力较弱，特别是低速时尤为明显。一般说来，能耗制动适用于系统惯性较小，制动要求平稳准确和需频繁起制动的场合。

2.6　三相异步电动机的调速控制电路

异步电动机的转速关系式为 $n=n_0\ (1-s)=60f\ (1-s)/p$，可以看出，异步电动机的调速方法有变频调速、变转差率调速和变极调速三种。其中变转差率调速可通过调定子电压、转子电阻以及采用串级调速、电磁调速异步电动机调速等方法实现。

随着晶闸管技术的发展，变频调速和串级调速以其良好的调速性能，应用日益广泛，但其控制电路复杂，一般用在调速要求较高的场合。而目前使用最多的仍然是变更定子极对数调速和改变转子电阻调速，电磁调速异步电动机调速系统已系列化，并获得广泛应用。

2.6.1 变更磁极对数调速控制电路

1. 变极调速的原理与方法

电网频率固定以后，电动机的同步转速与磁极对数成反比。改变磁极对数，同步转速会随之变化，也就改变了电动机的转速。由于笼型异步电动机转子极对数具有自动与定子极对数相等的能力，所以变极调速仅适用于三相笼型异步电动机。

变极调速原理以三相绕组的一相为例，如图 2-27a 所示，将 U 相绕组从中间分开成为两个半相绕组，将两个半相绕组顺向串联，电流方向相同，可产生 4 极磁场；如图 2-27b 所示，若将两个半相绕组并联，则其中半相绕组电流方向反向，可产生 2 极磁场。

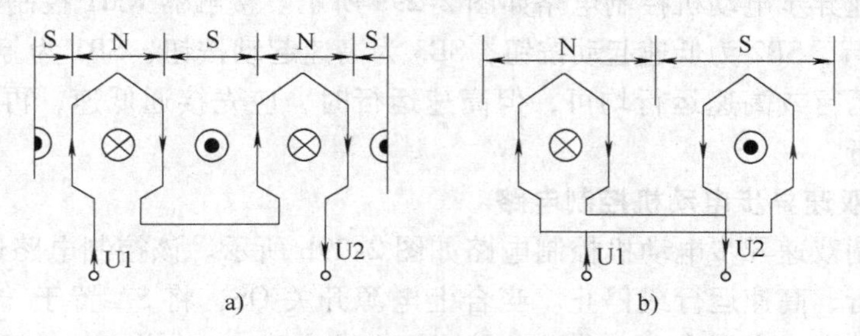

图 2-27　变极调速原理

a) $2p=4$　b) $2p=2$

笼型异步电动机一般采用以下两种方法来变更定子绕组的极对数：一是改变定子绕组的联结，即改变每相定子绕组中半相绕组的电流方向；二是在定子上设置具有不同极对数的两套相互独立的绕组，有时同一台电动机为了获得更多的速度等级，上述两种方法往往同时采用。

双速异步电动机是变极调速中最常用的一种型式。其定子绕组的联结方法有Y-YY与△-YY变换两种，它们都是靠改变每相绕组中半相绕组的电流方向来实现变极的。如图 2-28所示，为△-YY变换时的三相绕组接线图。三相定子绕组的首端用 U1、V1、W1 表示，尾端用 U2、V2、W2 表示，各相绕组的中间抽头用 U3、V3、W3 表示。将三相定子绕组的首尾端依次相接再接于三相电源，中间抽头空着，构成△联结，如图 2-28a 所示，此时两个半相绕组串联，磁极数为 4 极，同步转速为 1500r/min；若将三相定子绕组的首尾端相接构成一个中性点，而将各相绕组的中间抽头接电源，则变为YY联结，如图 2-28b 所示，此时，两个半相绕组并联，从而使其中一个半相绕组的电流方向改变，于是电动机磁极数减

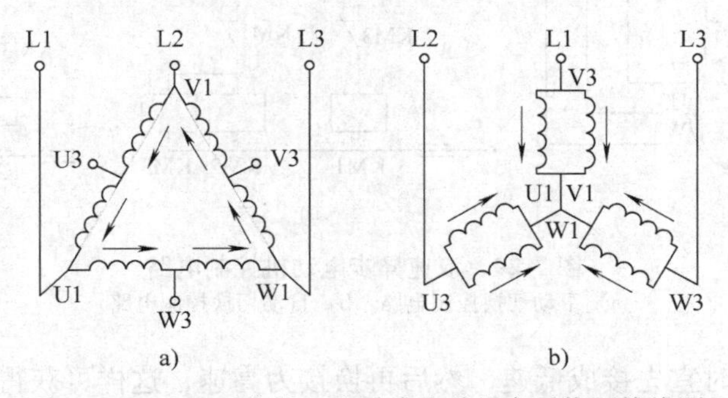

图 2-28　△-YY变换双速异步电动机定子绕组接线图

a) △联结　b) YY联结

小一半，同步转速为3000r/min。

提示与指导：

由于极对数的改变，不仅使转速发生了改变，而且三相定子绕组中电流的相序也改变了，为使变极后仍维持原来的转向不变，就必须在改变极对数的同时，改变三相绕组接线的相序，可将任意两相对调一下。此外，双速电动机的调速性质也与其绕组联结方式有关，Y－YY变换属于恒转矩调速，△－YY变换属于恒功率调速。

2. 手动切换双速异步电动机控制电路

手动切换双速异步电动机控制电路如图2-29a所示。接触器KM1控制低速运行，KM2、KM3控制高速运行，SB2为低速起动按钮，SB3为高速起动按钮，SB1为停止按钮。该电路控制电动机低速运行或高速运行均可，但高速运行时，应先接通低速，再通过按钮SB3手动切换至高速运行。

3. 自动切换双速异步电动机控制电路

时间原则控制双速异步电动机控制电路如图2-29b所示。该控制电路通过转换开关SA可以选择低速运行、高速运行或停止。当合上电源开关QS，将SA置于“低速”档，KM1线圈通电吸合，其主触点闭合，电动机△联结低速起动运行。若将SA置于“高速”档，则时间继电器KT线圈立即通电吸合，其常开瞬时触点闭合首先接通KM1线圈，使电动机以△联结低速起动。待电动机转速升至一定值后，时间继电器KT常闭触点延时断开，使KM1线圈断电释放；同时KT常开触点延时闭合，使KM2、KM3线圈通电吸合，电动机切换至YY联结的高速运行。

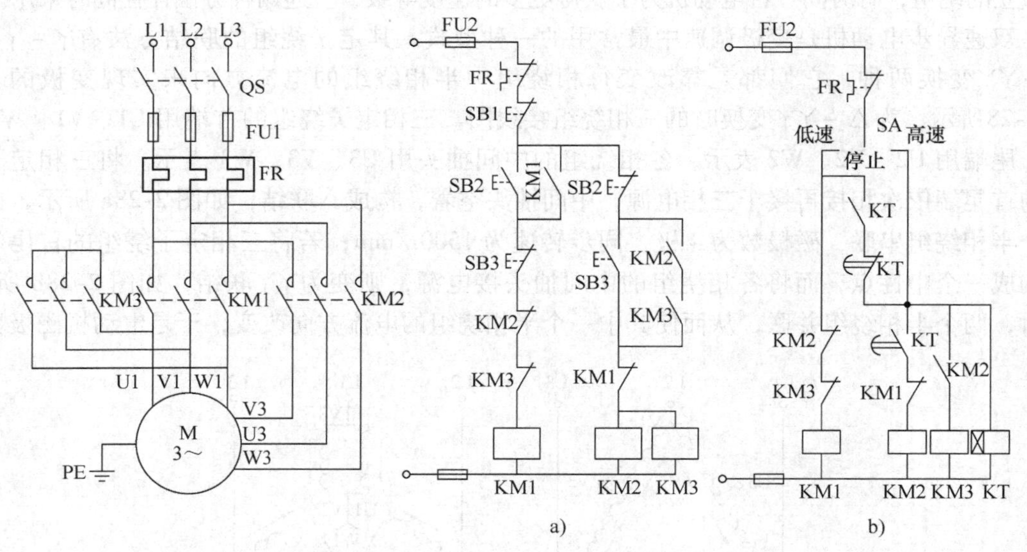

图2-29 双速异步电动机控制电路
a）手动切换控制电路 b）自动切换控制电路

多速电动机起动时宜先接成低速，然后再换接为高速，这样可获得较大的起动转矩。生产中有大量的生产机械，并不需要连续平滑调速，只需要几种特定的转速即可，而且对起动性能没有高的要求，一般只在空载或轻载下起动，在这种情况下采用变极调速的多速异步电动机是合理的。多速电动机虽体积稍大，价格稍高，但结构简单、效率高，特性好。因此，广泛用于机电联合调速的场合，特别是中小型机床上用得很多。

2.6.2 转子电路串电阻调速控制电路

转子电路串电阻调速属于变转差率调速。由电动机的机械特性可知，在负载转矩一定的情况下，改变转子电路电阻，可以获得不同的稳态转速。

图 2-30 所示为绕线转子异步电动机转子电路串电阻调速控制电路。其控制电路采用直流操作，起动、停止与调速均采用主令控制器 SA 控制，KI1、KI2、KI3 为过电流继电器，KV 为电压继电器，KT1、KT2 为断电延时型时间继电器。

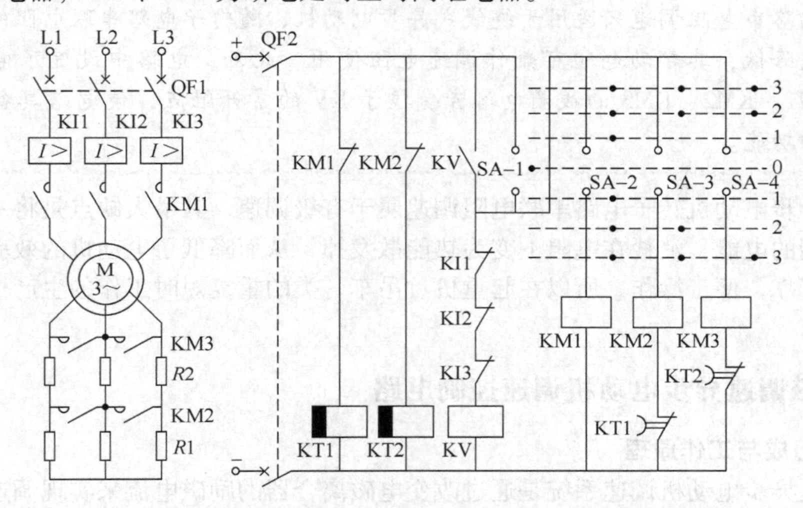

图 2-30　绕线转子异步电动机转子电路串电阻调速控制电路

1. 起动前的准备

首先将主令控制器 SA 手柄置于“0”位，则触点 SA－1 接通。然后合上低压断路器 QF1 与 QF2，时间继电器 KT1 与 KT2 通电吸合，其常闭触点立刻断开；同时电压继电器 KV 线圈通电吸合并自锁，为 KM1、KM2、KM3 线圈通电做好准备。

2. 起动控制

将 SA 手柄推至“3”位，其触点 SA－2、SA－3、SA－4 均闭合，KM1 线圈通电，其主触点闭合，电动机转子电路串两级电阻起动，KM1 常闭触点断开，KT1 线圈断电开始延时。当 KT1 延时到，其常闭触点复位使 KM2 通电吸合，KM2 主触点闭合，*R*1 被切除；同时 KM2 常闭辅助触点断开，KT2 线圈断电开始延时。当 KT2 延时到，其常闭触点复位使 KM3 通电吸合，KM3 主触点闭合，*R*2 被切除，起动过程结束。

3. 调速控制

将 SA 手柄推至“1”位，只有 SA－2 闭合，接触器 KM2 与 KM3 均不能通电，电动机将在转子电路接入两级电阻的情况下运行，其稳态转速较低；如将 SA 手柄推至“2”位，则 SA－2、SA－3 闭合，电动机将会在转子电路接入一级电阻的情况下运行，其稳态转速上升；而将 SA 手柄置于“3”位时，起动过程结束后转子电路电阻全部切除，因而在负载转矩相同的情况下，电动机的稳态转速达到最高，实现了调速控制。

4. 停车控制

需进行停车控制时，将SA手柄推回至“0”位，接触器KM1、KM2、KM3均断电释放，电动机断电停止运行。

5. 保护环节

电路中电压继电器KV起失电压保护作用，电动机每次起动前必须将SA手柄置于“0”位，否则电动机将无法起动。KI1、KI2、KI3为电动机的过电流保护，过电流发生时其常闭触点断开，KV线圈断电释放，使KM1、KM2、KM3断电，起到保护的作用。

提示与指导：

转子电路串电阻调速只适用于绕线式异步电动机，随转子电路串联电阻的增大，电动机的转速降低，其起动电阻可兼作调速电阻使用。此外，电路中设置了电压继电器KV，使KM1、KM2、KM3的线圈电路皆受控于KV的常开触点，使电路具备了失电压欠电压保护功能。

绕线式异步电动机转子电路串联电阻调速属于有级调速，其最大缺点是将一部分本可以转化为机械能的电能，消耗在电阻上变为热能散发掉，从而降低了电动机的效率。但这种调速方法简单可靠，便于操作，所以在起重机、吊车一类的重复短时工作的生产机械中被普遍采用。

2.6.3 电磁调速异步电动机调速控制电路

1. 系统组成与工作原理

电磁调速异步电动机调速系统是通过改变电磁离合器的励磁电流来实现调速的。其调速系统原理如图2-31所示，由笼型异步电动机、电磁转差离合器和晶闸管整流电源及其控制装置组成。晶闸管整流电源功率较小，通常采用单相半波、全波或桥式整流电路控制电磁转差离合器的励磁电流。

电磁转差离合器由电枢和磁极两部分组成，两者间无机械联系，都可自由旋转。电枢由整块铸钢制成圆筒形，直接与异步电动机相连，称为主动部分；磁极由铁磁材料制成爪形，并装有励磁绕组，爪形磁极与负载相联，称为从动部分，励磁绕组经集电环通入直流电来励磁。

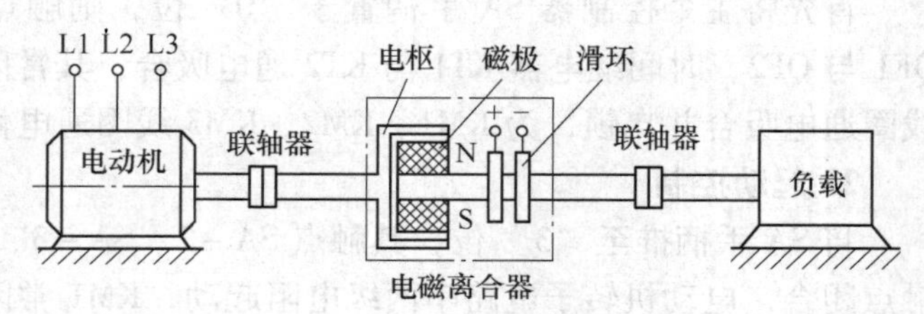

图2-31 电磁调速异步电动机调速系统原理图

当励磁绕组通以直流电，电枢被电动机拖动以恒速定向旋转时，在电枢中就要产生感应电动势并形成感应电流，感应电流与磁极的磁场相互作用，所产生的电磁转矩使磁极随电枢同方向旋转。由于异步电动机的固有机械特性较硬，因而可以认为电枢的转速近似不变，而磁极的转速则由磁极磁场的强弱而定，即由励磁电流大小决定。电磁转差离合器的机械特性如图2-32所示。可以看出，对于一定的负载转矩，改变励磁电流的大小，就可以改变磁极的转速，也即改变了负载的转速，应当注意，感应电流会引起电枢发热，在一定的负载转矩下，转速越低，转差越大，感应电流就越大，发热也越厉害。因此，电磁调速异步电动机不宜长期低速运行，而且电磁转差离合器的机械特性较软，为了获得平滑稳定的调速特性，需加自动调速装置。

由上可知，当励磁电流为零时，磁极不会跟随电枢转动，这就相当于磁极与电枢“离开”，一旦磁极加上励磁电流，磁极即刻转动，相当于磁极与电枢“合上”，因此称为“离合器”。又因它是基于电磁感应原理工作的，而且磁极与电枢之间一定要有转差才能产生涡流与电磁转矩，因此称为“电磁转差离合器”。又因其工作原理与三相异步电动机相似，所以，又常将它连同拖动它的异步电动机一起称作“滑差电动机”。

2. 电磁调速异步电动机控制电路

具有速度负反馈的电磁调速异步电动机控制电路如图 2-33 所示。图中 VC 是晶闸管可控整流电源，作用是将单相交流电变换成直流电，其大小可通过电位器 RP 进行调节。TG 是测速发电机，由它取出电动机转速信号，反馈给晶闸管可控整流电路后，控制系统可自动调整励磁电流的大小，以稳定电动机的转速，从而改善电磁调速异步电动机的机械特性。

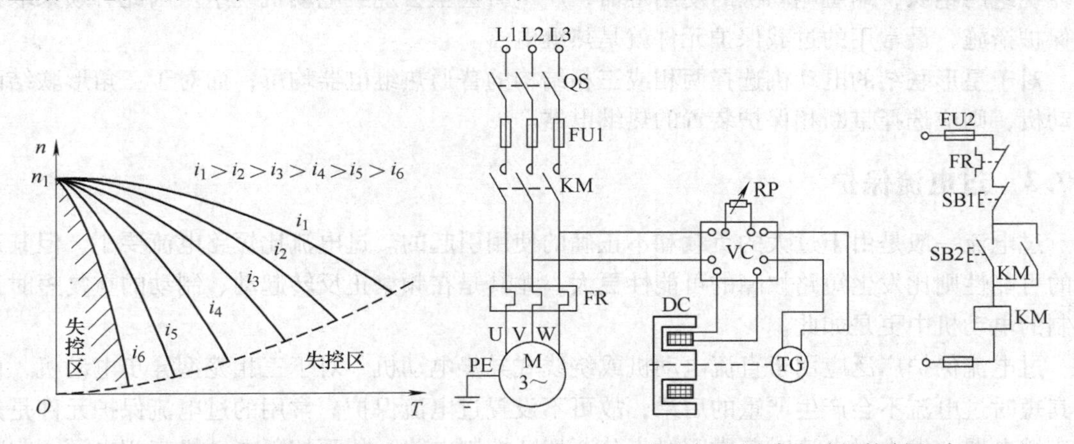

图 2-32　电磁转差离合器的机械特性　　图 2-33　电磁调速异步电动机控制电路

控制电路的工作原理如下：合上电源开关 QS，按下起动按钮 SB2，电动机 M 起动运行，同时也接通了晶闸管整流电路 VC 的电源，使电磁转差离合器励磁绕组接通直流电源，于是磁极便随电动机及电枢同向转动，负载在磁极的带动下也起动运行。调节电位器 RP，即可改变磁极的转速，从而调节了被拖动负载的转速。

电磁调速异步电动机调速系统结构简单，运行可靠，可实现平滑无级调速，且增加速度负反馈控制环节后调速相当精确，但低速运行时损耗较大，且效率较低。

2.7 电动机控制的保护环节

电气控制系统除应满足生产机械的各种工艺要求，还应保证设备长期安全可靠地运行，因此完善的保护环节是不可缺少的重要组成部分。电气控制系统中常用的保护措施有短路保护、过载保护、过电流保护、失电压欠电压保护、限位保护和弱磁保护等。

2.7.1 短路保护

电动机、电器和导线的绝缘损坏或线路发生故障时，都可能造成短路事故。很大的短路电流会引起电气设备绝缘损坏并产生强大的电动力使电动机绕组和电路中的各种电气设备产生机械性损坏，因此，当发生短路故障时，必须可靠而迅速地断开电路。常用的短路保护元件有熔断器和低压断路器。

低压断路器具有多种保护功能，特别是实现短路保护比熔断器更为优越。因为三相电路短路时，很可能只有一相的熔体熔断，造成断相运行，而低压断路器在发生短路故障时会立即跳闸将三相电路同时切断，因此，低压断路器广泛应用于要求较高的场合。

2.7.2 过载保护

电动机在实际运行中，短时过载是允许的，但如果长期过载，欠电压运行或断相运行等都可能使电动机的电流超过其额定值，这样将引起电动机发热。绕组温升超过额定温升，将损坏绕组的绝缘，缩短电动机的使用寿命，严重时甚至会烧毁电动机绕组。因此必须采取过载保护措施，最常用的过载保护元件就是热继电器。

对于星形联结的电动机选择两相或三相结构的普通热继电器均可；而对于三角形联结的电动机，则应选择带断相保护装置的热继电器。

2.7.3 过电流保护

过电流一般是由于过大的负载和不正确的使用引起的。过电流比短路电流要小，但其产生的可能性则比发生短路故障的可能性更大，尤其是在频繁正反转起动、制动的重复短时工作制的电动机中更是如此。

过电流保护广泛应用于直流电动机或绕线式异步电动机，对于三相笼型异步电动机，由于其短时过电流不会产生严重的后果，故可不设置过电流保护。常用的过电流保护元件是过电流继电器，发生过电流时其常闭触点分断切断控制电路，从而切断电动机三相电源，起到过电流保护作用。

提示与指导：

应该注意，短路保护、过载保护和过电流保护虽然都是电流保护，但由于故障电流、动作值、保护特性和使用元件的不同，它们之间是不能相互替代的。

2.7.4 失电压（零压）和欠电压保护

电动机正常工作时，电源电压消失会使电动机停转，当电源电压恢复时，如果电动机自行起动，可能造成设备损坏和人身事故；对于电网，许多电动机或其他用电设备同时自动起动也会引起不允许的过电流和电压降。防止电源电压恢复时电动机自行起动的保护称为失电压保护或零压保护。此外，在电动机正常运行时，电源电压过分降低会造成电动机电流增大，引起电动机发热，严重时会烧坏电动机；同时，电压的降低还会引起一些电器的释放，造成电路不能正常工作，因而需要设置欠电压保护环节。

按钮接触器控制的自锁电路，当电源电压恢复时，电动机也不会自行起动，从而避免了设备或人身事故的发生，实现了失电压和欠电压保护功能。但当控制电路中采用主令控制器或转换开关控制时，必须要设置专用的零压和欠电压保护装置，否则电路无此保护功能，通常用电压继电器作为失电压或欠电压保护元件，Z35 型摇臂钻床即采用此种保护方法。

2.7.5 限位保护

为满足一定的控制要求或保证控制过程的安全可靠，某些生产机械的运动部件不允许超过其规定的行程范围，如摇臂钻床摇臂在立柱上的升降运动，万能铣床工作台各方向的进给运动等。行程开关是最常用的限位保护器件，当运动部件压下行程开关，其常闭触点断开，切断控制接触器线圈电路，使电动机断电停车，从而保证了运动部件不超过其极限位置。此外，也可采用机电配合的方法实现限位保护，如 XA6132 型万能铣床工作台进给运动的极限位置保护就采用这种方法。

2.7.6 弱磁保护

直流电动机需在磁场有一定强度下才能起动，如果磁场太弱，电动机的起动电流就会很大；而当直流电动机正常运行时，若磁场突然减弱或消失，其转速也会迅速升高甚至出现“飞车”现象，严重损坏电动机或机械设备。因此，需要采取弱磁保护。弱磁保护是通过电动机励磁回路串入欠电流继电器的线圈实现的。正常情况下欠电流继电器的常开触点闭合接通电路，如电动机运行中励磁电流消失或降低过多，欠电流继电器就会释放，其常开触点复位切断接触器线圈电路，使电动机断电停车。

电动机控制电路常用保护环节及其实现方法如表 2-1 所示。

表 2-1 电动机控制电路常用保护环节及其实现方法

保护环节	实现方法	保护环节	实现方法
短路保护	熔断器、低压断路器、过电流继电器	零压保护	电压继电器、低压断路器、按钮控制的自锁电路
过载保护	热继电器、低压断路器	欠电压保护	电压继电器、低压断路器、按钮控制的自锁电路
过电流保护	过电流继电器	限位保护	行程开关，机电配合实现
欠电流保护	欠电流继电器	弱磁保护	欠电流继电器

2.8 技能训练

2.8.1 电气控制电路的安装与试车

电气控制电路的安装与试车训练是理论联系实际，加深对所学理论知识的理解，并掌握基本操作技能的关键环节，实训前应首先了解并熟悉电路安装试车的步骤与要求。

1. 安装接线的步骤与要求

1）熟悉实训电路，理解实训电路的工作原理及各元器件的作用，并按照规定在电气原理图上标注线号。标注线号时，主电路中三相电源按相序依次编号为 L1、L2、L3；电源开关的出线头依次编号为 L11、L21、L31，从上至下每经过一个电气元件编号要递增；电动机的三根引出线按相序依次编号为 U、V、W。辅助电路从上至下（或从左至右）逐行用数字依次编号，每经过一个电气元件编号要依次递增，等电位点为同一编号。没有经过电气元件的编号不变。

2）熟悉电路所用电器元件及其型号规格，检查测量电器元件的完好性。检查的主要内容有：电源开关的接触情况；各熔断器的导通情况；接触器各主触点表面情况；按压触点架观察动触点动作的灵活性；检查所选接触器型号与电源环境是否相符，并用万用表测量各触点导通状态以及电磁线圈的电阻值；测量电动机每相绕组的电阻值。应能区别正常元器件与故障元器件，在安装前对于故障元器件进行修复或更换。

3）合理布置线槽、电器元件及接线端子排等的位置，各元件布局应整齐均匀，间距合理便于接线和检修。应按相关要求进行元器件的安装固定并确保牢固。如电路元器件较多，可在元器件表面或附近粘贴各电器元件的标识或文字符号以便进行区分。

4）按照电气原理图进行线路连接，接线时应注意以下基本要求。

① 接线顺序一般应按照“先主后控，先串后并；从左到右，从上到下”的原则进行连接。每个电器元件应按照“上进下出，左进右出”的原则进行连接。

② 导线与元器件接线端子连接部位不应压绝缘层，不反圈，不露铜过长；连接导线两端靠近端子处应套上带有标识线号的套管；与接线端子相连的导线头弯成羊角圈，或根据需要连接针形或叉形冷压端子以便进行连接，但注意同一端子不可以压接超过两根导线。

③ 控制板内的连接导线要沿底面敷设，应根据导线连接的走向、路径及连接点之间的距离，选择合适的导线长度，要求走线横平竖直、减少交叉，拐弯处要弯成慢直角弯。

④ 各元器件接线端子引出线的走向，须以元器件的水平中心线为界限，分别进入元器件上、下两侧的走线槽；除间距很小如 JS7 - A 型时间继电器同一微动开关的同一侧常开与常闭触点的连接导线，允许直接架空敷设外，其他导线必须经过线槽进行连接。

⑤ 连接导线与控制按钮的颜色应符合规定要求，如接地保护导线（PE）必须采用黄绿双色；交流和直流动力电路应采用黑色；交、直流控制电路分别采用红色和蓝色；而控制按钮中“停止”和“急停”按钮用红色；“起动”按钮用绿色；“点动”按钮用黑色。

⑥ 电气控制板与板外电器元件的连接应采用多股软线，通过接线端子板进行连接，每节接线端子板上的连接导线一般只允许连接一根。

5）全部线路连接完毕后，应再次进行检查，内容一般可以包含以下部分：

① 确认控制电路中各元器件配置位置及固定状态是否符合要求，各个接线端子连接线是否连接牢固，可以轻拉导线来检查导线是否连接牢固。

② 对连接完的控制电路进行电气性能检查。对于主电路，可以使用万用表将两表笔分别放置在电动机输入端任意两相上，此时阻值应为无穷大，然后手动闭合接触器 KM，其阻值不应为零，为零时则意味着相间有短路情况发生。测量控制回路时，应拆下电动机接线，将两个表笔分别接至控制电路电源两端，按下起动按钮时应能够测得接触器 KM 的线圈阻值；并可以根据所连接控制电路的原理图对电路的正确性进行逐一检查。测量检查时应注意万用表应扳至适当档位。

2. 试车的步骤与要求

1）空操作试验。在对所连接电路进行断电检测无误后，为避免电动机在控制回路故障时而造成损坏，应首先在断开主电路的情况下进行试车，以检验控制电路部分接线的正确性，如有异常必须立即切断电源查明原因。

2）负载试车。在空操作试车正常的情况下接通主电路及电动机，检查电动机控制电路是否能够正常的实现各项功能，电动机能否正常运行并具备相应的保护。此处的“负载试车”实际等同于电气控制系统中的“空载试车”，而真正意义上的“负载试车”是指拖动电机带动生产设备的相关运动部件运行的试车方式。

3. 注意事项与说明

1）电气控制电路的安装与试车技能训练应按上述基本步骤、要求及相关操作规程执行，更详细内容可参看6.4节相关内容。

2）通电试车时，应先接通电源开关，再发出控制指令；断电时操作顺序相反。并且通电试车时如有异常，应立即停车，待查明原因后再继续进行，未查明原因不得强行送电。

3）技能训练中通电试车必须在教师或相关人员监护下进行，未经允许不得自行通电。

4）本节技能训练在统一阐述电气控制电路的安装与试车步骤与要求的基础上，以4个基本控制电路的安装调试为例进行介绍，其中共性的问题不再重复，重点说明各电路技能实训中的不同问题。

5）电气控制电路安装调试技能训练在本节4个基本电路的基础上，可根据需要适当调整，如点动控制电路、既可点动又可连续运行控制电路、两地控制电路、自动往复循环控制电路、手动切换顺序起停控制电路、能耗制动控制电路、双速电机控制电路均可作为技能训练电路。

2.8.2 单向连续运行控制电路的安装调试

1. 实训目的

1）学习掌握电动机连续运行控制电路安装调试的步骤与技能。

2）加深对连续运行控制电路工作原理及特点的理解，掌握各元器件的作用。

3）学习使用万用表对电气控制电路进行检查和故障排除的基本方法。

2. 实训设备

电工板一块，三极刀开关、熔断器、交流接触器、热继电器、按钮、接线端子排、导线、号码管、冷压端子、三相笼型异步电动机、万用表和常用电工工具等。

3. 实训内容

1）熟悉电气控制电路，检查安装电器元件，并进行电气控制电路的接线及断电检查。

2）单向连续运行控制电路的通电运行控制及故障排查。

4. 步骤与要求

1）实训电路为图2-4所示单向连续运行控制电路。理解电路的工作原理及各元器件的作用，特别是理解自锁的作用，并按照规定标注线号。

2）熟悉本实训所用电器元件及其型号规格，检查测量电器元件的完好性。对电器元件进行外观检查、触点检查、电磁机构和传动部件检查、电磁线圈检查等，以确定各器件是否完好，并填写表2-2所示单向连续运行控制电路电器元件明细表。

3）合理布置线槽、器件及接线端子的位置，并按相关要求进行安装固定。

4）按照电气控制电路的接线步骤与要求进行电路连接，接线完成后按原理图逐线检查，核对线号，并用手拨动导线，检查所有端子导线的接触情况，排除虚接。

5）用万用表进行电路的断电检查，检查步骤如下。

① 检查主电路。取下 FU2 各熔体以切除控制电路，用万用表笔分别测量刀开关 QS 下端 L11 - L21、L21 - L31、L11 - L31 之间的电阻，结果均应为断路（$R\to\infty$）。如某次测量结果为短路（$R\to 0$），则说明所测两相之间的接线有短路问题，应仔细逐线检查排除。

表 2-2　单向连续运行控制电路电器元件明细表

序号	名称	符号	型号	规格	数量	用途	检测结果
1	刀开关						
2	螺旋式熔断器						
3	交流接触器						
4	热继电器						
5	按钮						
6	接线端子排						
7	三相异步电动机						

用手按压接触器 KM 主触点架，使其主触点闭合，重复上述测量，应分别测得电动机各相绕组的阻值。如某次测量结果为断路（$R\to\infty$），则应认真检查所测两相的各段接线。如测量 L11 - L21 间电阻值为 $R\to\infty$，说明 L1、L2 两相的接线有断路点，可将一支表笔接于 L11 处，另一支表笔依次测量 L12、L13、U 各段导线两端的端子，再将表笔移至 V、L23、L22、L21 各段导线两端测量，即可准确查出断路点，并予以排除。

② 检查控制电路。将 FU2 熔体重新装上，用万用表笔分别跨接在控制电路电源 L12 - L22 两端，应测得断路；按下 SB2 应测得 KM 线圈电阻值，松开 SB2 后按下 KM 触点架，也应测得 KM 线圈电阻值，说明自锁电路正常；在按下 SB2 或 KM 触点架并测得 KM 线圈阻值正常后，按下 SB1，则应测得电路由通转断。

如按下 SB2 或 KM 触点架测得结果为断路，可直接手动检查各接线端子导线是否有虚接或脱落，或直接用万用表检查并确定断路点，具体方法可参考 3. 5 节相关内容。

如按下 SB2 或 KM 触点架测得结果为短路，则重点检查不同线号导线是否错接到同一端子上。如起动按钮 SB2 下端引出的 4 号线错接到 KM 线圈下端的 5 号端子上，则控制电路两相电源不经 KM 线圈直接连通，只要按下 SB2 就会造成短路故障。

6）电路断电检查无误后方可进行通电试车。

① 空操作试验。在主电路未连接电动机的前提下，通电检查控制电路部分接线的正确性，操作过程中注意接触器动作的声音，如有异常必须立即切断电源再查找故障。

② 负载试车。在空操作试验正常的情况下接好电动机，检查电动机控制电路是否能够正常的实现各项功能，电动机能否正常运行并具备相应的保护。

7）如通电试车存在故障，则按相关步骤方法进行故障排查；如试车正常，则可人为设置故障，如起动按钮触点接触不良、接触器线圈松脱、接触器自锁触点接触不良、主电路一相熔断器熔断、控制电路熔断器熔断等进行故障排查的训练。

8）拆除电路接线，整理工作台及工具仪表，应注意文明操作。

5. 评分标准

单向连续运行控制电路安装调试评分标准如表 2-3 所示。

表 2-3　单向连续运行控制电路安装调试评分标准

项目内容及配分	项目要求	评分标准（100）	扣分	得分
元器件检查（10）	正确检查和测试电气元器件	每错一项扣 2 分		
	完整填写电器元器件明细表			
电路敷设（30）	电器元件布局合理	一处不合格扣 2 分		
	按图接线，接线正确			
	走线整齐美观无交叉			
	导线连接牢靠无虚接，端子压接规范			
	号码管安装正确、醒目			
电路检查（10）	断电情况下正确使用万用表进行电路检查	没有检查扣 10 分		
	通电前测量电路的绝缘电阻			
通电试车（30）	试车一次成功	一次不成功扣 10 分		
故障排查（10）	故障判断准确，排查方法正确	判断错误一次扣 5 分		
安全文明操作（10）	正确使用工具、仪表，不损坏元器件	每违反一次扣 10 分		
	执行安全操作规定，工作台整洁干净			
课时　120min	说明	每超时 5min 扣 5 分，超时 10min 以上为不及格	总分	

2.8.3　可逆运行控制电路的安装调试

1. 实训目的

1）学习掌握电动机可逆运行控制电路安装调试的步骤与技能。

2）加深对可逆运行控制电路工作原理及特点的理解，掌握各元器件的作用。

3）学习使用万用表对电气控制电路进行检查和故障排除的基本方法。

2. 实训设备

电工板一块，三极刀开关、熔断器、交流接触器、热继电器、按钮、接线端子排、导线、号码管、冷压端子、三相笼型异步电动机、万用表和常用电工工具等。

3. 实训内容

1）熟悉电气控制电路，检查安装电器元件，并进行电气控制电路的接线及断电检查。

2）可逆运行控制电路的通电运行控制及故障排查。

4. 步骤与要求

1）实训电路为图 2-7a 所示可逆运行控制电路。理解电路的工作原理及各元器件的作用，特别是理解互锁的作用，并按照规定标注线号。

2）熟悉本实训所用电器元件及其型号规格，检查测量电器元件的完好性，并填写可逆运行控制电路电器元件明细表。注意本节技能实训各电路所用电器元件种类基本相同，只数量略有不同，因此电器元件明细表以表 2-2 为参照略作增减即可，不再重复。

3）合理布置线槽、器件及接线端子的位置，并按相关要求进行安装固定。

4）按照电气控制电路的接线步骤与要求进行电路连接，接线完成后按原理图逐线检查，核对线号，并用手拨动导线，检查所有端子导线的接触情况，排除虚接。

5）用万用表进行电路的断电检查，尤其需要重点测量相序是否正确，以及操作按钮、接触器动作时是否有两相间短路的情况发生。检查步骤如下。

① 检查主电路。取下 FU2 各熔体切除控制电路，用万用表笔分别测量 L11 – L21、L21 – L31、L11 – L31 各相之间的电阻，未操作前结果均应为断路（$R \to \infty$）；分别按下起动按钮 SB2 或 SB3，或分别按下 KM1 或 KM2 触点架，均应测得电动机绕组的直流电阻值。再继续检查电源换相通路，将两支表笔分别接至 L11 端子和接线端子板上的 U 端子，按下 KM1 触点架时应测得 $R \to 0$；松开 KM1 而按下 KM2 触点架时，则应测得电动机绕组的电阻值。同样方法可以测量 L21 – V、L31 – W 之间的通路情况。

② 检查控制电路。将 FU2 各熔体重新装上并拆下电动机接线，用万用表笔分别跨接在控制电路电源 L12 – L22 两端，未操作时应测得断路；按下 SB2 应测得 KM1 线圈电阻值，再按下 SB1 则万用表显示电路由通转断，同样方法可检查反向起动与停车控制电路。

检查自锁电路时，分别按下 KM1、KM2 触点架，如分别测得 KM1、KM2 线圈电阻值，说明自锁回路正常。检查互锁电路时，按下 SB2 或 KM1 触点架测得 KM1 线圈电阻值后，再按下 KM2 触点架，万用表显示电路由通转断，则表示 KM2 常闭触点能可靠分断 KM1 线圈电路，实现对 KM1 的互锁功能；同样方法可检查 KM1 对 KM2 的互锁作用。

6）电路断电检查无误后方可进行通电试车。

① 空操作试验。在主电路未连接电动机的前提下，通电检查控制电路部分接线的正确性，分别操作按钮 SB2、SB1、SB3，观察正转接触器 KM1 与反转接触器 KM2 的切换过程，操作过程中注意接触器动作的声音，如有异常必须立即切断电源再查找故障。

② 负载试车。在空操作试验正常的情况下接好电动机三相绕组并接通电源，操作方法同空操作试验，操作过程中注意电动机正、反转操作的变换不宜过快和过于频繁，注意观察电动机起动时的旋转方向和运行声音，如有异常立即停车检查。

7）如通电试车存在故障，则按相关步骤方法进行故障排查；如试车正常，则可人为设置故障，如 SB3 触点接触不良、KM1 线圈松脱、KM1 自锁触点接触不良、KM2 互锁触点接触不良、主电路一相熔断器熔断、控制电路熔断器熔断等进行故障排查的训练。

8）拆除电路接线，整理工作台及工具仪表，应注意文明操作。

5. 评分标准

可逆运行控制电路安装调试评分标准同表 2-3 所示，此处不再重复。

2.8.4 顺序起动控制电路的安装调试

1. 实训目的

1）掌握电动机顺序起动控制电路安装调试的步骤与技能。

2）加深对顺序起动控制电路工作原理及特点的理解，掌握时间继电器的使用与调整。

3）学习使用万用表对电气控制电路进行检查和故障排除的基本方法。

2. 实训设备

电工板一块，三极刀开关、熔断器、交流接触器、时间继电器、热继电器、按钮、接线端子排、导线、号码管、冷压端子、三相笼型异步电动机、万用表和常用电工工具等。

3. 实训内容

1）熟悉电气控制电路，检查安装电器元件，并进行电气控制电路的接线及断电检查。

2）顺序起动控制电路的通电运行控制及故障排查。

4. 步骤与要求

1）实训电路为图 2-11 所示顺序起动控制电路。理解电路的工作原理及各元器件的作用，特别是时间继电器的作用，并按照规定标注线号。

2）熟悉本实训所用电器元件及其型号规格，检查测量电器元件的完好性，特别是时间继电器的延时作用，并填写顺序起动控制电路电器元件明细表。

3）合理布置线槽、器件及接线端子的位置，并按相关要求进行安装固定，特别应注意时间继电器的安装位置，必须使其线圈断电后，衔铁释放时的运动方向垂直向下。

4）按照电气控制电路的接线步骤与要求进行电路连接，接线完成后按原理图逐线检查，核对线号，并用手拨动导线，检查所有端子导线的接触情况，排除虚接。

5）用万用表进行电路的断电检查，重点是通过手动操作时间继电器衔铁的吸合与释放，确认时间继电器动作、复位的可靠性和延时时间的准确性，检查步骤如下。

① 检查主电路。主电路检查方法步骤与单向连续运行控制电路的主电路检查相同。

② 检查控制电路。将 FU2 各熔体重新装上并拆下电动机接线，用万用表笔分别跨接在控制电路电源 L12 – L22 两端，未操作时应测得断路；按下 SB2 或 KM1 触点架均应测得 KM1 与 KT 线圈并联电阻值，再手动操作时间继电器衔铁吸合，其常开触点延时闭合使 KM2 与 KM1、KT 并联，因而万用表电阻值应显示减小；最后单独按下 KM2 触点架，应显示 KM2 线圈电阻值，说明 KM2 自锁电路接线正确。

6）电路断电检查无误后方可进行通电试车。

① 空操作试验。在主电路未连接电动机的前提下，通电检查控制电路部分接线的正确性。按下按钮 SB2，观察接触器 KM1 与 KM2 是否延时起动，按下 SB1 是否同时停止。操作过程中注意接触器动作的顺序和声音，如有异常必须立即切断电源再查找故障。

② 负载试车。在空操作试验正常的情况下接好电动机三相绕组并接通电源，操作方法同空操作试验，注意两台电动机起动间隔时间不宜过短，一般要求间隔在 5s 以上。注意观察两台电动机起动顺序及运行时的声音，如有异常立即停车检查。

7）如通电试车存在故障，则按相关步骤方法进行故障排查；如试车正常，则可人为设置故障，如 SB1 触点接触不良、KM1 自锁触点接触不良、KM2 常闭触点接触不良、KM2 线圈松脱、主电路一相熔断器熔断、控制电路熔断器熔断等进行故障排查的训练。

8）拆除电路接线，整理工作台及工具仪表，应注意文明操作。

5. 评分标准

顺序起动控制电路安装调试评分标准同表 2-3 所示，此处不再重复。

2.8.5 星形 – 三角形减压起动控制电路的安装调试

1. 实训目的

1）掌握星形 – 三角形起动控制电路安装调试的步骤与技能。

2）加深对星形 – 三角形起动控制电路工作原理及特点的理解，掌握时间继电器的使用。

3）学习使用万用表对电气控制电路进行检查和故障排除的基本方法。

2. 实训设备

电工板一块，三极刀开关、熔断器、交流接触器、时间继电器、热继电器、按钮、接线端子排、导线、号码管、冷压端子、绕组连接形式可变换的三相异步电动机、万用表和常用电工工具等。

3. 实训内容

1）熟悉电气控制电路，检查安装电器元件，并进行电气控制电路的接线及断电检查。

2）星形－三角形减压起动控制电路的通电运行控制及故障排查。

4. 步骤与要求

1）实训电路为如图2-15所示Y－△减压起动控制电路。理解电路的工作原理及各元器件的作用，特别是时间继电器的作用，并按照规定标注线号。

2）熟悉本实训所用电器元件及其型号规格，检查测量电器元件的完好性，并填写Y－△减压起动控制电路电器元件明细表。

3）合理布置线槽、器件及接线端子的位置，并按相关要求进行安装固定，特别应注意时间继电器的安装位置，必须使其线圈断电后，衔铁释放时的运动方向垂直向下。

4）按照电气控制电路的接线步骤与要求进行电路连接，接线完成后按原理图逐线检查，核对线号，并用手拨动导线，检查所有端子导线的接触情况，排除虚接。

5）用万用表进行电路的断电检查，重点是通过手动操作时间继电器衔铁的吸合与释放，确认时间继电器动作、复位的可靠性和延时时间的准确性，检查步骤如下。

① 检查主电路。取下FU2各熔体切除控制电路。首先检查KM1的控制作用，将万用表笔分别接L11和U2端子，应测得断路；当按下KM1触点架时，应测得电动机一相绕组的电阻值。同样方法可测量L21－V2和L31－W2之间的电阻值。

其次检查Y减压起动电路。将万用表笔分别接至L11、L21端子，再按下KM1、KM3的触点架，应测得电动机两相绕组串联的电阻值。同样方法可测量L21－L31和L11－L31之间的电阻值。

最后检查△全压运行电路。将万用表笔分别接至L11、L21端子，再按下KM1、KM2的触点架，应测得电动机两相绕组串联后再与第三相绕组并联的电阻值，其值小于一相绕组的电阻值。同样方法可测量L21－L31和L11－L31之间的电阻值。

② 检查控制电路。将FU2各熔体重新装上并拆下电动机接线。首先检查起动控制，用万用表笔分别跨接在控制电路电源L12－L22两端，未操作时应测得断路；按下SB2或KM1触点架均应测得KM1、KT、KM3三只线圈并联电阻值。

其次检查联锁电路。将万用表笔分别接至L12、L22端子，按下KM1触点架并保持，测得KM1、KT、KM3线圈并联的电阻值；再按下KM2触点架，KM2常闭触点断开，切除了KT与KM3线圈，KM2常开触点闭合，接通了KM2线圈，此时测得KM1与KM2线圈的并联电阻值，其值应增大。

最后检查时间继电器KT的控制作用。将万用表笔分别接至KT（8－9）两端，正常应为接通，再手动操作时间继电器衔铁吸合，保持至其延时时间到，万用表显示由通转断。同样方法可检查KT（6－7）的动作情况。

6）电路断电检查无误后方可进行通电试车。

① 空操作试验。在主电路未连接电动机的前提下，通电检查控制电路部分接线的正确性。合上 QS 并按下 SB2，KM1、KM3、KT 通电吸合，KT 延时到，KM3、KT 断电释放，同时 KM2 通电吸合。按下 SB1，KM1、KM2 同时断电释放。操作过程中注意观察各电器动作的可靠性，并正确调整 KT 的延时时间，如有异常立即断电查找故障。

② 负载试车。在空操作试验正常的情况下接好电动机三相绕组并接通电源，操作方法同空操作试验，注意电动机起动过程的切换，一般大约调整为 5s，注意观察电动机起动过程中运转的声音，如有异常立即停车检查。

7）如通电试车存在故障，则按相关步骤方法进行故障排查；如试车正常，则可人为设置故障，如 KM1 自锁触点接触不良、KM2 常闭触点接触不良、KM3 线圈松脱、Y接触器 KM3 某相主触点接触不良、时间继电器延时调整为零等进行故障排查的训练。

8）拆除电路接线，整理工作台及工具仪表，应注意文明操作。

5. 评分标准

Y-△减压起动控制电路安装调试评分标准同表 2-3 所示，此处不再重复。

2.9 小结

本章重点讲述了三相异步电动机的起动、制动、调速等基本控制环节，这些基本控制环节是阅读、分析、设计生产机械电气控制电路的基础，因此必须熟练掌握。同时，本章还重点介绍了电气原理图的阅读分析方法及基本绘制原则，绘制电气原理图时必须严格依据相关国家标准。

1. 三相异步电动机的起动控制

三相异步电动机起动控制中，应注意避免过大的起动电流对电网、电动机及传动机构的影响，10kW 以下小容量异步电动机通常可采用直接起动方式，大容量异步电动机则应采用减压起动。笼型异步电动机可采用定子绕组串电抗或电阻减压起动、Y-△减压起动、自耦变压器减压起动和延边三角形减压起动方法，其中以Y-△减压起动应用最多，而绕线式异步电动机则可采用转子回路串电阻或串接频敏变阻器的方法限制起动电流。起动过程中状态的转换通常采用时间继电器自动控制。

2. 三相异步电动机的制动控制

三相异步电动机常用的电气制动方法有反接制动、能耗制动等。反接制动为保证在制动结束时能及时切断反接制动电源，必须采用速度原则控制，同时为限制制动电流，应在制动电路中串接限流电阻。反接制动力强、制动迅速，但冲击力较大，且能量损耗大，故用于系统惯性大，不经常制动的场合。能耗制动则制动平稳、准确，能量损耗小，但制动力较弱，故用于系统惯性较小、频繁制动的场合，能耗制动采用时间原则或速度原则控制均可。

3. 三相异步电动机的调速控制

三相异步电动机的调速方法有变频调速、变转差率调速和变极调速 3 种。变极调速的双速异步电动机控制、绕线转子异步电动机转子电路串电阻调速虽不能实现无级调速，但以其控制简单可靠、便于操作等优点，分别在机电联合调速的场合与起重设备中用得很多。而随着晶闸管技术的发展，变频调速和串级调速以其良好的调速性能，应用日益广泛，但其控制电路复杂，一般用在调速要求较高的场合。

4. 电动机控制电路的控制原则

控制电路经常采用时间原则、行程原则、速度原则和电流原则控制电动机的起动、制动和调速等运行。各种控制原则的选择不仅要根据控制原则本身的特点，还应考虑电力拖动装置所提出的基本要求及经济指标。无论从工作的可靠性与准确性，还是从设备的互换性来说，都以时间原则控制为最好。所以在实际应用中，以时间原则控制应用最为广泛，行程原则控制次之，速度原则控制主要用于反接制动控制电路，而电流原则控制由于设计及整定烦琐，故较少应用。

学习本章内容时，一方面应注意培养良好的阅读分析习惯，另一方面还应特别注意安装接线的技能训练。安装接线和运行调试训练不仅可以锻炼动手能力，培养问题的分析解决能力，更可以加深对各种典型控制电路组成特点及工作原理的理解，能较快地将理论知识转化为实践技能。

2.10 习题

2.10.1 判断题

(正确的在括号内画✓，错误的画×)。

1. 减压起动的目的是为了减小起动电流。 ( )
2. 自耦变压器减压起动的方法适用于频繁起动的场合。 ( )
3. 交流电动机的控制电路必须采用交流操作。 ( )
4. 频敏变阻器只能用于三相笼型异步电动机的起动控制中。 ( )
5. 绕线转子异步电动机转子电路的起动电阻可兼作调速电阻使用。 ( )
6. 失电压保护的目的是防止电源电压恢复时电动机自起动。 ( )
7. 在反接制动控制电路中，必须采用以时间为变化参量进行控制。 ( )
8. 现有 3 个按钮，欲使它们都能控制接触器 KM 通电，则它们的常开触点应串联接到 KM 的线圈电路中。 ( )
9. 绕线转子异步电动机转子电路串频敏变阻器的起动方式可以使起动平稳，克服不必要的机械冲击。 ( )
10. 电动机控制电路中如果使用热继电器作其过载保护，就不必再装设熔断器作短路保护。 ( )

2.10.2 选择题

(将正确选项填在题后的括号内)。

1. 甲乙两个接触器，欲实现互锁控制，则应 ( )。

   a. 在甲接触器的线圈电路中串入乙接触器的常闭触点

   b. 在乙接触器的线圈电路中串入甲接触器的常闭触点

   c. 在两接触器的线圈电路中互串对方的常闭触点

   d. 在两接触器的线圈电路中互串对方的常开触点

2. 甲乙两个接触器，若要求甲接触器工作后方允许乙接触器工作，则应 ( )。

a. 在甲接触器的线圈电路中串入乙接触器的常开触点

b. 在甲接触器的线圈电路中串入乙接触器的常闭触点

c. 在乙接触器的线圈电路中串入甲接触器的常闭触点

d. 在乙接触器的线圈电路中串人甲接触器的常开触点

3. 4/2 极双速异步电动机的出线端分别为 U1、V1、W1 和 U3、V3、W3，它为 4 极时与电源的接线为 U1—L1、V1—L2、W1—L3；当它为 2 极时为了保持电动机的旋转方向不变，则接线应为（　　）。

a. U3—L1、V3—L2、W3—L3

b. U3—L3、V3—L2、W3—L1

c. U3—L2、V3—L3、W3—L1

4. 同一电器的各个部件在图中可以不画在一起的图是（　　）。

a. 电气原理图　　b. 电器布置图　　c. 安装接线图　　d. 功能图

5. 以下关于“点动控制”的描述，正确的选项是（　　）。

a. 需单独设置停止按钮　　b. 有自锁触点　　c. 操作烦琐　　d. 无自锁触点

6. 利用机械装置使电动机断开电源后迅速停转的方法称为机械制动，下面各种制动方法中属于机械制动的是（　　）。

a. 反接制动　　b. 能耗制动　　c. 电磁抱闸制动　　d. 回馈制动

7. 利用改变电动机电源相序而产生制动转矩的一种制动方法称为（　　）。

a. 能耗制动　　b. 反接制动　　c. 机械制动　　d. 回馈制动

8. 以下各种调速方法中，双速电机控制电路属于（　　）。

a. 变极调速　　b. 变频调速　　c. 变转差率调速

9. 以下元器件在电动机控制电路中不具备失电压保护功能的是（　　）。

a. 低压断路器　　b. 热继电器　　c. 电压继电器

2.10.3 问答题

1. 电动机点动控制与连续运转的区别是什么？
2. 多地点控制电路的组成特点是什么？
3. 三相笼型异步电动机的减压起动方法有哪些？各有何特点？
4. 为什么电动机要设置失电压和欠电压保护？
5. 简要说明能耗制动和反接制动的特点及适用场合？
6. 三相异步电动机反接制动控制电路设计中应注意哪些问题，为什么？

2.10.4 分析题

1. 试分析图 2-34 中各控制电路能否实现正常起停，指出存在的问题并加以改正。

2. 时间原则控制的机床自动间歇润滑控制电路如图 2-35 所示，试分析其工作原理，并说明转换开关 SA 和按钮 SB 的作用。

3. 如图 2-36 所示为事故闪光电源控制电路。当发生事故时，事故继电器 KA 的常开触点闭合，试分析图中信号灯 HL 发出闪光信号的工作原理。

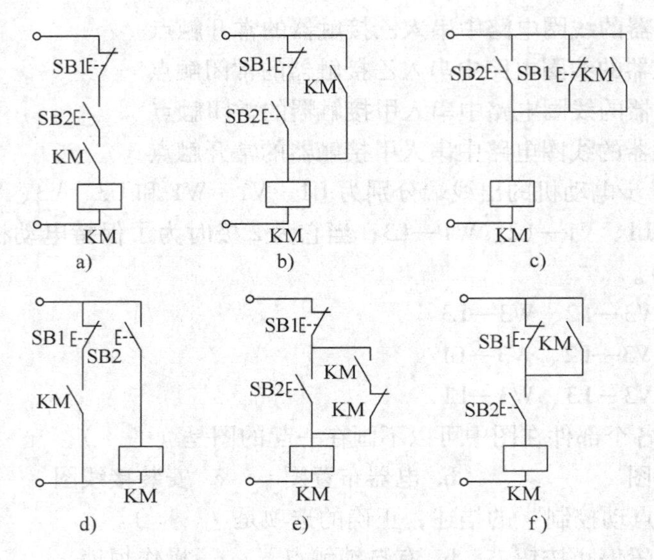

图 2-34　各种单向运行控制电路

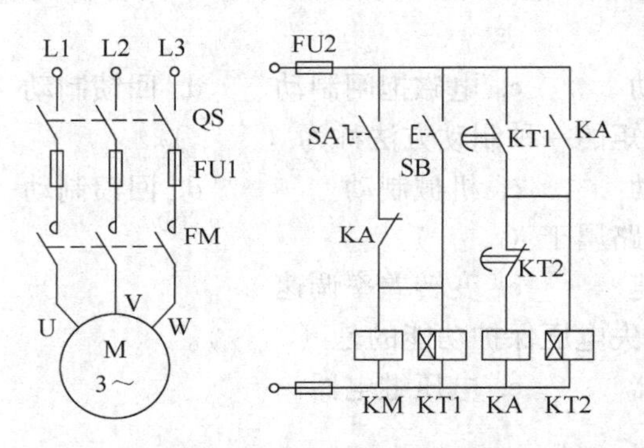

图 2-35　机床自动间歇润滑控制电路

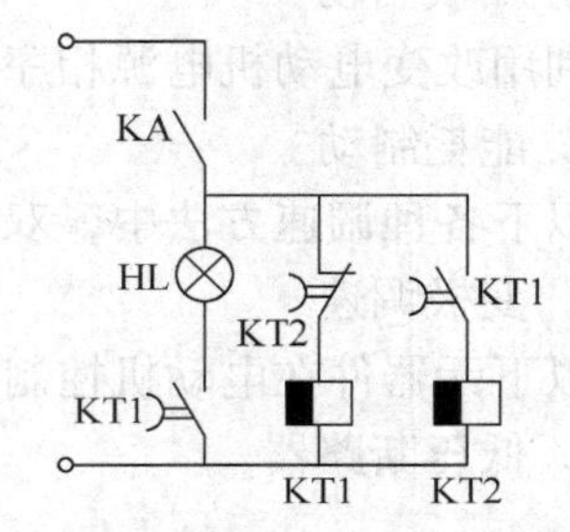

图 2-36　事故闪光电源控制电路

2.10.5　设计题

1. 试设计一采取两地操作的即可点动又可连续运行的控制电路。

2. 试画出几种既可点动又可连续运行的控制电路。

3. 画出接触器和按钮双重互锁的三相笼型异步电动机可逆运行控制电路。

4. 有两台电动机 M1 和 M2，要求他们可以分别起动和停止，也可以同时起动和停止。试设计其控制电路。

5. 试设计两台电动机的顺序起停控制电路，要求如下：

1）M1 和 M2 皆为单向运行，且 M1 可实现两地控制。

2）起动时，M1 起动后 M2 方可起动，停车时，M2 停车后 M1 方可停车。

3）两台电动机均可实现短路保护和过载保护。

6. 两台笼型异步电动机起动时，M1 起动 60s 后 M2 自行起动，停车时 M2 停止 60s 后 M1 自动停止。试设计其主电路及控制电路。

7. 设计一双速电动机的控制电路，其控制要求如下：

1）用两个按钮分别控制电动机的高速和低速起动，用一个按钮控制电动机的停转。

2）高速运行时，应首先接成低速然后经延时后再换接到高速。

3）要求具有必要的保护环节。

8. 试设计一装卸料小车的运行控制电路，其动作顺序如下：

1）小车若在原位，则停留 2min 装料后自动起动前进，运行到终点后自动停止。

2）在终点停留 2min 卸料后自行起动返回，运行到原位后自动停止。

3）要求能在前进或后退途中任意位置都能停止或再次起动。

4）要求控制电路具有短路保护、过载保护和限位保护。

9. 试设计一时间原则控制的电动机可逆运行能耗制动控制电路。

10. 按下按钮 SB，电动机 M 正传，松开按钮 SB，电动机 M 反转，过 1min 后电动机自动停止运转，试设计其控制电路。

11. 试设计 3 台三相笼型异步电动机的控制电路，要求起动时 3 台电动机同时起动，停车时依次相隔 10s 停车。

12. 某机床由一台笼型异步电动机拖动，润滑油泵由另一台笼型异步电动机拖动，均采用直接起动，工艺要求如下：

1）主轴必须在油泵起动后，才能起动。

2）主轴加工时为正向连续运转，但为调试方便，要求能正反向点动。

3）主轴停止后，才允许油泵停止。

4）需设置短路保护、过载保护及失电压、欠电压保护。

试设计其主电路及控制电路。

第 3 章　常用机床的电气控制

本章主要介绍机床电气控制电路的分析方法；车床、磨床、钻床的电气控制及常见故障的分析、排除方法。学习本章内容，要求在掌握继电接触式控制电路基本控制环节的基础上，学会阅读、分析机床电气控制电路的方法、步骤以及注意事项，加深对典型控制环节的理解和应用，了解机床上机械、液压与电气三者间的配合及电气部分在整个控制系统中的作用，并掌握一些常见故障的分析及排除方法，为生产机械电气控制系统的设计、安装调试、运行维修等打下一定基础。

3.1　机床电气控制电路的分析方法

金属切削机床是机械加工的主要设备，不仅要求能够实现起动、制动、反向和调速等基本控制要求，以保证机床各运动的准确和协调，还应满足各种工艺要求，并具有完善的保护装置，使生产设备工作可靠，操作方便。在学习与分析机床电气控制电路时，应注意以下几个方面的问题。

1）对机床的基本结构、运动情况、工艺要求等应有一定的了解，做到了解控制对象，明确控制要求。

2）应了解机床液压系统与电气控制的关系；了解机械操作手柄与电器开关元件的关系；对一些由机械运动而起动动作的电气元件（如行程开关、传感器等），应特别注意其在机床上的位置及作用。

3）进行电路分析时，首先按照“查线读图法”将整个控制电路按功能不同分成若干部分，逐一进行分析，然后分析各部分控制电路之间的联系与联锁关系，最后再统观整个电路。应抓住各机床电气控制的特点，深刻理解电路中各电器元件及其触点的作用。分析时应特别注意从始至终，一气呵成。

3.2　车床的电气控制

车床是一种应用最为广泛的金属切削机床，主要用来车削工件的内圆、外圆、端面、螺纹和定型表面等，还可以安装钻头、铰刀进行加工。各种车床中，尤以卧式车床使用最为普遍。下面以 CA6140 型卧式车床为例进行分析，其型号含义如图 3-1 所示。

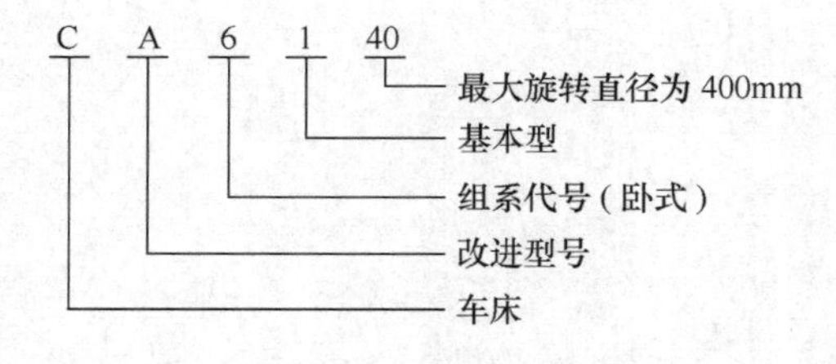

图 3-1　CA6140 型卧式车床型号含义

3.2.1 主要结构与运动形式

CA6140 型卧式车床的基本结构如图 3-2 所示，主要由床身、主轴变速箱、挂轮箱、进给箱、溜板箱、丝杠、光杠、刀架和尾座等组成。床身固定在左、右两个床腿上，用以支撑车床的各主要部件，使它们保持准确的相对位置。主轴箱固定在床身左侧，内部装有主轴及其变速传动机构，工件通过卡盘装夹在主轴前端，由电动机经变速机构传动旋转，实现主运动所需的转速。床身的右侧装有尾架，尾架可沿床身顶面的尾架导轨作纵向调整运动，以支撑不同长度的工件和安装孔加工刀具。刀架装在床身顶面的刀架导轨上，可装夹刀具并在固定于其底部的溜板的带动下实现刀架的纵向、横向和斜向的进给运动或快速移动。此进给运动可以自动，也可手动，斜向进给通常只能手动，而自动进给时，主轴电动机传来的动力由主轴箱经挂轮箱、进给箱、光杠或丝杠、溜板箱传递给刀架，进给量由固定在床身左前侧的进给箱控制。

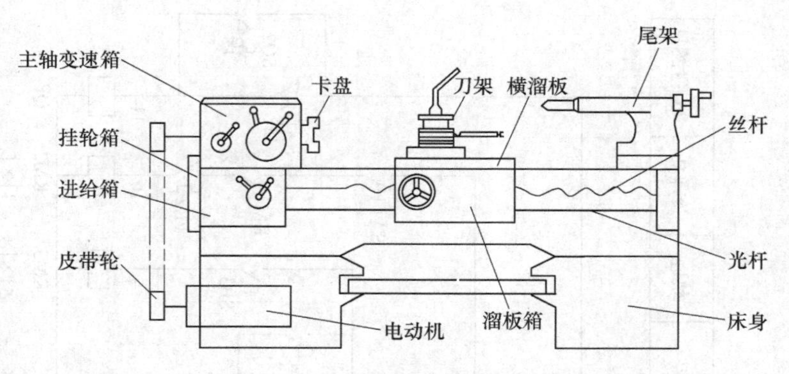

图 3-2　CA6140 型卧式车床的基本结构

车削加工时的主运动是主轴通过卡盘或顶尖带动工件的旋转运动，它承受车削加工时的主要切削功率，而进给运动是刀架的纵向或横向直线运动。所谓纵向运动，是指与工件旋转轴线平行的运动，也指相对于操作者的左右运动，而与工件旋转轴线垂直的运动则称为横向运动，亦指相对于操作者的前后运动。此外，机床还有辅助运动，车床的辅助运动包括刀架的快进与快退、尾架的移动、工件的夹紧与放松等。

3.2.2 拖动特点与控制要求

车削加工时，应根据工件材料、工件尺寸、刀具种类和工艺要求等来选择不同的切削速度，这就要求主轴能在相当大的范围内调速。目前中小型车床大多采用三相笼型异步电动机拖动，用机械的齿轮变速机构实现主轴的速度变换，改变主轴箱外变速手柄的位置，即可改变主轴的转速。

车削加工一般不要求反转，但加工螺纹时为避免乱扣，要求反转退刀，主轴的正反转可采用电气正反转控制，也可采用机械方法实现；同时，加工螺纹时，要求工件的旋转速度与刀具的进给速度之间必须保持严格的比例关系，而进给运动消耗的功率又很小，所以车床的主运动与进给运动由一台电动机拖动，溜板箱与主轴箱之间通过齿轮传动连接。此外，由于加工时刀具温度很高，需要冷却液冷却，所以采用一台冷却泵电动机供给冷却液。

3.2.3 车床的电气控制

图 3-3 所示为 CA6140 型卧式车床电气原理图。

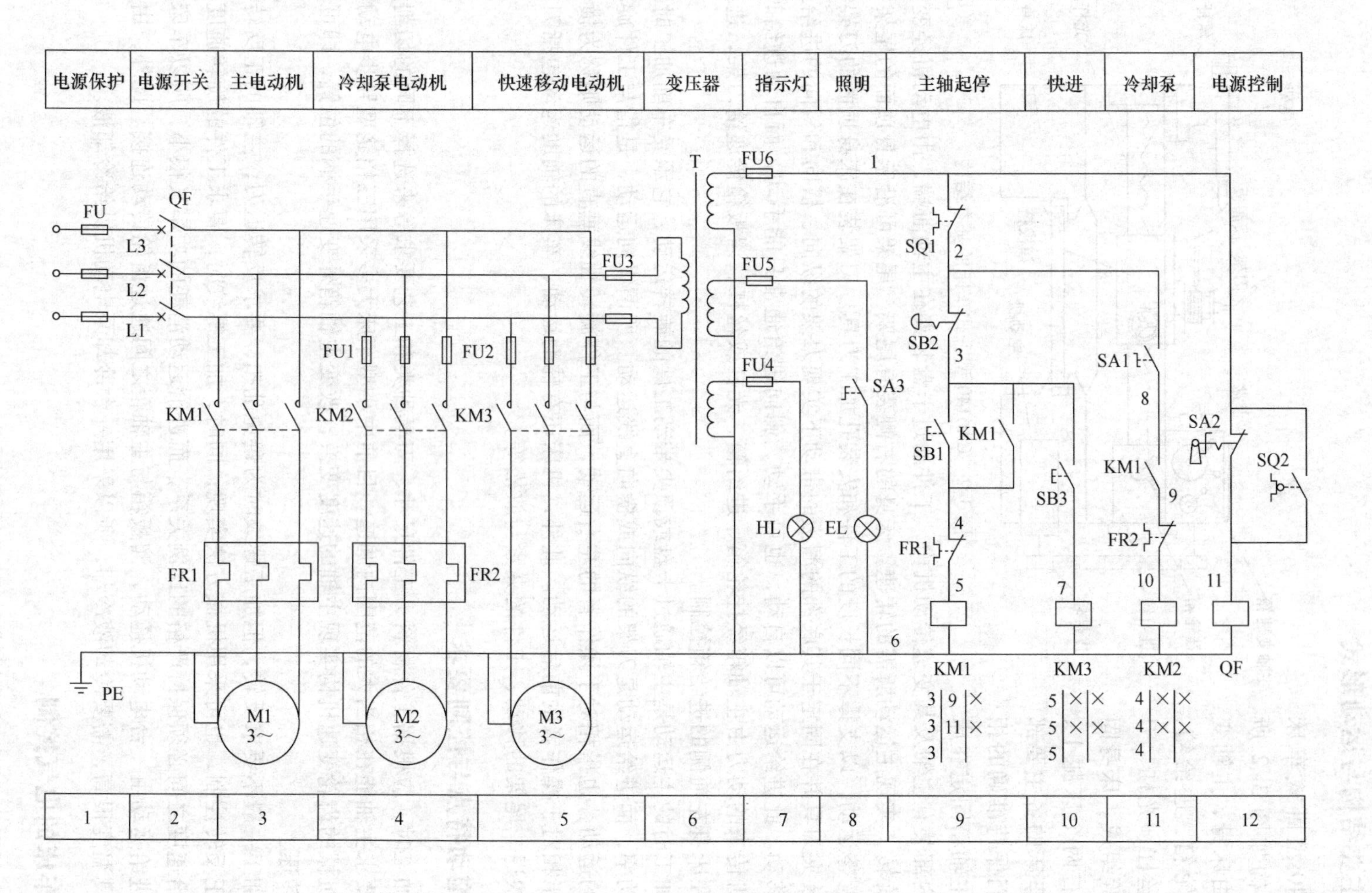

图 3-3　CA6140 型卧式车床电气原理图

1. 主电路分析

主电路采用带开关锁的低压断路器 QF 作为电源的引入开关。M1 为主轴电动机，在拖动主轴旋转的同时，通过进给传动机构实现刀架的进给运动，它的起动和停止由接触器 KM1 的主触点控制，电动机 M1 只需做正转运行，而主轴的正反转是通过摩擦离合器改变传动链实现的。M2 为冷却泵电动机，由接触器 KM2 的主触点控制。M3 为快速移动电动机，由接触器 KM3 的主触点控制。由于 3 台电动机的容量都不大，故均采用全压直接起动。

因为考虑到进入车床前的电源（配电箱）已装有熔断器 FU，所以主轴电动机没有再设置熔断器作短路保护。熔断器 FU1 和 FU2 分别作为冷却泵电动机 M2 和快速移动电动机 M3 的短路保护，热继电器 FR1 和 FR2 分别对主轴电动机和冷却泵电动机实现过载保护，快速移动电动机 M3 为短时工作，故不需要设置过载保护。

2. 控制电路分析

控制电路采用 127V 交流电压供电，是通过控制变压器 T 将 380V 的电源电压降为 127V 得到。控制变压器的一次测由 FU3 作短路保护，二次测由 FU6 作短路保护。

（1）电源开关的控制

电源开关是带有开关锁 SA2 的低压断路器 QF。合闸电源开关时，需先用开关钥匙将开关锁 SA2 右旋后，再扳动断路器将其合上。若误用开关钥匙将开关锁 SA2 左旋，其触点 SA2（1－11）闭合，QF 电压线圈通电，断路器 QF 将会自动跳闸。此时，如果继续出现误操作，又将 QF 合闸，则其会在 0.1s 内再次自动跳闸。

由于车床的电源开关采用了钥匙开关，接通电源时需要先用钥匙正确打开开关锁，再合闸断路器，增加了安全性。作为双保险，在机床控制配电盘的壁龛门上则装有安全行程开关 SQ2，当打开配电盘的壁龛门时，行程开关的触点 SQ2（1－11）闭合，QF 电压线圈通电自动跳闸，切断机床的电源，确保了操作人员的安全。

（2）主轴电动机 M1 的控制

主轴起动的前提是行程开关触点 SQ1（1－2）闭合，SQ1 是车床床头的挂轮架皮带罩处的安全开关。当装好皮带罩时，SQ1（1－2）闭合，控制电路才有电，3 台电动机才能起动。否则，若打开皮带罩，SQ1（1－2）断开，则 KM1、KM2 和 KM3 均断电释放，3 台电动机全部停止运转，以确保人身安全。

主轴起动时，按下起动按钮 SB1，接触器 KM1 线圈通电吸合并自锁，其主触点闭合，主轴电动机 M1 全压起动运转。按下红色蘑菇形的停止按钮 SB2，接触器 KM1 线圈断电释放，主轴电动机 M1 停止转动。

（3）冷却泵电动机 M2 的控制

主轴电动机 M1 起动后，接触器 KM1 的常开触点 KM1（8－9）闭合，此时若闭合转换开关 SA1，则接触器 KM2 线圈通电吸合，其主触点闭合，冷却泵电动机 M2 全压起动，提供冷却液供给。当主轴电动机停车时，KM1（8－9）断开，冷却泵电动机 M2 同时停止。

（4）快速移动电动机 M3 的控制

快速移动电动机 M3 由接触器 KM3 控制，由于刀架的移动为短时运动，故其设计为点动电路进行控制。按下起动按钮 SB3，接触器 KM3 线圈通电吸合，其主触点闭合，主轴电动机 M3 起动运转；松开 SB3，M3 则立即停车。快速移动的方向通过装在溜板箱上的十字手柄扳至所需方向来控制。

（5）控制电路的保护

熔断器 FU6 作为控制电路的短路保护；热继电器 FR1 和 FR2 的常闭触点分别串接于 KM1、KM2 的线圈回路中，作为主轴电动机 M1 和冷却泵电动机 M2 的过载保护。此外，由于接触器 KM1 的线圈回路为按钮控制的自锁电路，电路本身还具有失电压和欠电压保护功能。

3. 照明和信号电路

控制变压器 T 的二次侧将 380V 的交流电压降为 36 V 和 6.3V，分别供给照明电路和信号回路，熔断器 FU4、FU5 分别为信号电路和照明电路的短路保护。合上电源开关 QF，指示灯 HL 亮，表明控制电路正常，照明电路由转换开关 SA3 控制，其一端可靠接地确保了人身安全。

4. 电气元器件明细表

电气元器件明细表包含了元件名称、符号、作用及型号规格等信息，不仅可以对电气原理图的分析起到辅助作用，同时还是配备电器元件、安装配线必不可少的前期准备工作。

CA6140 型卧式车床主要电气元件明细表如表 3-1 所示。

表 3-1　CA6140 型卧式车床主要电气元件明细表

符号	元件名称	型　号	规　格	数量	作　　用
M1	主轴电动机	Y132M－4－B3	7.5kW，1450r/min	1	工件的旋转和刀具的进给
M2	冷却泵电动机	AYB－25	90W，3000r/min	1	供给冷却液
M3	快速电动机	AOS5634	0.25kW，1360r/W	1	控制刀架的快速移动
KM1	交流接触器	CJ0－10A	127V，10A	3	控制主轴电动机 M1
KM2					控制冷却泵电动机 M2
KM3					控制快速移动电动机 M3
QF	低压断路器	DZ5－20	380V，20A	1	电源总开关
SB1	按钮	LA2	500V，5A，白色	3	主轴起动控制
SB2			500V，5A，红色		主轴停止控制
SB3			500V，5A，黑色		控制快速移动电动机 M3 点动
SA1	转换开关	HZ2－10/3	10A，三极	2	控制冷却泵电动机
SA2					钥匙式电源开关，即开关锁
SA3				1	照明灯控制开关
SQ1	行程开关	LX3－11K	单轮，开启式	1	打开传送带罩时被压下
SQ2		LX3－11K	单轮，开启式	1	电气箱罩盖打开时闭合
FR1	热继电器	JR16－20/3D	15.4A	1	电动机 M1 过载保护
FR2		JR2－1	0.32A	1	电动机 M2 过载保护
T	控制变压器	BK－200	380/127、36、6.3V	1	控制与照明用变压器
FU1	熔断器	RL1－15	1A	1	电动机 M2 的短路保护
FU2			4A	1	电动机 M3 的短路保护
FU3			1A	1	变压器 T 一次侧的短路保护

（续）

符号	元件名称	型 号	规 格	数量	作 用
FU4	熔断器	RL1－15	1A	1	信号回路的短路保护
FU5			2A	1	照明电路的短路保护
FU6			1A	1	控制电路的短路保护
EL	照明灯	K－1，螺口	40W，36V	1	车床局部照明
HL	指示灯	DX1－0	6V，0.15A	1	电源指示灯

3.2.4 电气控制特点

CA6140 型卧式车床属于中小型车床，其控制电路比较简单，从上述分析可以看出其电气控制具有以下特点。

1）各台电动机的起停控制皆为最基本的全压直接起动，冷却泵电动机 M2 由转换开关 SA1 控制，且主轴电动机起动后才能起动冷却泵电动机。

2）主轴的正反转不采用电气控制方式而通过机械的摩擦离合器实现。

3）主轴电动机拖动的主运动及进给运动的速度调节不采用电气调速方法，而由机械的齿轮变速机构完成。

提示与指导：

CA6140 型卧式车床电气控制的特点除电路简单外，就是其机电配合安全保护环节的设计。其一电源开关采用带有开关锁 SA2 的低压断路器 QF；其二配电盘壁龛门上装设安全行程开关 SQ2；其三床头挂轮架皮带罩处装设安全行程开关 SQ1，不仅保证了人身与设备的安全运行，也是机电配合的典型应用。

3.2.5 常见故障分析

1. 主轴电动机不能起动

发生主轴电动机 M1 不能起动的故障时，应首先检查确认故障点在主电路还是控制电路，再进一步查找确认相关故障。

1）若故障在主电路，应检查配电箱中熔断器 FU 的熔丝是否已熔断，导线连接处是否松脱，KM1 主触点接触是否良好。如果是 FU 熔断，则应查明故障原因并排除后再更换熔丝。

2）若按下起动按钮 SB1 后，电动机发出嗡嗡声而不能起动，是因为电动机一相断电造成缺相运行所致。此时，应立即切断电源，否则会烧坏电动机。依次检查 M1 主电路各相连接导线及 KM1 主触点接触情况，故障排除后再重新起动。

3）若故障在控制电路，应首先检查控制电路熔断器 FU6 的熔丝是否已熔断，再按照主轴电动机控制电路顺序逐点进行排查。

4）车床床头挂轮架皮带罩没有盖好，使安全行程开关 SQ1（1－2）断开所致，可将皮带罩盖好。

5）起动按钮 SB1 或停止按钮 SB2 内的触点接触不良，应修复或更换控制按钮。

6）热继电器已动作，其常闭触点尚未复位。此时必须查明热继电器动作的原因是长期过载、规格选配不当还是整定电流太小。排除故障后将热继电器复位，电动机即可起动。

7）交流接触器 KM1 线圈断路，应修复或更换接触器。

8）各连接导线中有虚接或断线情况，检查排除即可。

9）如主电路及控制电路均检查正常，考虑为主轴电动机损坏，应修复或更换电动机。

2. 主轴电动机起动后不能自锁

按下起动按钮 SB1，主轴电动机 M1 能够起动运转，但松开 SB1，M1 则立即停车。造成这种故障的主要原因是接触器 KM1 的自锁触点接触不良或连接导线松脱，应修复。

3. 按下停止按钮，主轴电动机不能停止运转

1）停止按钮的常闭触点被卡住，不能断开，应修复或更换。

2）接触器 KM1 主触点熔焊、发生机械卡死或铁心剩磁太大，使其不能复位。应针对故障进行修复或更换接触器。

4. 冷却泵电动机 M2 不能起动

1）主轴电动机尚未起动，应先起动主轴电动机。

2）熔断器 FU1 熔丝已熔断，应更换熔丝。

3）转换开关 SA1 已损坏，应修复或更换。

4）冷却泵电动机 M2 已损坏，应修复或更换。

5）如电动机发出嗡嗡声而不能起动，判断为缺相运行，排查方法同主轴电动机。

5. 电源总开关 QF 不能合闸

电源总开关 QF 不能合闸的原因有两个，一个是电气箱盖子没有盖好，导致行程开关 SQ2 被压下，其触点 SQ2（1－11）闭合所致；二是钥匙式电源开关 SA2 旋错方向或正确右旋但没有到位。

6. 钥匙式开关 SA2 的断路器 QF 故障

钥匙式开关 SA2 的断路器 QF 的主要故障是其开关锁失灵，以致失去保护作用。因此在使用时应检验开关锁左旋时断路器 QF 能否自动跳闸，跳开后再将 QF 合上，0.1s 后断路器能否再次自动跳闸。

7. 指示灯 HL 亮但各电动机均不能起动

造成这种故障的主要原因是熔断器 FU6 熔断，或挂轮架的皮带罩没有罩好，使行程开关触点 SQ1（1－2）断开所致。

8. 行程开关 SQ1、SQ2 故障

CA6140 型卧式车床在使用前应首先调整 SQ1 与 SQ2 的位置，使其动作准确，才能起到安全保护作用。但由于长期使用，可能出现开关松动移位的情况，导致打开挂轮架的皮带罩时触点 SQ1（1－2）不断开，或是打开机床配电盘壁龛门时触点 SQ2（1－11）不闭合，因而失去人身安全保护的作用。

9. 照明灯 EL 不亮

1）熔断器 FU5 熔丝已熔断，应更换熔丝。

2）照明控制开关 SA3 已损坏，应修复或更换。

3）照明灯泡 EL 已损坏，应更换。

3.3 磨床的电气控制

磨床是机械行业中广泛用以获得高精度、高质量加工表面的一种精密机床，它是以砂轮为刀具对工件的表面进行磨削加工，从而使工件表面的形状、精度和光洁度等都达到预期的工艺要求。

磨床种类很多，按用途可分为平面磨床、外圆磨床、内圆磨床、工具磨床以及专用磨床，如球面磨床、导轨磨床、齿轮磨床及螺纹磨床等，其中尤以平面磨床应用最为普遍。平面磨床又可分为卧轴矩台平面磨床、立轴矩台平面磨床、卧轴圆台平面磨床、立轴圆台平面磨床。本节以M7130型卧轴矩台平面磨床为例进行分析，其型号含义如图3-4所示。

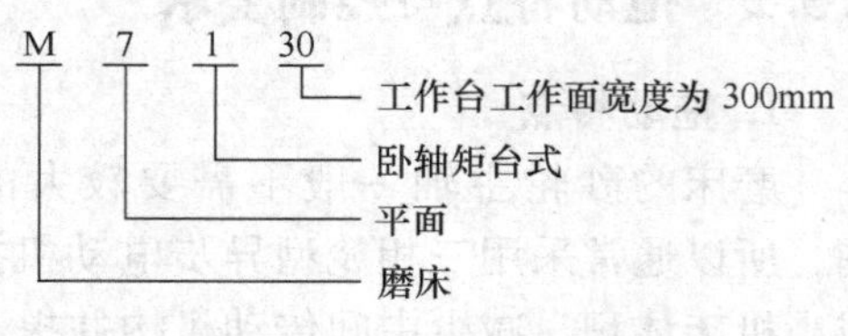

图3-4 M7130型卧轴矩台平面磨床型号含义

3.3.1 主要结构与运动形式

1. 主要结构与运动形式

平面磨床主要用于磨削各种工件上的平面，它可以用砂轮圆周进行磨削加工，此时砂轮主轴是水平的；也可以用砂轮端面进行磨削加工，而此时砂轮主轴是垂直的。M7130型卧轴矩台平面磨床是利用砂轮圆周进行磨削加工的磨床，其结构示意图如图3-5所示，主要由床身、工作台、电磁吸盘、砂轮箱（又称磨头）、滑座与立柱等部分组成。

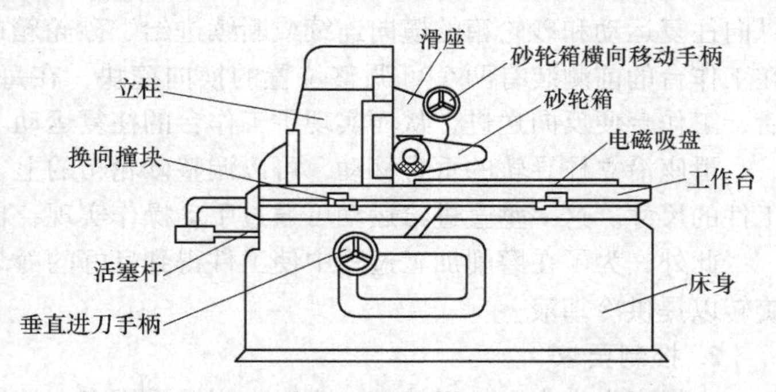

图3-5 M7130型卧轴矩台平面磨床结构示意图

平面磨床的主运动是砂轮的快速旋转运动，进给运动有工作台在床身水平导轨上的纵向往复运动、砂轮箱在滑座导轨上的横向进给运动和滑座在立柱导轨上的垂直运动。当工作台每完成一纵向行程时，砂轮箱横向进给一次，以使整个平面能得到连续地加工。当完成整个平面的加工后，砂轮在垂直于工件表面的方向作垂直向下进给，可将工件磨到所需尺寸。此外还有辅助运动，如砂轮箱的快速移动和工作台的调整运动等。

2. 电磁吸盘的结构与特点

电磁吸盘是平面磨床的重要组成部分，有矩形和圆形两种。它依靠电磁吸力来吸持工件进行磨削加工，与机械夹紧方式相比，具有操作简便、夹紧迅速、不损伤工件表面、能够同时吸持许多小工件，以及磨削加工中工件发热可自由伸缩、不会变形等优点。其不足之处是只能吸持导磁性材料如钢铁等，而对非导磁性材料的工件则没有吸持作用。此外，电磁吸盘的线圈只能通以直流电，不能通以交流电，因为交流电会使工件振动并产生涡流使铁心发热。

电磁吸盘的结构示意图如图 3-6 所示。整个吸盘体是一钢制的箱体，内部凸起的铁心上绕有线圈，钢质的盖板由非导磁性材料分割成许多条。线圈通电时，这许多钢条被磁化为 N 极和 S 极相间的一个个磁极。当工件放置在电磁吸盘上时，磁力线经被加工的工件形成闭合磁路（如图 3-6 中虚线所示）而将工件牢牢吸住。

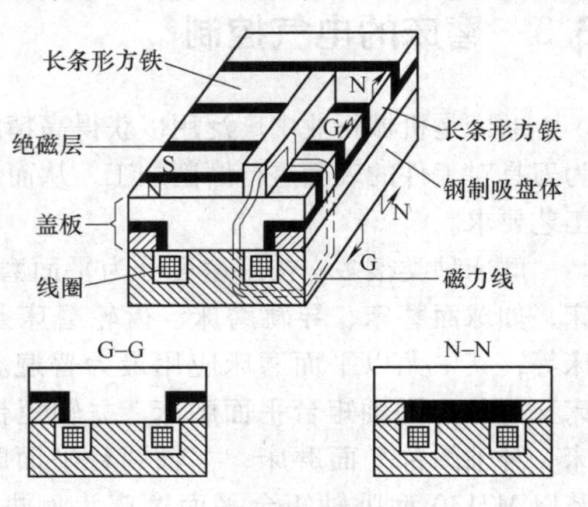

图 3-6　电磁吸盘结构示意图

3.3.2　拖动特点与控制要求

1. 拖动特点

磨床的砂轮主轴一般不需要较大的调速范围，所以通常采用三相笼型异步电动机拖动。为减小机床体积、减少中间传动机构并提高机床加工精度，采用装入式异步电动机直接拖动砂轮，这样电动机的转轴即为砂轮主轴。

平面磨床是一种精密机床，为保证加工精度采用了液压传动。这是因为液压传动实现无级调速方便，且换向时比较平稳，这点对于工作台纵向往复运动频繁，特别是加工短零件时尤为必要，所以平面磨床采用一台液压泵电动机拖动液压泵，经液压传动装置实现工作台的纵向往复运动和砂轮箱的横向连续或断续进给，砂轮箱的横向进给也可通过手动操作完成。在工作台的前测装有两个可调整位置的换向撞块，在每个撞块碰击床身上的液压换向开关后，工作台便反向送进，从而实现了工作台的往复运动。

滑座沿立柱导轨的垂直移动，可以调整砂轮箱的上下位置，以使砂轮磨入工件，并控制工件的尺寸。这一垂直进给运动可通过手动操作实现，也可通过电动机拖动实现。

此外，为了在磨削加工过程中使工件得到良好的冷却，设置有冷却泵电动机拖动冷却泵旋转以提供冷却液。

2. 控制要求

为提高生产率和加工精度，磨床中广泛采用多电动机拖动，以使磨床具有最简单的机械传动系统。因此，M7130 型平面磨床采用砂轮电动机、液压泵电动机和冷却泵电动机进行分别拖动，其主要控制要求如下。

1）砂轮主轴电动机、液压泵电动机和冷却泵电动机均只要求单方向运转。

2）冷却泵电动机随砂轮电动机同时起停，不需要冷却液时可单独断开冷却泵电动机。

3）应保证在使用电磁吸盘的正常工作状态，或不使用电磁吸盘的工作状态及调整状态下，都能起动机床各电动机。且必须保证只有电磁吸盘吸力足够大时，才能起动各拖动电动机。

4）电磁吸盘需具有上磁、去磁和放松的相关控制环节。

5）应具有必要的照明与信号指示。

6）电路应具有完善的保护环节。

3.3.3　磨床的电气控制

图 3-7 所示为 M7130 型卧轴矩台平面磨床电气原理图。

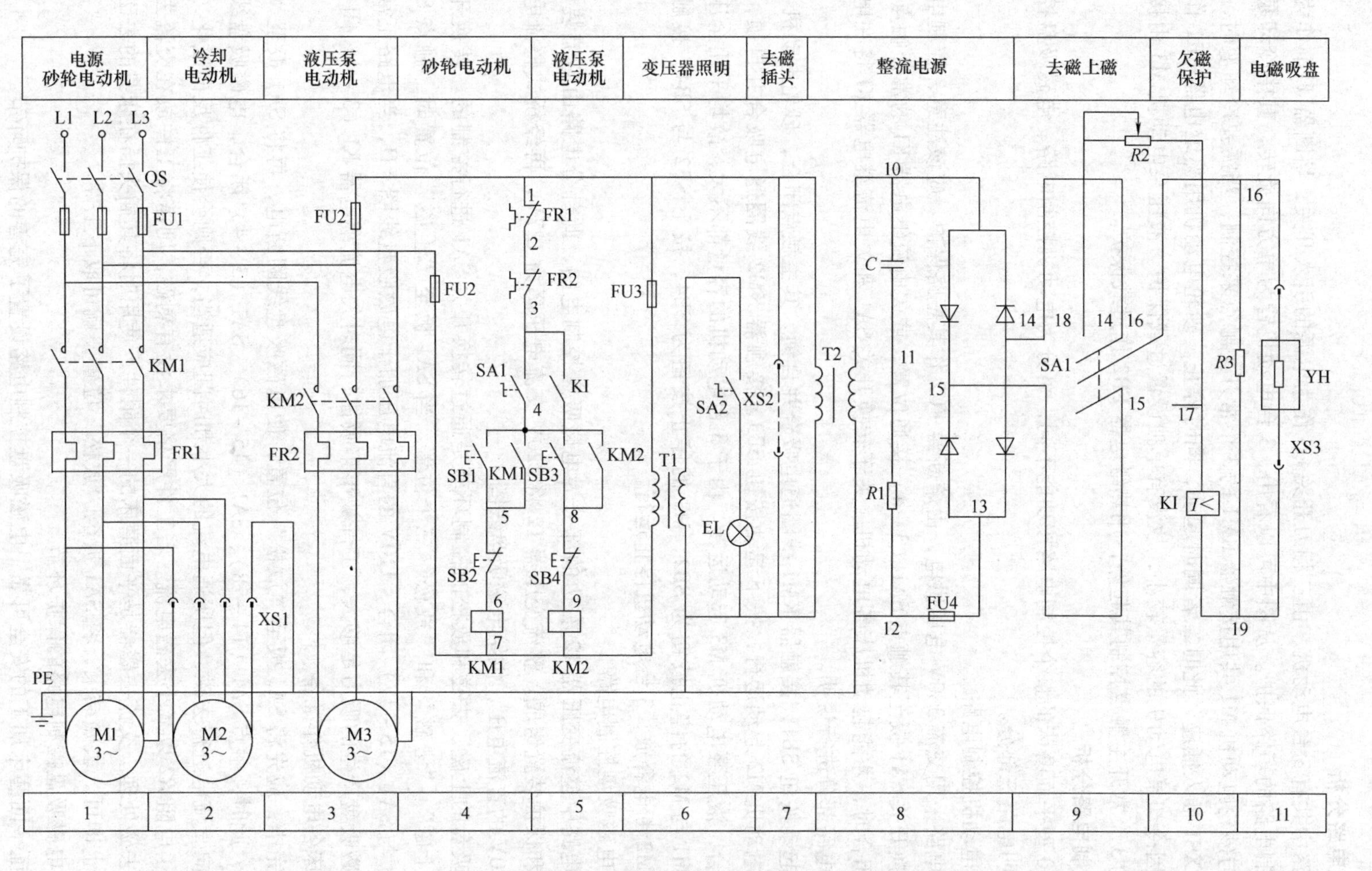

图 3-7 M7130 型卧轴矩台平面磨床电气原理图

1. 主电路分析

主电路中共有 3 台电动机，由三相刀开关 QS 作为电源的引入开关，熔断器 FU1 作为整个电气控制电路的短路保护。从图中可以看出，3 台电动机皆为单方向旋转，其中冷却泵电动机 M2 与砂轮电动机 M1 共用接触器 KM1 的 3 个常开主触点来控制，当需要冷却液时，可将插接器 XS1 插入插座，此时二者同时起动，同时停止。砂轮电动机用热继电器 FR1 作过载保护，因冷却泵电动机的容量较小，故没有单独设置过载保护。液压泵电动机 M3 由接触器 KM2 的 3 个常开主触点控制其起停，用热继电器 FR2 作过载保护。

2. 控制电路分析

M7130 型平面磨床的整个控制电路按功能不同，可分为电动机控制电路、电磁吸盘控制电路与照明电路三部分。

（1）电动机控制电路

控制电路采用交流 380V 电压供电，由熔断器 FU2 作其短路保护。应该注意，控制电路只有在转换开关 SA1 扳至其触点 SA1（3－4）接通位置，或欠电流继电器 KI 的常开触点 KI（3－4）闭合时，才能起动机床各电动机。关于转换开关 SA1 和欠电流继电器 KI 将在电磁吸盘控制电路部分进行说明。

按下起动按钮 SB1，接触器 KM1 线圈通电吸合并自锁，其主触点闭合，砂轮电动机 M1 与冷却泵电动机 M2 起动运行；按下起动按钮 SB3，接触器 KM2 线圈通电吸合并自锁，其主触点闭合，液压泵电动机 M3 起动运转。由于 3 台电动机的容量都不大，故均采用全压直接起动。M1 与 M2 的停止按钮为 SB2，M3 的停止按钮为 SB4，按下 SB2 与 SB4，接触器 KM1 与 KM2 断电释放，3 台电动机停止运行。

（2）电磁吸盘控制电路

控制电路中整流变压器 T2 右边的部分为电磁吸盘控制电路，此部分电路由整流装置、控制装置和保护装置组成。整流变压器 T2 将 220V 交流电压降为 127V，再经桥式整流电路转换为 110V 的直流电压，供给电磁吸盘线圈。

电磁吸盘的上磁、去磁和放松的控制环节是通过转换开关 SA1 进行控制的。转换开关 SA1 有“上磁”“去磁”和“放松”三个位置。当 SA1 扳至“上磁”位置时，触点 SA1（14－16）与 SA1（15－17）闭合，110V 的直流电压加于电磁吸盘线圈 YH，当电路正常工作时，电磁吸盘产生的吸力足够大，工件被牢牢吸住，同时欠电流继电器 KI（3－4）闭合，为起动机床各电动机作准备。

加工完毕，应先将 SA1 扳至“放松”位置，使电磁吸盘线圈断电，再将 SA1 扳至“去磁”位置，此时，触点 SA1（14－18）、SA1（15－16）、SA1（3－4）闭合，电磁吸盘线圈中通入反向直流电进行去磁，但所通电流的大小和时间应适当，否则会使工件反向磁化，电路中串入了电阻 $R2$ 以减小去磁电流。若工件严格要求没有剩磁，则需将工件放在交流去磁器上进行去磁处理。交流去磁器是平面磨床的一个附件，使用时将其插头插在床身的去磁器插座 XS2 上即可。去磁结束，将 SA1 扳至“放松”位置，就可取下工件。

（3）电磁吸盘控制电路的保护环节

为保证平面磨床加工的安全可靠，电磁吸盘控制电路设置了完善的保护环节。

1）电磁吸盘线圈的欠电流保护。转换开关 SA1 扳至“上磁”位置时，其触点 SA1

(3－4)为断开状态，此时由KI已闭合的常开触点KI（3－4）保持KM1和KM2线圈的通电状态。加工过程中，若电磁吸盘线圈断电或电流减小过多，则欠电流继电器KI释放，其触点KI（3－4）断开，使各电动机均停止运行，从而可以防止工件因吸力不足而被高速旋转的砂轮击出而造成的事故。此外，还可避免工件未被吸牢时误起动液压泵电动机而将工件甩出的危险。

如果不需要电磁吸盘，可将工件用机械方法直接固定在工作台上。此时，应将插接器XS3上的插头拔掉，转换开关SA1扳至“去磁”位置，其触点SA1（3－4）接通，各电动机就可以正常起动加工，或进行砂轮和工作台的调整。

2）电磁吸盘线圈YH的过电压保护。电磁吸盘线圈是一个大电感线圈，通电工作时，线圈中储存着大量的磁场能量。在断开电源的瞬间，将会在线圈两端产生很大的自感电动势而损坏线圈的绝缘，并在转换开关SA1上产生电弧，导致开关触点的损坏。为此，在电磁吸盘线圈两端并接了电阻*R*3，使得在电磁吸盘线圈断电瞬间，其所储存的能量通过放电电阻R_3而释放掉。

3）整流装置的过电压保护。交流电网的瞬时过电压或直流侧电路的通断，都会在变压器T2的二次侧产生高电压。为防止高电压对桥式整流元件的危害，在变压器T2的二次侧设置了电阻*R*1和电容*C*组成的阻容吸收装置。因为电容两端的电压不能突变，所以电容*C*的充电可以将尖峰电压吸收，为了防止电容与变压器二次侧的电感产生振荡，还在电容*C*的电路中串联了电阻*R*1。

4）电磁吸盘的短路保护。在整流变压器T2的二次侧设置了熔断器FU4，作为电磁吸盘电路的短路保护。

3. 照明电路

照明电路由照明变压器T1将380V的交流电压降为36V的安全电压供给照明灯EL。EL由转换开关SA2控制其通断，照明灯的一端可靠接地，熔断器FU3则作为照明电路的短路保护。

4. 电气元器件明细表

M7130型卧轴矩台平面磨床主要电气元器件明细表如表3-2所示。

表3-2　M7130型卧轴矩台平面磨床主要电气元器件明细表

符号	元器件名称	型　号	规　格	数量	作　用
M1	砂轮电动机	JO_2-31-2	3kW，2860r/min	1	砂轮转动
M2	冷却泵电动机	PB－25A	0.12kW	1	供给冷却液
M3	液压泵电动机	JO_2-21-4	1.1kW，1410r/min	1	液压泵传动
KM1	交流接触器	CJ0－10A	127V，10A	1	控制电动机M1、M2
KM2					控制电动机M3
SB1	按钮	LA2型	500V，5A	1	砂轮主轴起动
SB2					砂轮主轴停止
SB3					液压泵电动机起动
SB4					液压泵电动机停止

（续）

符号	元器件名称	型　号	规　格	数量	作　用
FR1	热继电器	JR10－10	6.71A	1	M1 过载保护
FR2			2.71A	1	M3 过载保护
T1	变压器	BK－200	380/127、36、6.3V		照明电路降压用
T2	变压器	BK－200	380/127、36、6.3V	1	降压整流
YH	电磁吸盘	HDXP	DC110V，1.45A	1	吸持工件
VC	硅整流器	4×2CZ11C	输入 AC127V，输出 DC110V	1	整流
KI	欠电流继电器			1	欠电流保护
C	电容		600W，5μF	1	放电保护
*R*1	电阻	GF 型	50W，500Ω	1	放电保护
*R*2	电位器				限制去磁电流
*R*3	电阻				放电保护
XS1	插头插座	CY_0－36 型		1	连接冷却泵电动机 M2
XS2				1	交流去磁器插座
XS3				1	连接电磁吸盘
FU1	熔断器	RL1	60/25A	3	总线路短路保护
FU2			15/2A	2	控制电路短路保护
FU3			15/2A	1	照明电路短路保护
FU4			15/2A	1	降压整流电路短路保护
SA1	转换开关	HZ		1	控制上磁与去磁
SA2				1	低压照明电路开关
EL	照明灯		36V，40W	1	工作照明

3.3.4　电气控制特点

提示与指导：

M7130 型平面磨床电气控制的最大特点是其电磁吸盘控制电路。电磁吸盘控制电路具有上磁、去磁和放松的控制环节，通过转换开关 SA1 进行控制，并且保证了在不使用电磁吸盘的工作状态或调整状态下，都能起动机床各电动机。此外，电磁吸盘控制电路还具有欠电流保护、过电压保护等完善的保护环节。

3.3.5　常见故障分析

1. 磨床中各电动机都不能起动

1）电源开关 QS 触点接触不良或接线松脱，应修复或更换。

2）主电路或控制电路熔断器 FU1、FU2 熔丝已熔断，应更换熔丝。

3）砂轮电动机或液压泵电动机过载，热继电器 FR1、FR2 已经动作，尚未复位。应查明故障原因后使其复位。

4）欠电流继电器 KI 的触点 KI（3－4）接触不良或接线松脱使控制电路不通。可将转换开关 SA1 扳到“上磁”位置，检查欠电流继电器的触点 KI（3－4）是否接通，不通则修理或更换。

5）转换开关 SA1 的触点 SA1（3－4）接触不良或接线松脱使控制电路断开。将转换开关 SA1 扳到“去磁”位置，拔掉电磁吸盘插头 XS3，检查 SA1 的触点 SA1（3－4）是否接通，不通则修理或更换。

2. 砂轮电动机的热保护继电器 FR1 脱扣

1）砂轮电动机前轴瓦磨损，电动机发生堵转而电流增大很多，使热继电器 FR1 动作。应修理或更换轴瓦。

2）砂轮进刀量太大，电动机发生堵转而电流增大很多，使热继电器 FR1 动作。因此应选择合适的进刀量。

3）更换后的热继电器规格与原来的不符或未进行调整，应根据砂轮电动机的额定电流选择和调整热继电器。

3. 冷却泵电动机不能起动

1）冷却泵的插座 XS1 已损坏，应修复或更换插座。

2）冷却泵电动机已损坏，应更换。

3）冷却泵电动机主电路相关连接导线松脱，应修复。

4. 液压泵电动机不能起动

1）液压泵电动机控制回路的相关接线松脱使控制电路断开。

2）液压泵电动机起动按钮 SB3、停止按钮 SB4 触点接触不良，应修复或更换。

3）接触器 KM2 线圈断路，应更换线圈或接触器。

4）液压泵电动机已损坏，应更换。

5. 电磁吸盘没有吸力

1）检查熔断器 FU1、FU2 或 FU4 熔丝是否熔断，若已熔断应更换熔丝。

2）检查插头插座 XS3 是否接触良好，若接触不良应修复。

3）电磁吸盘上磁线路有连接导线虚接或断线，应修复。

4）检查整流装置。如桥式整流装置两相邻的二极管发生断路，此时输出电压为零，则电磁吸盘没有吸力。如桥式整流装置两个相邻的二极管都烧成短路，短路的特征是短路的管子和整流变压器的温度都较高，输出电压为零。此两种情况均应更换整流二极管。

5）电磁吸盘线圈断开，应进行修理。

6）欠电流继电器 KI 的线圈断开，应进行修理或更换。

6. 电磁吸盘吸力不足

1）交流电源电压低，导致整流后的直流电压下降，致使电磁吸盘的吸力不足。

2）电磁吸盘线圈损坏，应修理或更换。

3）桥式整流装置元件损坏。如果整流桥一臂发生断路，则整流输出电压为正常值的一半，断路二极管和相对臂的二极管温度比其他两臂的二极管低。这一故障应更换整流二极管。

7. 电磁吸盘去磁后工件难以取下

1）“去磁”电路开路使工件没有去磁。应检查去磁电路连接导线及转换开关 SA1 接触是否良好，电阻 $R2$ 是否损坏。

2）去磁电压过高，应调整电阻 $R2$ 使去磁电压为 5 ~ 10V。

3）去磁时间过长或过短均会造成工件难以取下。不同材料的工件，所需去磁时间有所不同，应掌握好去磁时间。

3.4 钻床的电气控制

钻床是一种孔加工机床，用来对工件进行钻孔、扩孔、铰孔、镗孔及修刮端面、攻螺纹等多种加工。钻床的种类很多，其中以摇臂钻床应用最为普遍，在钻床中具有一定的典型性。摇臂钻床属于立式钻床，适用于单件或批量生产中带有多孔大型零件的孔加工。本节以 Z3040 型摇臂钻床为例进行分析，其型号含义如图 3-8 所示。

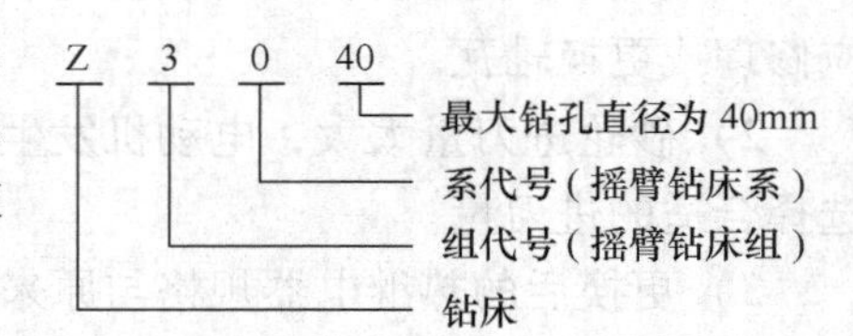

图 3-8 Z3040 型摇臂钻床型号含义

3.4.1 主要结构与运动形式

1. 主要结构

Z3040 型摇臂钻床的结构示意图如图 3-9 所示，主要由底座、内立柱、外立柱、摇臂、主轴箱、导轨、工作台等部分组成。内立柱固定在底座的一端，它外面套着空心的外立柱，外立柱可绕内立柱回转；摇臂的一端通过套筒套在外立柱上，借助于丝杆，摇臂可沿外立柱上下移动，但摇臂与外立柱之间不能相对转动，摇臂只能与外立柱一起沿内立柱做相对回转运动。主轴箱安装在摇臂上，可沿摇臂上的水平导轨做径向移动。

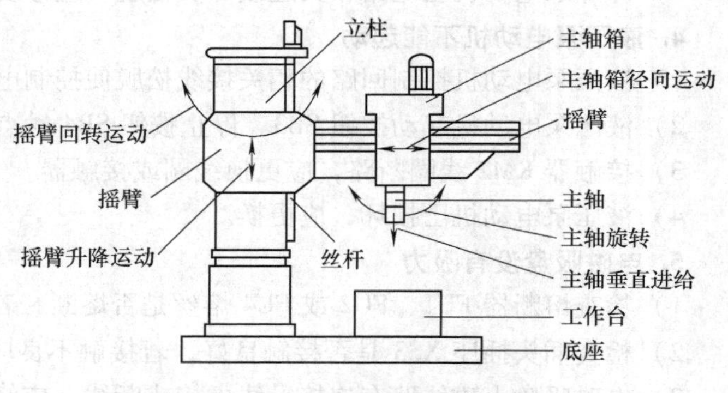

图 3-9 Z3040 型摇臂钻床结构示意图

2. 运动形式

摇臂钻床的主运动为主轴的旋转运动，进给运动为主轴的垂直移动，辅助运动为摇臂在外立柱上的升降运动、摇臂与外立柱一起相对于内立柱的回转运动、主轴箱在摇臂上的水平移动。辅助运动中各部件的移位运动皆用于实现主轴的对刀移位调整。

3. 液压系统工作原理

钻削加工时，摇臂应夹紧在外立柱上；外立柱应夹紧在内立柱上；主轴箱应夹紧在摇臂上。但各辅助运动进行之前，即摇臂升降之前、摇臂与外立柱一起相对于内立柱的回转运动之前、主轴箱在摇臂上水平移动之前，均需要先松开夹紧机构，调整到所需位置后再进行夹紧。摇臂、内外立柱和主轴箱的放松与夹紧可采用手柄机械操作、电气—机械装置、电气—液压装置或电气—液压—机械装置等控制方法实现，Z3040 型摇臂钻床是依靠液压推动松紧机构自动控制的。因此，需要一台液压泵电动机拖动高压油泵，用电磁阀控制油路。

（1）电磁阀

电磁阀又称为电磁换向阀，是利用电磁铁吸合时产生的推力使阀芯移动，以实现液流的通、断或流向的改变；断电时依靠弹簧力的作用复位。电磁阀的电信号由液压设备上的按钮、行程开关或其他电气元件发出，用以控制电磁阀线圈的通电或断电，从而实现执行元件的起动、停止或换向动作。

电磁阀的结构与原理示意图如图 3-10 所示，其结构主体是密闭的腔，在不同的位置开有通孔，每个孔通向不同方向的油管；腔中间是阀，阀可由电磁铁或弹簧带动产生运动。图 3-10a所示的断电状态，线圈中无电流，弹簧抵住活塞和推杆，使铁心处于线圈之外，高压油从孔 P 流入，经孔 B 进入油缸右侧，推动活塞向左运动，左腔的油则由孔 A 送至孔 T 排出；当线圈通电后，如图 3-10b 所示，铁心和串在一起的 3 个小活塞被吸向右侧，高压油从孔 P 流入孔 A，压力推动活塞向右运动，右腔的油经孔 B 送至孔 T 排出。

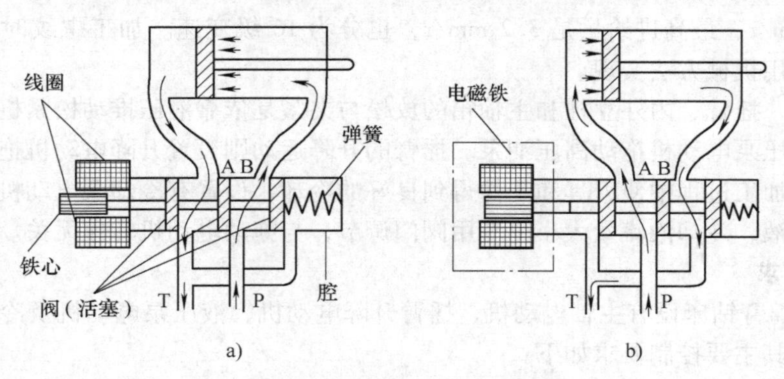

图 3-10 电磁阀结构与原理示意图

a）断电状态 b）通电状态

（2）夹紧机构液压系统工作原理

摇臂、内外立柱和主轴箱的放松与夹紧是由液压泵电动机拖动高压油泵送出压力油，推动活塞和菱形块实现的。其中内外立柱和主轴箱的放松与夹紧由一条油路控制，而摇臂的放松与夹紧因需要和摇臂升降运动构成自动控制，故由另一条油路控制，这两条油路均由电磁阀操纵。

夹紧机构液压系统工作示意图如图 3-11 所示，由液压泵电动机 M3 拖动液压泵 YB 送出压力油，由电磁铁 YA 和两位六通液压阀 HF 组成的电磁阀分配油压供给各夹紧机构。当电磁铁线圈 YA 不通电时，HF 的

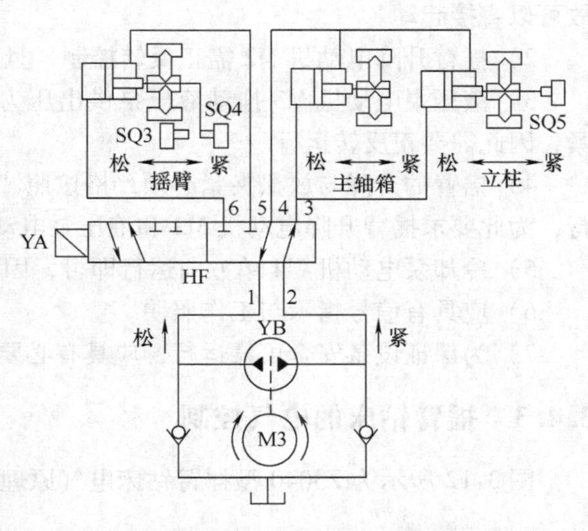

图 3-11 夹紧机构液压系统工作示意图

(1－4)与（2－3）相通，压力油供给立柱和主轴箱夹紧机构，如 M3 正转，则使两夹紧机构放松，同时微动开关 SQ5 释放；否则，两夹紧机构夹紧，同时压下 SQ5。

当 YA 通电时，HF 的（1－6）与（2－5）相通，压力油供给摇臂夹紧机构，M3 正转会使摇臂夹紧机构放松，同时压下微动开关 SQ3；而 M3 反转则会使摇臂夹紧机构夹紧，同时压下微动开关 SQ4。可见，操纵哪一个夹紧机构放松或夹紧，不仅决定于 YA 线圈是否通电，而且还决定于 M3 的旋转方向。

3.4.2 拖动特点与控制要求

1. 拖动特点

摇臂钻床的运动部件较多，为简化传动装置采用多电动机拖动。

摇臂钻床钻头即主轴的旋转与钻头的进给是由 1 台电动机拖动的。由于多种加工形式的要求，对主拖动电动机要求有较大的调速范围，一般采用三相笼型异步电动机拖动，用变速箱改变主轴的转速和进刀量，即用机械方法调速。该机床主轴的调速范围为 80，正转最低转速为 25r/min，最高转速为 2000 r/min，分 16 级变速；进给运动的调速范围是 80，最低进给量是 0.04mm/r，最高进给量是 3.2 mm/r，也分为 16 级变速。加工螺纹时，要求主轴能正反转，多采用机械方法实现。

如前所述，摇臂、内外立柱和主轴箱的放松与夹紧是依靠液压推动松紧机构实现的，因此设置一台液压泵电动机拖动高压油泵。摇臂的升降运动则设置升降电动机拖动实现。

为在钻削加工过程中使刀具和工件得到良好的冷却，设置有冷却泵电动机拖动冷却泵旋转以提供冷却液，冷却液流量大小由专用阀门调节，与拖动电动机转速无关。

2. 控制要求

Z3040 型摇臂钻床设有主轴电动机、摇臂升降电动机、液压泵电动机及冷却泵电动机进行分别拖动，其主要控制要求如下：

1）主轴电动机 M1 为单向运行，在加工螺纹时，主轴需要正反转。主轴的正反转由正反转摩擦离合器来实现，主轴电动机 M1 只需单方向旋转，主轴电动机 M1 的容量为 5.5kW，故可以直接起动。

2）摇臂升降电动机 M2 需正反转控制，且应为点动控制，以方便操作。

3）液压泵电动机 M3 拖动液压泵供出压力油，以实现立柱、摇臂及主轴箱的放松与夹紧，因此需要正反转运行。

4）摇臂的升降与放松夹紧必须严格按照“摇臂放松→摇臂升降→摇臂夹紧”的顺序进行，为此要求摇臂升降电动机 M2 和液压泵电动机 M3 按要求顺序起动工作。

5）冷却泵电动机 M4 单方向运行即可，因其容量较小，可用开关直接控制。

6）应具有信号指示与工作照明。

7）为保证设备安全可靠运行，应具有必要的保护。

3.4.3 摇臂钻床的电气控制

图 3-12 所示为 Z3040 型摇臂钻床电气原理图。

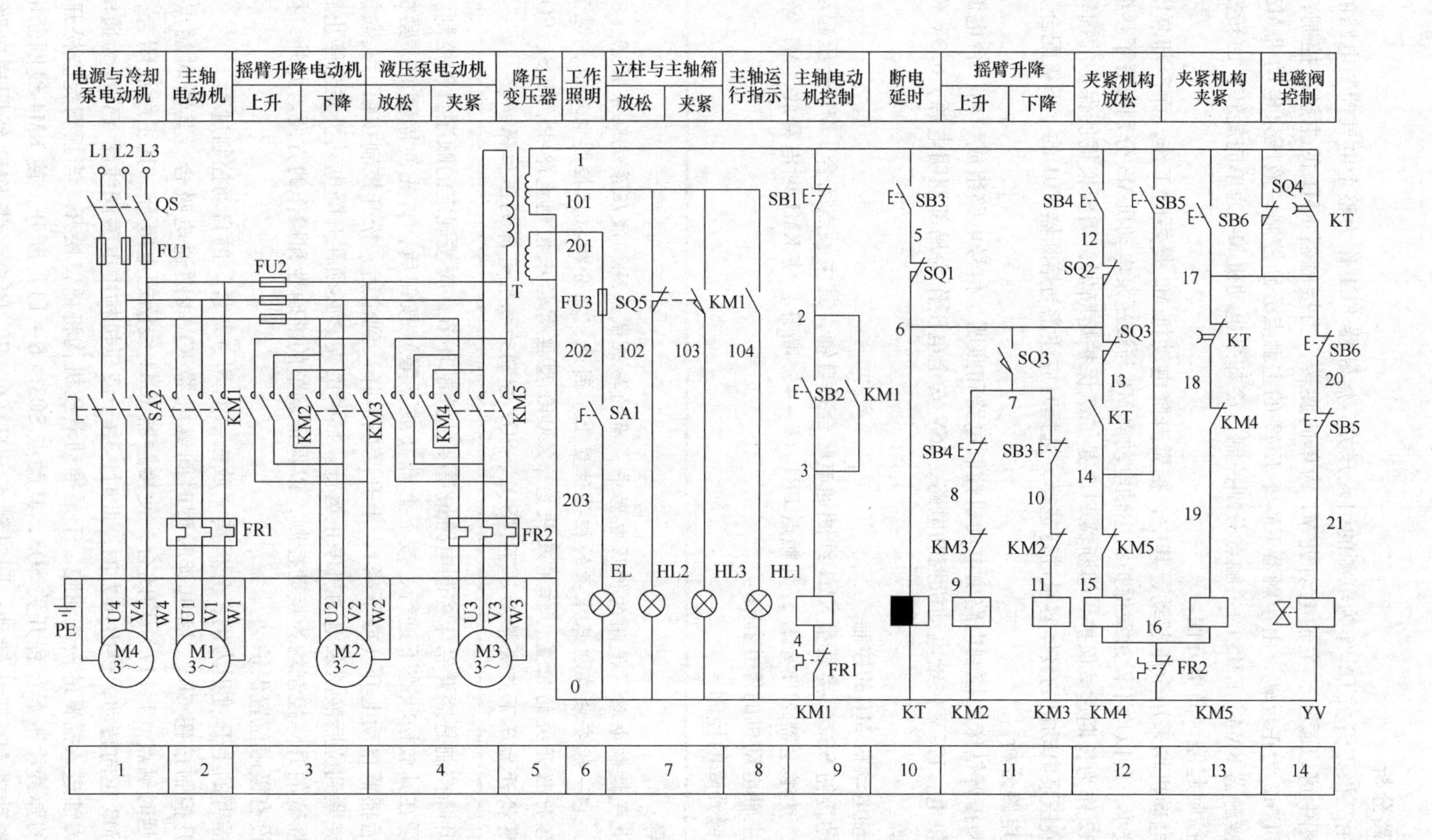

图 3-12　Z3040 型摇臂钻床电气原理图

1. 主电路分析

主电路由三极刀开关 QS 作为电源的引入开关，熔断器 FU1 作为整个电气控制电路的短路保护。从图中可以看出，主轴电动机 M1 为单向旋转，由接触器 KM1 的主触点控制；摇臂升降电动机 M2 为正反转，由接触器 KM2、KM3 的主触点分别控制，液压泵电动机 M3 的正反转则由接触器 KM4、KM5 的主触点分别控制，冷却泵电动机 M4 为单向旋转，由转换开关 SA2 直接控制起停，简单方便。

各拖动电动机均采用全压起动，其中，摇臂升降电动机 M2 是短时工作，而冷却泵电动机 M4 容量较小，所以均不设过载保护；主轴电动机 M1 与液压泵电动机 M3 分别设置了热继电器 FR1 与 FR2 作为长期过载保护。熔断器 FU2 是二级保护熔断器，需要根据所保护的摇臂升降电动机和液压泵电动机的具体容量进行选择，选择时应注意与熔断器 FU1 的上下级配合。

2. 控制电路分析

Z3040 型摇臂钻床的控制电路由电动机控制电路和照明、信号电路组成，由一台电源变压器 T 降压供电，127V 供给电动机控制电路，36V 安全电压作为局部照明电源，6.3V 作为信号指示电源。

（1）主轴电动机 M1 的控制

按下起动按钮 SB2，接触器 KM1 线圈通电吸合并自锁，其主触点闭合，M1 全压起动运行。过载时，热继电器 FR1 动作，其触点 FR1（0－4）断开，使 KM1 断电释放，M1 停转。按钮 SB1 为主轴电动机的停止按钮。

（2）摇臂升降的控制

提示与指导：

机床电气控制电路所使用的低压电器中，有的与机械系统、液压系统联系紧密，如行程开关，它一般安装在机床床身的相关位置上。因此，在分析机床控制电路前，应了解电路中各行程开关的位置、作用及状态。Z3040 型摇臂钻床控制电路中，SQ3、SQ4 分别为摇臂松开后压下与夹紧后压下；SQ1、SQ2 分别为摇臂升降的限位保护。

摇臂的升降控制是摇臂钻床控制电路最重要的控制环节，应按规定的顺序自动控制。摇臂的升降必须在其放松状态下进行，按下上升（或下降）按钮后，首先使摇臂的夹紧机构放松，放松后摇臂自动上升（或下降），上升（或下降）到位后，松开控制按钮，夹紧机构自动夹紧，夹紧到位后液压泵电动机停止运行。摇臂的夹紧必须在升降电动机完全停止后才能进行，且摇臂的升降控制均为点动控制，以保证调整的准确性和操作的方便。此外，摇臂的升降还应设有极限位置保护。

下面以摇臂的上升过程为例，分析其“放松→上升→夹紧”的自动控制过程。

按下上升控制按钮 SB3，断电延时型时间继电器 KT 线圈通电吸合，其瞬时触点 KT（13－14）与延时触点（1－17）均闭合，使接触器 KM4 线圈通电吸合，其主触点闭合，液压泵电动机 M3 正向转动，供出压力油，此时，由于液压机构中电磁阀线圈 YV 也为通电状态，保证压力油进入摇臂的松开油腔，于是推动液压机构将摇臂松开。当摇臂完全松开后，液压机构中的弹簧片压下行程开关 SQ3，其触点 SQ3（6－13）断开，使 KM4 线圈断电释放，液压泵电动机 M3 停止转动；同时触点 SQ3（6－7）闭合，使 KM2 线圈通电吸合，

KM2 主触点闭合，升降电动机 M2 正转起动，拖动摇臂上升。

当摇臂上升到所需位置时，松开上升按钮 SB3，KT 与 KM2 线圈均断电释放，电动机 M2 停转，摇臂停止上升，同时 KT 断电开始延时，延时 1～3s 后触点 KT（17－18）闭合，接触器 KM5 线圈通电吸合，KM5 主触点闭合，主电路中液压泵电动机 M3 反转，供出压力油，由于行程开关 SQ4 为摇臂夹紧后压下，此时其触点 SQ4（1－17）为闭合状态，使电磁阀线圈 YV 也为通电状态，保证了压力油进入摇臂的夹紧油腔，于是推动液压机构将摇臂夹紧。摇臂完全夹紧后，液压机构中弹簧片压下行程开关 SQ4，其触点 SQ4（1－17）断开，使 KM5 线圈断电释放，液压泵电动机 M3 停止转动。如此，完成了摇臂先松开，后上升，再夹紧的全部自动控制过程。

摇臂下降时，需按下控制按钮 SB4，其“放松→下降→夹紧”的自动控制过程与摇臂上升的控制类似，此处不再赘述，请读者自行分析。

（3）立柱与主轴箱放松与夹紧的控制

立柱与主轴箱的放松与夹紧是同时进行的，均采用液压传动，但此时要求电磁阀线圈 YV 为断电状态。按下松开按钮 SB5，接触器 KM4 线圈通电吸合，液压泵电动机 M3 正向起动，供出压力油，此时由于 SB5 的互锁触点 SB5（20－21）断开，使电磁阀线圈 YV 不能通电，所以压力油只进入立柱与主轴箱的松开油腔，推动液压机构使立柱与主轴箱松开。当立柱与主轴箱松开后，可用手动操作使主轴箱在摇臂上水平移动，或推动摇臂与外立柱一起相对于内立柱转动。移动到所需位置后，按下夹紧按钮 SB6，接触器 KM5 线圈通电吸合，使液压泵电动机 M3 反向起动，供出压力油，此时由于电磁阀线圈 YV 不能通电，所以压力油只进入立柱与主轴箱的夹紧油腔，推动液压机构使立柱与主轴箱重新夹紧。

摇臂升降电动机 M2 和液压泵电动机 M3 均是短时工作，所以都采用了点动控制。

（4）联锁保护环节

Z3040 型摇臂钻床的电气控制电路中，有很多联锁保护环节，特别是摇臂升降控制中的联锁保护，有效确保了操作和设备的安全。

1）用行程开关 SQ3 保证摇臂先松开，然后才允许升降电动机工作，以免在摇臂夹紧的状态下起动升降电动机，造成升降电动机电流过大。

2）用时间继电器 KT 确保升降电动机断电并完全停转后，夹紧装置才能动作，以免在升降电动机旋转时进行夹紧，造成夹紧机构的过度磨损。

3）用行程开关 SQ1 和 SQ2 做为摇臂升降的限位保护开关，保证摇臂在安全区域内升降。当摇臂上升或下降至极限位置时，行程开关 SQ1 和 SQ2 相应地被压下，触点 SQ1（5－6）或 SQ2（6－12）断开，分别切断接触器 KM2 和 KM3，可以及时使升降电动机断电，从而停止摇臂的上升和下降。

4）为摇臂升降电动机 M2 的正反转控制接触器设置了电气和机械双重互锁。

5）液压泵电动机 M3 虽为短时运行，亦采用热继电器 FR2 作为过载保护。因为如果行程开关 SQ4 位置调整不当，夹紧后仍不动作，则会使液压泵电动机长期过载而损坏电动机。

3. 照明与信号电路

机床照明电路由转换开关 SA1 控制照明灯 EL，并设置有熔断器 FU3 的短路保护。同时，机床还具有信号灯指示装置，HL1 为主轴电动机运行指示，HL2 由行程开关 SQ5 的常闭触点控制，为立柱与主轴箱的放松指示，HL3 由 SQ5 的常开触点控制，则为夹紧指示。

4. 电气元器件明细表

Z3040型摇臂钻床主要电气元器件明细表如表3-3所示。

表3-3 Z3040型摇臂钻床主要电气元器件明细表

符号	元器件名称	型　号	规　格	数量	作　用
M1	主轴电动机	JO2-42-4	5.5kW，1440r/min	1	拖动主轴运行
M2	摇臂升降电动机	JO2-22-4	1.5kW，1410r/min	1	拖动摇臂升降
M3	液压泵电动机	JO2-21-6	0.8kW，930r/min	1	松紧机构加紧与放松
M4	冷却泵电动机	JCB-22-2	0.125kW，2790r/min	1	供给冷却液
KM1	交流接触器	CJ0-20	20A，线圈电压127V	1	控制主轴电动机
KM2	交流接触器	CJ0-10	10A，线圈电压127V	1	控制摇臂上升
KM3	交流接触器	CJ0-10	10A，线圈电压127V	1	控制摇臂下降
KM4	交流接触器	CJ0-10	10A，线圈电压127V	1	夹紧机构放松
KM5	交流接触器	CJ0-10	10A，线圈电压127V	1	夹紧机构夹紧
KT	时间继电器	JJSK2-4	线圈电压127V，50Hz	1	1~3s的断电延时
FU1	熔断器	RL1型	60/25A	3	电源总短路保护
FU2	熔断器	RL1型	15/10A	3	M3、M2短路保护
FU3	熔断器	RL1型	15/2A	2	照明电路短路保护
FR1	热继电器	JR2-1	11.1A	1	主轴电动机M1过载保护
FR2	热继电器	JR2-1	1.6A	1	液压泵电动机过载保护
YU	电磁阀	MFJ1-3	线电压圈127V，50Hz	1	摇臂升降时放松与夹紧用
QS	转换开关	HZ2-25/3	25A	1	电源总开关
SA1	转换开关	KZ型灯架	带开关	1	控制照明灯EL
SA2	转换开关	HZ2-10/3	10A	1	控制冷却泵电动机M4
SQ1	行程开关	HZ4-22型		1	摇臂上升限位开关
SQ2	行程开关	LX5-11Q/1型		1	摇臂下降限位开关
SQ3	行程开关	LX5-11Q/1型		1	摇臂松开后压下
SQ4	行程开关	LX5-11Q/1型		1	摇臂夹紧后压下
SQ5	行程开关	LX5-11Q/1型		1	立柱与主轴箱夹紧后压下
SB1	按钮	LA2型	5A	1	主轴停止按钮
SB2	按钮	LA2型	5A	1	主轴起动按钮
SB3	按钮	LA2型	5A	1	摇臂上升按钮
SB4	按钮	LA2型	5A	1	摇臂下降按钮
SB5	按钮	LA2型	5A	1	主轴箱和立柱松开按钮
SB6	按钮	LA2型	5A	1	主轴箱和立柱加紧按钮
T	控制变压器	BK-150	380/127、36、6.3V	1	控制电路的低压电源
EL	照明灯泡		36V，40W	1	机床局部照明

3.4.4 电气控制特点

提示与指导：

摇臂钻床电气控制的最大特点是摇臂的控制，摇臂的“放松→升降→夹紧”的自动控制是机械、液压、电气三者的联合控制，行程开关 SQ3 与 SQ4 作为机械、液压、电气三者的有效联结，是这一控制过程自动切换的关键。在分析其他机床电气控制电路时，也应特别注意理解各行程开关在控制电路中的作用。

Z3040 型摇臂钻床的电气控制电路中，除短路保护、过载保护、失电压欠电压保护、限位保护外，还有很多联锁保护环节，保证了设备的安全可靠运行。

3.4.5 常见故障分析

Z3040 型摇臂钻床主轴电动机控制电路与 CA6140 型卧式车床主轴电动机控制电路基本相同，其主轴电动机不能起停、不能自锁等故障的分析排查可参考车床的相关内容。

摇臂钻床电气控制的主要特点是机械、液压、电气三者的联合控制，集中体现在摇臂升降的自动控制中，下面仅分析摇臂升降中的常见故障。

摇臂升降中的故障可能是电气控制系统的故障，可能是液压传动系统的故障，也可能是机械部分的故障，在维修时应正确判断。

1. 摇臂不能升降

1）三相交流电源相序接反，使液压泵电动机 M3 不是正转而是反转，摇臂不是松开而是夹紧，故不能压下行程开关 SQ3，使摇臂不能升降。应重接电源相序。

2）行程开关 SQ3 安装位置不当或长期动作后发生移动，使摇臂松开后没有压下 SQ3。应重新调整好 SQ3 位置。

3）液压系统发生故障，摇臂不能完全松开。应检查并修复液压系统。

4）摇臂升降电动机 M2 不能起动。可能是接触器 KM2 或 KM 3 的线圈烧坏、触点接触不良、电路相关导线松脱或虚接，应修复或更换接触器、并检查确保相关电路各导线及触点接触良好。

5）摇臂升降电动机 M2 出现故障，应修复或更换电动机。

2. 摇臂升降后不能夹紧

1）时间继电器 KT 损坏，其延时常闭触点不能复位，使接触器 KM5 无法通电吸合，因而无法完成夹紧操作。应修理或更换时间继电器。

2）行程开关 SQ4 位置不准确，在尚未充分夹紧之前就动作，使液压电动机 M3 过早停转。应定期调整 SQ4 的位置，故障便可排除。

3）接触器 KM5 线圈电路及其主电路相关导线松脱或虚接，应检查修复。

4）液压系统发生故障。应检查并修复液压系统。

3.5 电路故障的检查与处理

电气控制电路在运行过程中，由于诸多因素，电路故障的出现不可避免。了解故障的现象、分析故障可能产生的原因，判断故障电路及故障点，并及时排除故障，是电气技术人员应该掌握的一项十分重要的技能。

3.5.1 常见电气故障及诊断步骤

1. 常见电气故障

各种电路或电气故障中出现最多的是断路故障，包括导线断路、虚连、松动、触点接触不良、虚焊及熔断器熔断等。断路故障产生的原因，一般多是由于开关触点接触不良、接头压接不牢出现松脱现象、导线被割伤或在转角处反复折绕使线芯折断、负荷电流过大致使保护电器动作等。断路故障出现以后，电路中没有电流通过，电源电压全部降落在断路点两端，因而可通过测量断路点的电压判断故障点；而断路点两端的电阻为无穷大，其他各段电阻近似为零，负载两端的电阻则为一定值，因而还可通过测量断路点的电阻判断故障点。

短路故障的发生少于断路故障，主要包括电源间短路和电器触点间短路，大多由于接线不规范、接线错误、元器件老化或检修时掉进导电杂物等所致。短路故障的显著特点是故障电路电流急剧增大，熔断器熔体熔断或断路器跳闸，而短路点有明显的烧痕，绝缘层炭化、烧焦，导线烧断等现象。短路故障发生后，一般不能再直接通电检查。因此，常用万用表“欧姆档”测定短路回路电阻的方法进行故障查找。

此外，常见的电气故障还有电动机过热、过电压或欠电压、相序错乱等。

2. 控制系统电气故障诊断的一般步骤

1）首先进行故障调查。可以通过询问有关人员，了解故障发生前的征兆和故障发生时的异常现象。如故障发生的时机，偶发故障还是经常性故障；是否有冒烟并伴随焦糊等异常气味；电气设备工作时有无异响等。

2）其次进行设备检查。检查有关设备及元器件的连接部位是否松动，熔断器的熔体是否熔断，热继电器是否动作，电气元器件有无发热、烧毁、触点熔焊等现象，从而初步判定简单故障的部位及元器件。对较为复杂的故障，也可确定故障的大致范围。

3）最后进行仪表检查。要准确判定故障点，还需要充分利用仪器仪表，并结合电气原理图进一步的检查、分析与判断，常用的方法有电阻法、电压法和短接法等。

需要注意，仪表检查首选电阻测量法，如断电检查难以确定故障点位置，也可以使用通电检查的电压测量法进行故障排除，但必须在确定无安全问题、且不会对机床造成更大程度损坏的情况下可以再次通电检查，还可以进行相关操作对故障现象进行直观了解。而如果机床处于再次通电可能产生火花、掉闸、运动部脱落或撞击机床本体等危害机床、外围电路或操作人员人身安全时，在故障排除前不得再次通电。

提示与指导：

生产机械往往是机械、液压、电气三者的有机结合，其中电气部分起着中枢指挥和联结纽带的作用。如机械或液压装置的相关部件发生故障，电气部分发出的指令就不能执行到位，也不能得到反馈信号，而造成设备不能正常运行。因此，故障排查时应特别注意机械或液压故障的特征、表现及与电气部分的关系。

3.5.2 电阻测量法

1. 电阻测量法的一般步骤与内容

电阻测量法是在电气控制电路不通电时，用手模拟电器的操作动作，用万用表的“欧姆档”测量电路通断情况的检查方法。该方法是在完成电气设备安装接线或设备维修后首先采用的方法。应在了解电气控制原理的基础上，根据原理图、接线图以及初步确定的故障范围选择合适的测量点。具体检查步骤与内容如下：

1）首先检查主电路。

断开电源开关后，取下控制电路中熔断器的熔体，断开控制电路，用万用表检查以下内容：主电路不带负荷（电动机）时相间绝缘情况；用手按下接触器主触点支架，检查其主触点动作的可靠性；正反转控制电路的电源换相线路及热继电器热元件是否良好等。

2）其次检查控制电路。

在断开电源开关后进行，主要检查内容有：控制电路的各个控制环节及自锁、联锁的动作情况及可靠性；与设备的运动部件联动的元件，如行程开关、速度继电器等的动作正确性与可靠性；保护电器动作的准确性等。

2. 分段电阻测量法

使用电阻测量法检查电路故障时可分为分段测量法和分阶测量法。

分段电阻测量法示意图如图 3-13 所示。检查时，必须首先断开电源，把万用表拨至（$R\times1$）电阻档，然后再逐段测量各相邻标号两点间的电阻，其中测量点 3-4 时需分别按下按钮 SB2 或接触器 KM 主触点支架。除点 5-6 外，若测得某两点间电阻无穷大，则说明该触点接触不良或导线断路；若测得点 5-6 间的电阻为无穷大，则说明 KM 线圈断线或接线脱落；若测得点 5-6 间的电阻为接近于零，则说明线圈可能短路，此种情况下，如按下 SB2 则会造成电源短路的故障；如测量时未经手动操作按钮 SB2 或接触器 KM 主触点架，点3-4间电阻显示为零，则说明点 3-4 间短路，此时如合闸电源开关，则接触器 KM 会直接通电吸合。

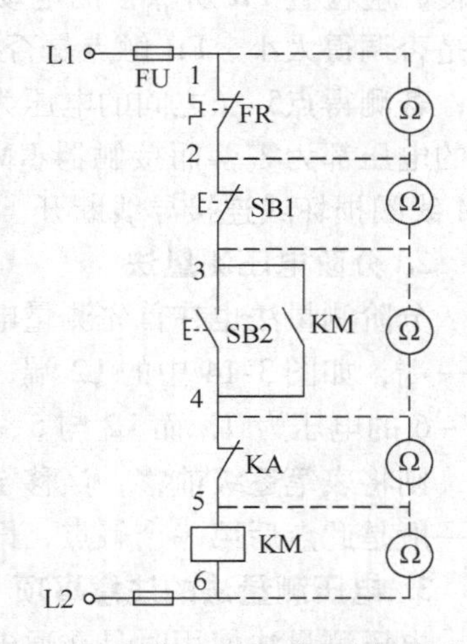

图 3-13 分段电阻测量法示意图

3. 分阶电阻测量法

检查时先断开电源，按下按钮 SB2 或接触器 KM 主触点支架不放，用万用表电阻档测量 1-6 两点间电阻，若电阻为无穷大则说明电路断路；再分别测量点 1 与 2、3、4、5 各点间电阻，若测至某点电阻突然增大，则说明表笔刚跨过的触点或导线接触不良或断路；如点 1 与 2、3、4、5 各点间电阻均为零，则判断为 KM 线圈断线或两端导线接触不良。

4. 电阻测量法的注意事项

电阻测量法的优点是操作安全，缺点是测量电阻值不准确时容易造成判断错误。必须注意，使用该方法检查电路故障时一定要断开电路电源，否则会烧坏万用表；所测电路如并联了其他电路，所测电阻值就不准确，易产生误导，因此，测量时必须将被测电路与其他并联电路断开；最后应注意一定要选好万用表的量程，测量高电阻器件万用表要扳至适当档位，测量触点或连接导线时，万用表要扳至 $R\times1$ 档位，以防止仪表误差造成误判。

3.5.3 电压测量法

电压测量法是根据电压值判断电器元件和电路故障的方法，检查时需将万用表旋至交流电压 500V 档位，电压测量法在具体使用时也可分为分段测量法和分阶测量法。

1. 分段电压测量法

分段电压测量法示意图如图 3-14 所示。首先测量 1－6 两点间电压，如电压为 380V，说明电源电压正常。然后逐段测量各相邻标号两点间的电压，如电路正常工作时，除 5－6 两点电压为 380V 外，其他任意相邻两点间的电压都应为零；若测得某相邻两点间电压为 380V，则说明该两点所包含的触点及连接导线接触不良或断路，如点 1－2 之间的电压为 380V，则说明热继电器 FR 的触点已动作或接触不良，应检查 FR 所保护的电动机是否过载、FR 的整定电流是否调得太小、FR 触点是否接触不良，或是连接导线松脱；若测得点5－6之间的电压为 380V，其他任意相邻两点间的电压都为零，而接触器 KM 不吸合，则可判定故障是 KM 线圈损坏或连接导线断开。

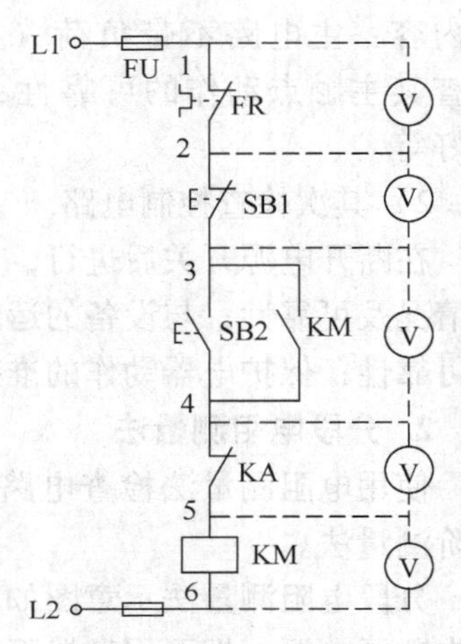

图 3-14　分段电压测量法示意图

2. 分阶电压测量法

分阶测量法也在首先测量电源电压正常的情况下，将万用表的一根表笔固定在电路电源的一端，如图 3-14 中的 L2 端，另一根表笔依次接到 6、5、4、3、2、1 各点。电路正常时，L2－6 的电压为 0，而 L2 与 5、4、3、2、1 各点之间的电压均为 380V；如测量至某点无电压，则将表笔逐级前移，当移至某点电压读数正常时，说明该点以前的触点或接线完好，故障一般是此点后第一个触点，即刚刚跨过的触点或连线断路。

3. 电压测量法的注意事项

电压测量法使用时是在通电的情况下进行的，因此，应特别注意操作安全；测量时万用表要扳至适当电压档位；分段或分阶测量到接触器线圈或其他用电器两端时，如电压等于电源电压，可判断为电路正常；如接触器仍不吸合，则说明是接触器本身故障。

故障检修，安全第一。在条件允许的情况下，一般不要带电作业。必须进行带电作业时，应保证作业范围内的电气回路，必须在漏电断路器的保护范围之内，且工作时必须设专人监护；操作人员应戴绝缘手套，着长袖衣裤，穿电工绝缘鞋，使用有绝缘手柄的工具，站在干燥的绝缘物上进行工作；并且带电作业时要严格按照相关操作规程进行操作，以确保人员与设备的安全。

3.6 技能训练

3.6.1 M7120 型平面磨床电气图识读与故障排查

1. 实训目的

1）了解 M7120 型平面磨床的主要结构、运动形式、拖动特点及控制要求。

2）掌握机床电气控制电路的分析方法，正确分析 M7120 型平面磨床的电气控制电路。

3）了解机床电气控制电路中相同控制要求的不同实现方法。

4）掌握使用基本电工工具分析和排查机床电气控制电路故障的基本方法。

2. 实训准备

1）完成 3.3 节 M7130 型平面磨床电气控制的学习后，总结其控制特点，填写表 3-4 中 M7130 型平面磨床部分的各相关内容，作为本节技能训练的前期准备工作。

2）M7120 型卧轴矩台平面磨床与 M7130 型平面磨床的结构型式、主要运动基本相同，拖动电动机则增加了一台砂轮升降电动机，利用电动机的正反转拖动砂轮的升降运动；电磁吸盘电路“上磁”与“去磁”控制的设计采用了不同方法；还增加了信号指示电路。

M7120 型卧轴矩台平面磨床电气原理图如图 3-15 所示，本实训前应对其进行初步的预习。

3）电器元件、工具及测量仪表准备，包括 M7120 型平面磨床电气控制电路板、一字螺钉旋具、十字螺钉旋具、尖嘴钳、偏口钳、剥线钳、压线钳、端子、万用表等。

3. 实训内容

1）M7120 型平面磨床的电气识图。

2）M7120 型平面磨床指定控制环节的通电运行控制。

3）M7120 型平面磨床电气控制电路电气故障的分析与排查。

4. 步骤与要求

1）电气原理图分析。分析 M7120 型平面磨床电气原理图中各电动机及其控制电路的控制过程，掌握各电动机的起动条件和电路中的各种联锁关系，掌握电磁吸盘的控制及保护环节，并填写表 3-4 中 M7120 型与 M7130 型平面磨床部分的各相关内容。

2）电路控制操作。对照 M7120 型平面磨床电气原理图，熟悉各电气元器件在电气控制板上的相应位置，并根据要求正确进行相应控制环节的起停或切换控制等。

3）故障设置。在能够正常工作的 M7120 型平面磨床的电气控制板上人为设置若干个隐蔽的电气故障点，进行故障分析排查训练。电气故障设置可参考表 3-5 所示内容，故障现象所涉及区域内的各相关点均可设置为故障点。

4）按照正确步骤进行故障分析与排查。首先应进行故障调查，并根据故障现象，结合电气原理图对可能造成此故障现象的区域或点位进行初步判断；其次使用电工工具仪表对实际电路中预判故障点或区域进行针对性的检查确认；再次在断电的情况下修复排除故障点，并使用工具仪表对已排除故障的电路进行安全性及功能检测；最后在确认电路故障已排除后，对机床进行通电运行，以确认故障现象是否已完全排除。

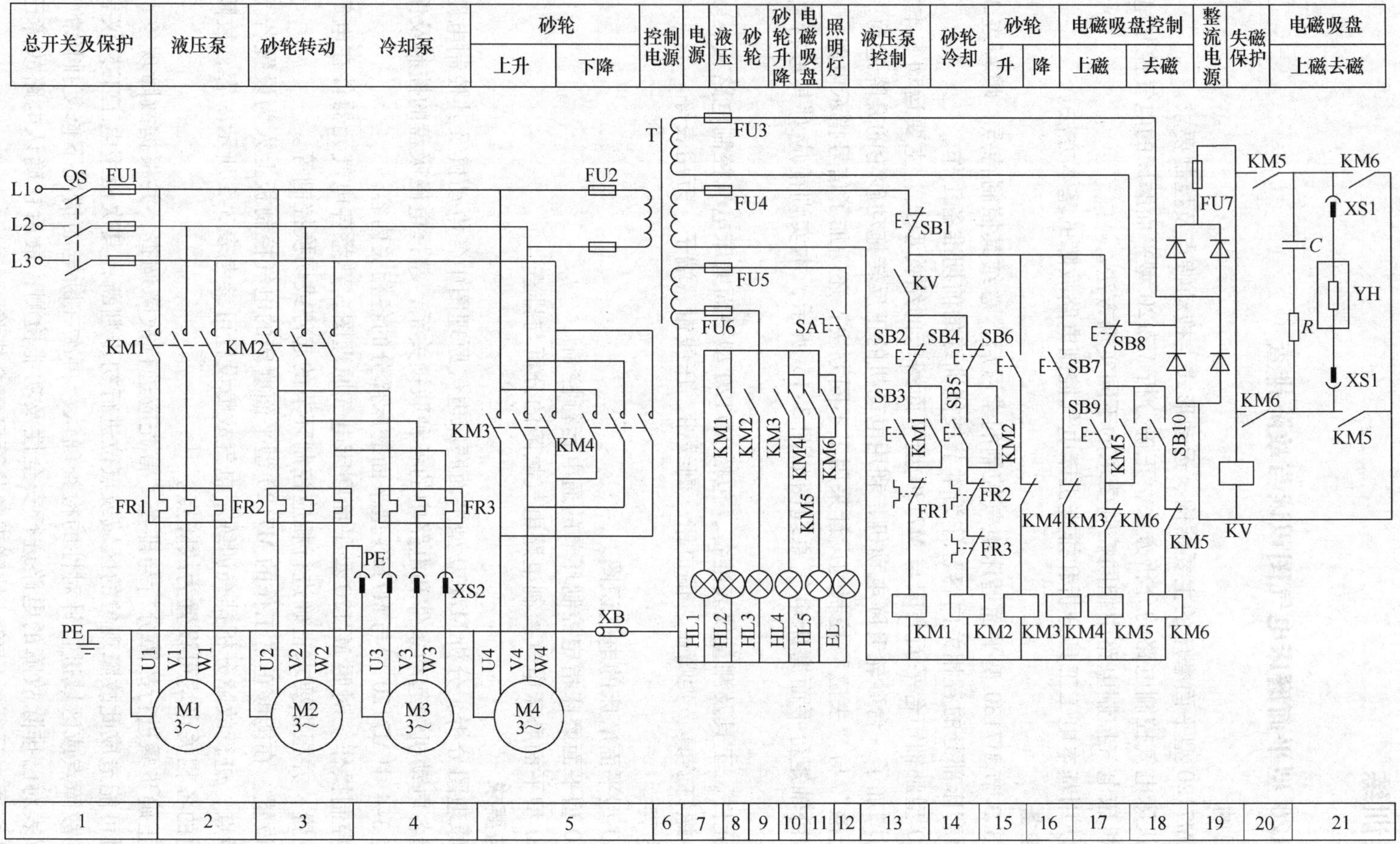
总开关及保护
液压泵
砂轮转动
冷却泵
砂轮
上升
下降
控制电源
电源
液压
砂轮
砂轮升降
电磁吸盘
照明灯
液压泵控制
砂轮冷却
砂轮
升
降
电磁吸盘控制
上磁
去磁
整流电源
失磁保护
电磁吸盘
上磁去磁
L1
L2
L3
QS
FU1
FU2
FU3
FU4
FU5
FU6
FU7
T
KM1
KM2
KM3
KM4
FR1
FR2
FR3
PE
XS2
XB
U1 V1 W1
U2 V2 W2
U3 V3 W3
U4 V4 W4
M1 3~
M2 3~
M3 3~
M4 3~
HL1
HL2
HL3
HL4
HL5
EL
SA
SB1
SB2
SB3
SB4
SB5
SB6
SB7
SB8
SB9
SB10
KV
KM5
KM6
XS1
C
R
YH
1
2
3
4
5
6
7
8
9
10
11
12
13
14
15
16
17
18
19
20
21
图 3-15　M7120 型卧轴矩台平面磨床电气原理图

表 3-4 M7120 型与 M7130 型平面磨床电气图识读

<table>
<tr><th colspan="2">控制环节</th><th>M7120 型平面磨床</th><th>M7130 型平面磨床</th><th>控制异同</th></tr>
<tr><td colspan="2">砂轮主轴电动机</td><td>起动 SB5 停止 SB4，KM2 控制单向运行，为自锁电路</td><td>起动 SB1 停止 SB2，KM1 控制单向运行，为自锁电路</td><td>相同</td></tr>
<tr><td colspan="2">冷却泵电动机</td><td></td><td></td><td></td></tr>
<tr><td colspan="2">液压泵电动机</td><td></td><td></td><td></td></tr>
<tr><td colspan="2">砂轮升降电动机</td><td></td><td></td><td></td></tr>
<tr><td rowspan="2">电磁吸盘电路</td><td>上磁控制</td><td></td><td></td><td></td></tr>
<tr><td>去磁控制</td><td></td><td></td><td></td></tr>
<tr><td rowspan="2">电磁吸盘电路的保护</td><td></td><td></td><td></td><td></td></tr>
<tr><td></td><td></td><td></td><td></td></tr>
</table>

表 3-5 M7120 型平面磨床电气故障设置

<table>
<tr><th>序号</th><th>故障现象</th><th>故障部位</th></tr>
<tr><td>1</td><td>合上 QS 后，照明灯与各信号灯均不亮，所有接触器均不能起动工作</td><td rowspan="3">主电路故障</td></tr>
<tr><td>2</td><td>合上 QS，按下 SB5，KM2 通电吸合，砂轮电动机 M2 有嗡嗡声但不能起动</td></tr>
<tr><td>3</td><td>砂轮电动机 M2 可正常起动运行，但冷却泵电动机 M3 不能起动运行</td></tr>
<tr><td>4</td><td>合上 QS 后 HL1 亮，再接通 SA，照明灯 EL 不亮</td><td rowspan="6">控制电路故障</td></tr>
<tr><td>5</td><td>合上 QS 后 HL1 亮，但所有接触器均不能起动工作</td></tr>
<tr><td>6</td><td>合上 QS 后 HL1 不亮，砂轮升降电动机 M4 可正常升降，但指示灯 HL4 不亮</td></tr>
<tr><td>7</td><td>合上 QS，按下 SB5 砂轮电动机 M2 起动运行，但松开 SB5，M2 立刻停转</td></tr>
<tr><td>8</td><td>合上 QS，按下 SB9，KM5 通电吸合，但电磁吸盘无吸力</td></tr>
<tr><td>9</td><td>M4 可正常起动运行，但 KM1、KM2 均不工作使 M1、M2、M3 不能起动</td></tr>
</table>

5）填写机床故障排查与维修记录表。各种故障现象、故障分析、故障检查及故障处理均填写于表 3-6 所示机床故障排查与维修记录表中，每人需填写 1 个主电路故障和两个控制电路故障。注意分析排查至某故障区域，通过测量检查确定故障点位，并修复正常运行后，其他可能故障区域则无须再继续分析、检查与填写相关内容。

表 3-6 机床故障排查与维修记录

<table>
<tr><th>故障现象</th><th>故障分析</th><th>故障检查</th><th>故障处理</th></tr>
<tr><td rowspan="2">1. 液压泵电动机 M1 正常运行，砂轮主轴电动机 M2 与冷却泵电动机 M3 均不能起动</td><td>原因 1：控制电路故障。故障区域为从 KV 下口至 KM2 线圈下口</td><td>用万用表欧姆档测量 KV 下口至 KM2 线圈下口各点阻值，并确定故障点</td><td>如接线松脱则应重新紧固修复，如 KM2 线圈断路则修复或更换接触器</td></tr>
<tr><td>原因 2：主电路故障。故障区域为从 KM2 主触点上口至 M2 各相绕组</td><td>用万用表欧姆档测量故障区域各相关接线情况，及 KM2 主触点动作情况</td><td>如接线松脱则应重新紧固修复，如 KM2 主触点故障则修复或更换接触器</td></tr>
<tr><td>2.</td><td></td><td></td><td></td></tr>
<tr><td>3.</td><td></td><td></td><td></td></tr>
</table>

6）以表3-5中故障1为例进行故障分析。液压泵电动机M1正常运行说明三相电源正常、熔断器FU1、FU2、FU4及接线正常、电动机控制电路中FU4下口至欠电压继电器KV下口各器件及接线正常。此种情况下，砂轮主轴电动机M2与冷却泵电动机M3不能起动，预判可能为控制电路故障，则应用万用表欧姆档重点测量KV下口至KM2线圈下口各点及接线，以确定故障点；如KM2可正常通电吸合，则可确定为主电路故障，重点检查KM2主触点、热继电器FR2热元件的通断及相关接线，即可确定故障点。

5. 注意事项

1）进行机床故障检修前，必须熟悉该型号机床的电气控制原理及其电路中所用各种电气元件的动作特点，充分了解其电路控制过程以便于故障范围及故障点的确定。

2）用万用表欧姆档测量电阻必须在断电情况下进行，并且调零后方可进行测量。测量电阻值比较小的线圈器件时，应选择适当的量程；测量整流二极管应注意将其周围电路断开，否则会影响测量结果。

3）使用万用表电压档通电检查时，应根据所测量的位置选择适当的量程；区分交流或直流档位；测量直流电压时还需要注意检测点的极性。

4）如需对整流电路进行维修，再次连接整流二极管时，需要注意不要将二极管的正负极接反，否则将会引起整流电路失效。

5）使用万用表欧姆档进行故障检查时必须在断开机床电源的情况下进行。如断电检查难以确定故障点位置，也必须在使用万用表确认机床电路不存在短路等严重故障的情况下，使用通电检查的方法进行故障排查。

6）在进行故障检查的过程中应注意时刻保持良好的安全操作习惯，更换、连接器件必须在断电情况下进行；检修后必须对电路进行整体检查无误后方可再次通电。

6. 评分标准

M7120型平面磨床电气图识读与故障分析排查的成绩评定标准如表3-7所示。

表3-7　M7120型平面磨床电气图识读与故障分析排查成绩评定标准

项目内容	评分标准	配分	扣分	得分
电气识图	正确分析指定控制环节，明确元件作用，每错一处扣5分	20		
电路控制	正确操作指定控制环节，操作规范，每错一处扣5分	10		
故障调查	无法准确进行故障调查，每个故障现象点扣5分	10		
故障分析	无法对照电路图找出机床元件，每个元件扣5分	20		
	故障分析思路不清楚，每个故障点扣5分			
	无法确定故障点或者故障区域，每个故障点扣10分			
故障排除	无法正确排除故障，每个故障点扣20分	40		
	不能正确使用工具，损坏工具或元件，每个错误扣10分			
	因排除故障的方法问题造成新故障的产生，且不能自行修复，每个故障点扣20分			
文明生产	违反安全操作的相关规定一次扣30分，两次扣60分			
课时：90min	说明：每超时5min扣5分，超时10min以上为不及格		总分	

3.6.2 Z35型摇臂钻床电气图识读与故障排查

1. 实训目的

1）了解Z35型摇臂钻床的主要结构、运动形式、拖动特点及控制要求。

2）掌握机床电气控制电路的分析方法，正确分析Z35型摇臂钻床的电气控制电路。

3）了解机床电气控制电路中相同控制要求的不同实现方法。

4）掌握使用基本电工工具分析和排查机床电气控制电路故障的基本方法。

2. 实训准备

1）完成3.4节Z3040型摇臂钻床电气控制的学习后，总结其控制特点，填写表3-9中Z3040型摇臂钻床部分的各相关内容，作为本节技能训练的前期准备工作。

2）Z35型摇臂钻床与Z3040型摇臂钻床的结构型式、主要运动、拖动特点及控制要求基本相同，不同之处一是摇臂上的电气设备电源，都通过汇流排A引入；二是采用十字开关控制电路的失电压欠电压保护、主轴运行、摇臂上升和摇臂下降；三是摇臂的放松与夹紧采用电气—机械装置实现，位置开关SQ1为与摇臂夹紧机构联动的检测开关，不能自动复位，控制摇臂上升时，当机电配合使摇臂松开后，触点SQ1－2闭合为夹紧做准备，而控制摇臂下降时，当机电配合使摇臂松开后，触点SQ1－1闭合为夹紧做准备，此两个触点均为摇臂夹紧后复位断开；位置开关SQ2、SQ3分别为摇臂升降的限位保护，均可自动复位。

Z35型摇臂钻床电气原理图如图3-16所示，本实训前应对其进行初步的预习。

Z35型摇臂钻床控制电路采用十字开关SA1控制，十字开关由十字手柄和4个微动开关组成，共有“上”“下”“左”“右”“中”5个不同操作位置，如表3-8所示。由于十字开关每次只能扳至一个位置，其对应的微动开关动作只能接通相应的电路，由此实现了摇臂升降运动与主轴运行不能同时进行的不同运动间的联锁。

3）电器元件、工具及测量仪表准备，包括Z35型摇臂钻床电气控制电路板、一字螺钉旋具、十字螺钉旋具、尖嘴钳、偏口钳、剥线钳、压线钳、端子、万用表等。

3. 实训内容

1）Z35型摇臂钻床的电气识图。

2）Z35型摇臂钻床指定控制环节的通电运行控制。

3）Z35型摇臂钻床电气控制电路电气故障的分析与排查。

4. 步骤与要求

1）电气原理图分析。分析Z35型摇臂钻床电气原理图中各电动机及其控制电路的控制过程，掌握摇臂“放松—升降—夹紧”的控制过程；掌握立柱与主轴箱的放松与夹紧控制；掌握电路中各种联锁关系及保护环节，并填写表3-9中Z35型摇臂钻床部分的各相关内容。

2）电路控制操作。对照Z35型摇臂钻床电气原理图，熟悉各电气元器件在电气控制板上的相应位置，并根据要求正确进行相应控制环节的起停或切换控制等。

3）故障设置。在能够正常工作的Z35型摇臂钻床的电气控制电路中人为设置若干个隐蔽的电气故障点，进行故障分析排查训练。Z35型摇臂钻床电气故障设置可参考表3-10所示内容，故障现象所涉及区域内的各相关点均可设置为故障点。

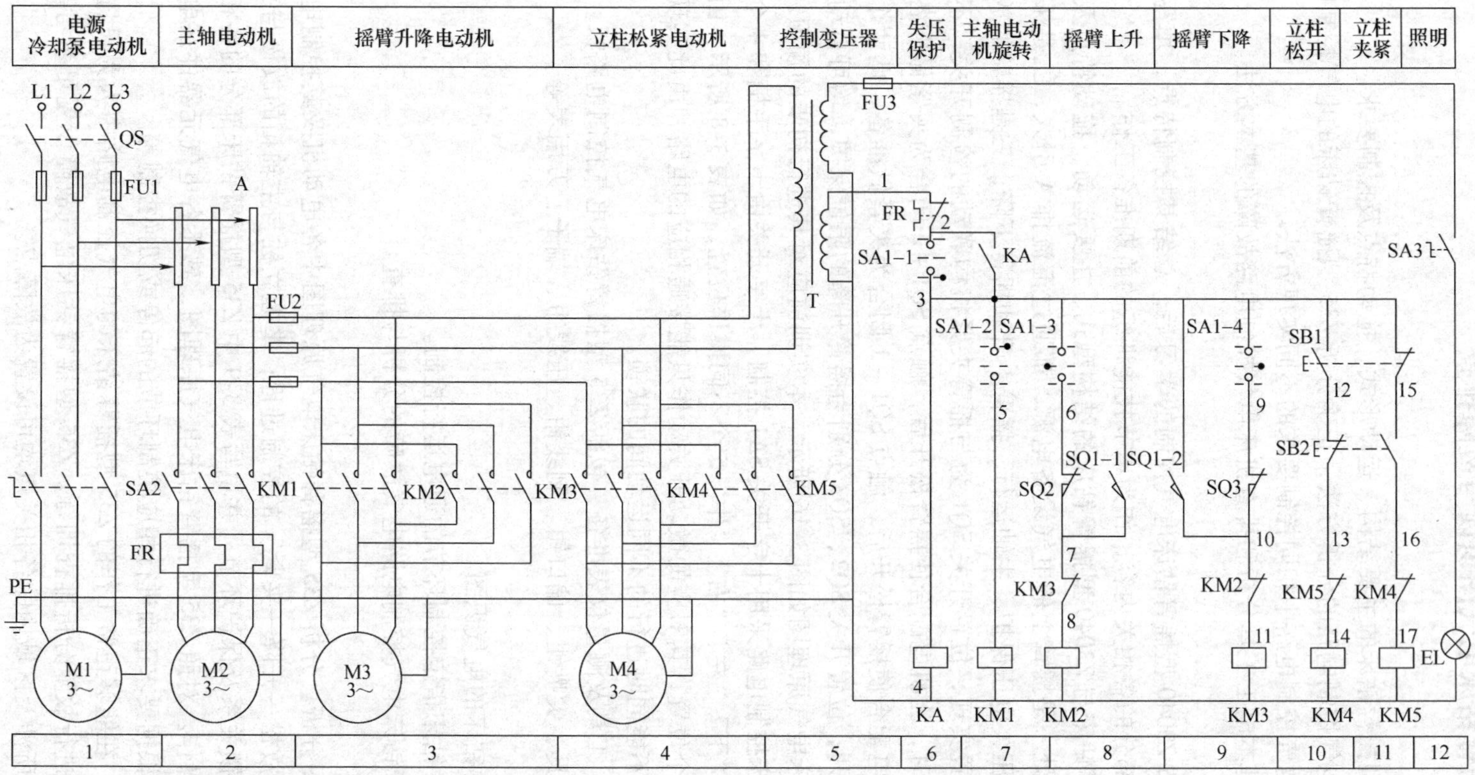

电源 冷却泵电动机	主轴电动机	摇臂升降电动机	立柱松紧电动机	控制变压器	失压保护	主轴电动机旋转	摇臂上升	摇臂下降	立柱松开	立柱夹紧	照明
1	2	3	4	5	6	7	8	9	10	11	12

L1 L2 L3 QS FU1 A FU2 FU3 T 1 FR 2 SA1-1 KA 3 SA1-2 SA1-3 SA1-4 SB1 SA3 5 6 9 12 15 SB2 SQ1-1 SQ1-2 SQ2 SQ3 10 13 16 7 KM3 KM2 KM5 KM4 8 11 14 17 EL 4 KA KM1 KM2 KM3 KM4 KM5 SA2 KM1 KM2 KM3 KM4 KM5 FR PE M1 3~ M2 3~ M3 3~ M4 3~

图 3-16 Z35 型摇臂钻床电气原理图

表 3-8　十字开关各操作位置说明

手柄位置	实物位置	微动开关的动作触点	控制电路工作状态
中		均不动作	控制电路断电停止
左		SA1－1	KA 通电自锁，实现电路的失电压、欠电压保护
右		SA1－2	KM1 通电，主轴电动机 M2 起动运行
上		SA1－3	KM2 通电，升降电动机 M3 正转，控制摇臂上升
下		SA1－4	KM3 通电，升降电动机 M3 反转，控制摇臂下降

表 3-9　Z3040 型与 Z35 型摇臂钻床电气图识读

控制环节		Z3040 型摇臂钻床	Z35 型摇臂钻床	控制异同
主轴电动机 冷却泵电动机				
摇臂升降控制	上升控制			
	下降控制			
立柱与主轴箱的放松与夹紧	放松控制			
	夹紧控制			
电路的联锁及保护环节				

表 3-10　Z35 型摇臂钻床电气故障设置

序号	故障现象	故障部位
1	合上 QS 后，再接通 SA2，冷却泵电动机 M1 不能起动工作	主电路故障
2	KM1 通电吸合后，主轴电动机 M2 有嗡嗡声但不能起动	
3	合上 QS 并接通 SA2，M1 正常起动工作，但机床其他任何控制操作均无反应	
4	合上 QS 并接通 SA3，EL 亮，将十字开关 SA1 扳至“右”位 KM1 不能通电吸合	控制电路故障
5	SA1 扳至“左”位时 KA 通电吸合，但将 SA1 扳回至“中”位时 KA 立刻释放	
6	合上 QS 后，主轴电动机 M2 可正常起动运行，但合上 SA3 照明灯 EL 不亮	
7	合上 QS，且 KA 通电吸合并自锁后，SA1 扳至“上”位，KM2 不能通电吸合	
8	摇臂升降后不能完全夹紧	
9	合上 QS，且 KA 通电吸合并自锁后，按下 SB1，KM4 不能通电，立柱不能放松	

4）按照正确步骤进行故障分析与排查。

5）填写表 3-11 所示机床故障排查与维修记录表。要求同 M7120 型平面磨床故障分析与排查。

表 3-11　机床故障排查与维修记录表

故障现象	故障分析	故障检查	故障处理
1.			
2.			
3.			

5. 注意事项

1）进行机床故障检修前，必须熟悉该型号机床的电气控制原理及其电路中所用各种电气元器件的动作特点，充分了解其电路控制过程以便于故障范围及故障点的确定。

2）注意十字开关 SA1 的不同操作位置与作用，注意各行程开关的位置与作用，以便正确进行控制操作和故障排查。

3）使用万用表欧姆档进行故障检查时必须在断开机床电源的情况下进行，并且调零后方可进行测量，还需选择适当的量程。

4）使用万用表电压档通电检查时，首先应确认符合电压测量法的使用条件，并根据所测量的位置选择适当的量程，区分交流或直流档位。

5）在进行故障检查的过程中应注意时刻保持良好的安全操作习惯，更换、连接器件必须在断电情况下进行；检修后必须对电路进行整体检查无误后方可再次通电。

6. 评分标准

Z35 型摇臂钻床电气图识读与故障分析排查的成绩评定标准同表 3-7 所示。

3.7　小结

掌握机床电气控制系统的分析方法是本课程的基本任务之一，也是电气工程技术人员必须具备的基本能力。分析机床电气控制电路时应首先对机床的基本结构、运动形式、工艺要求和机械、液压与电气控制的关系等有全面的了解，在此基础上明确其对电气控制的要求，然后采用查线读图法的“化整为零看电路，积零为整看全部”的方法依次分析主电路、控制电路的各个控制环节，之后分析各控制环节之间的联系、联锁关系与保护环节，最后再分析机床中的其他电路，如照明电路与信号电路等。

在分析完某一机床的电气控制电路后，还应及时总结出该机床的电气控制特点。如 CA6140 型卧式车床主要介绍了电动机的基本起停控制电路；M7130 型卧轴矩台平面磨床的电磁吸盘控制及其完善的保护环节；Z3040 型摇臂钻床中摇臂“放松—升降—夹紧”的自动控制及其连锁保护环节等。只有抓住机床电气控制的特点，才能更深刻的理解电气控制电路和各电气元器件的作用，才能区别不同机床的电气控制。

虽然机床的种类与型号各异，但其电气控制电路都是由一些基本控制环节综合而成的。通过大量的识图分析，不仅可以理解、掌握各基本控制环节的组成特点、规律及特殊控制要求的实现方法，而且也将为机床电气控制电路的设计、安装、调试、维修及合理使用打下坚实的基础。

故障分析与排查是电气工程技术人员必须具备的基本能力。故障分析与排查必须在对机床设备全面了解，特别是熟悉电气控制原理的前提下，才能通过故障调查与直观检查初步确定可能的故障范围，最后通过仪器仪表检查最终确定故障点，并进行修复。应特别注意，机床设备往往是电气、机械、液压综合控制的有机整体，其中任何部分的故障都会影响设备的正常运行，应注意区分判断；此外，故障调查、直观检查和测试检查等故障排查的方法步骤要结合具体情况，灵活运用，必须注意要遵守相关的注意事项。

3.8 习题

3.8.1 问答题

1. CA6140 型卧式车床的主轴电动机为何不设短路保护？

2. 在 CA6140 型卧式车床电气控制电路中，照明灯电压是安全电压，为什么灯泡的一端还要接地？

3. 在 CA6140 型卧式车床电气控制电路中，按下起动按钮 SB1 后，接触器 KM1 通电吸合，而电动机发出嗡嗡声却不能起动，分析是何原因。

4. M7130 型平面磨床用电磁吸盘吸持工件，有哪些好处？

5. M7130 型平面磨床电气控制电路中，SA1（3－4）与 KI（3－4）并联接于接触器 KM1、KM2 线圈电路中，试分析有何作用。

6. 在 M7130 型平面磨床电气控制电路中，欠电流继电器 KI 和电阻 *R*1、*R*2、*R*3 各有什么作用？

7. M7130 型平面磨床加工完毕后，工件无法从电磁吸盘上取下，分析是何原因。

8. Z3040 型摇臂钻床摇臂松开后不能升降，试分析可能的原因。

9. Z3040 型摇臂钻床中主轴电动机不能起动，试分析可能的原因。

10. Z3040 型摇臂钻床中，行程开关 SQ1、SQ2、SQ3、SQ4、SQ5 各有何作用？

11. 为保证操作与设备安全，Z3040 型摇臂钻床电气控制电路中有哪些保护环节？

12. 十字开关控制有何特点？Z35 型摇臂钻床电气控制电路中，用十字开关进行哪些相关控制？

13. 造成断路故障有哪些主要原因？断路故障有何特点？

14. 电阻法诊断断路故障的原理是什么？使用时有哪些注意事项？

15. 电压法诊断断路故障的原理是什么？

3.8.2 设计题

1. 用两台电动机控制工作台的纵向（左、右）和横向（前、后）进给运动，为保证安全，任一时刻只允许一个方向的进给存在。分别设计按钮控制和十字开关控制的两种控制电路，并要求控制电路具有短路保护、过载保护和失电压、欠电压保护。

2. 试设计某机床主轴电动机控制电路，要求如下：

1）可正反转运行，并可实现反接制动控制；

2）正反转皆可进行点动调整；

3）可实现短路保护、过载保护和失电压、欠电压保护；

4）有安全工作照明及电源信号指示。

第 4 章 AutoCAD 2012 使用基础

本章主要介绍 AutoCAD 计算机辅助设计软件的基本使用方法。学习掌握本章内容应熟悉 AutoCAD 绘图软件的基础知识；熟练掌握利用 AutoCAD 绘图软件绘制二维图形的基本操作、编辑和尺寸标注等。

4.1 AutoCAD 2012 的工作界面

AutoCAD 是由美国 Autodesk 公司推出的计算机辅助设计软件，应用范围遍布机械、建筑、航天、轻工、军事、电子、服装及模具等设计领域。

AutoCAD 彻底改变了传统的手工绘图模式，把工程设计人员从繁重的手工绘图中解放出来，从而极大地提高了设计效率和工作质量。

本书将主要介绍 AutoCAD 的通用版本 AutoCAD 2012-Simplified 版本。

AutoCAD 支持多文档环境，可同时打开多个图形文件。掌握 AutoCAD 2012 的绘图工作界面的使用方法，才能熟练地运用各种命令绘制所需的图形。图 4-1 所示是 AutoCAD 2012 的默认工作界面，主要由菜单浏览器、标题栏、菜单栏、各种工具栏、绘图窗口、十字光标、命令窗口、坐标系图标、模型/布局选项卡和状态栏等组成。

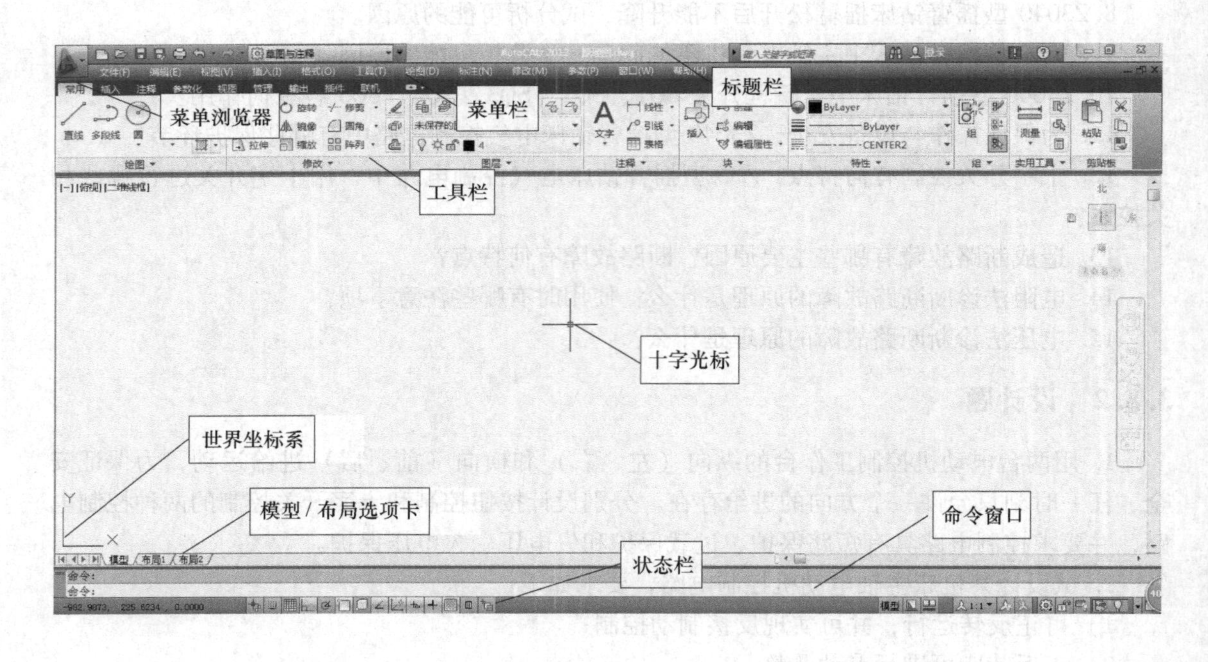

图 4-1 AutoCAD 2012 的默认工作界面

1. 菜单浏览器

单击菜单浏览器，AutoCAD 展开浏览器，用户可通过菜单浏览器执行创建图形、打开已有图形、保存图形、保存带有密码和数字签名的图形、打印图形、发布图形和退出等相应的操作。

2. 标题栏

标题栏出现在屏幕的顶端，用来显示当前正在运行的程序名及当前打开的图形文件名。标题栏右侧的 3 个按钮依次为“最小化”按钮、“还原”按钮和“关闭”按钮。

3. 菜单栏

选择工作界面上端工作空间草图与注释旁边的向下三角，打开下拉菜单，勾选其中的“显示菜单栏”，可调出菜单栏。菜单栏是主菜单，可利用其执行 AutoCAD 的大部分命令，菜单栏中包括“文件”“编辑”“视图”“插入”“格式”“工具”“绘图”“标注”“修改”“参数”“窗口”“帮助”12 个菜单选项，单击菜单栏中的某一项，会弹出相应的下拉菜单。

4. 工具栏

AutoCAD 2012 提供了 40 多个工具栏，每一个工具栏上均有一些形象化的按钮。单击某一按钮，可以启动 AutoCAD 的对应命令。用户可以根据需要打开或关闭任一个工具栏，具体方法是：在已有工具栏上用鼠标右键单击，AutoCAD 弹出工具栏快捷菜单，通过其可实现工具栏的打开与关闭。

5. 绘图窗口

绘图窗口类似于手工绘图时的图样，是用户用 AutoCAD 2012 绘图并显示所绘图形的区域。绘图窗口的右边和下边都有滚动条，可使视图上下或左右移动，便于观察。另外，绘图窗口的颜色可根据需要进行设置。

6. 模型/布局选项卡

模型/布局选项卡用于实现模型空间与图样空间的切换。模型空间没有边界，利用视窗缩放功能可使绘图区无限增大或缩小。图样空间是有边界的，可根据需要设置图样大小。

7. 十字光标

当光标位于 AutoCAD 的绘图窗口时为十字形状，所以又称其为十字光标。十字线的交点为光标的当前位置。AutoCAD 的光标用于绘图、选择对象等操作。

8. 坐标系图标

坐标系图标通常位于绘图窗口的左下角，表示当前绘图所使用的坐标系的形式及坐标方向等。AutoCAD 提供有世界坐标系（World Coordinate System，WCS）和用户坐标系（User Coordinate System，UCS）两种坐标系，世界坐标系为默认坐标系。

9. 命令窗口

命令窗口是 AutoCAD 显示用户从键盘键入的命令和显示 AutoCAD 提示信息的地方。命令窗口分为历史栏和命令栏两个部分。默认时，AutoCAD 在命令窗口保留最后三行所执行的命令或提示信息。用户可以通过拖动窗口边框的方式改变命令窗口的大小，使其显示多于 3 行或少于 3 行的信息。

10. 状态栏

状态栏用于显示或设置当前的绘图状态。状态栏上位于左侧的一组数字反映当前光标的坐标，其余按钮从左到右分别表示当前是否启用了捕捉模式、栅格显示、正交模式、极轴追踪、对象捕捉、对象捕捉追踪、动态 UCS（用鼠标左键双击，可打开或关闭）、动态输入等功能以及是否显示线宽、当前的绘图空间等信息。

在状态栏的右侧位置，可以设置当前工作空间。包括：二维草图与注释界面、三维基础界面、三维建模界面和 AutoCAD 经典界面。用户还可自定义专属空间：单击“切换工作空间”按钮，选择“自定义…”，将弹出“自定义用户界面”对话框，用户进行定义并保存即可。

4.2 AutoCAD 2012 的基本操作

4.2.1 图形文件的管理

1. 创建新图形

单击“标准”工具栏上的“新建”按钮，或选择“文件”→“新建”命令，即执行 NEW 命令，AutoCAD 弹出“选择样板”对话框，如图 4-2 所示，acadiso 为公制样板图。

图 4-2 “选择样板”对话框

2. 打开图形

单击“标准”工具栏上的“打开”按钮，或选择“文件”→“打开”命令，即执行 OPEN 命令，AutoCAD 弹出与图 4-2 类似的“选择文件”对话框，可通过此对话框确定要打开的文件并打开它。

3. 保存图形

（1）用“保存”命令保存图形

单击“标准”工具栏上的“保存”按钮，或选择“文件”→“保存”命令，即执行保存命令，如果当前图形没有命名保存过，AutoCAD 会弹出“图形另存为”对话框。通过该对话框指定文件的保存位置及名称后，单击“保存”按钮，即可实现保存。如果执行保存命令前已对当前绘制的图形命名保存过，那么执行保存后，AutoCAD 直接以原文件名保存图形，不再要求用户指定文件的保存位置和文件名。

（2）用“另存为…”命令保存图形

单击“标准”工具栏上的“另存为…”按钮，或选择“文件”→“另存为…”命令，即执行“另存为”命令，将当前绘制的图形以新文件名存盘。执行另存为命令，AutoCAD 弹出“图形另存为”对话框，要求用户确定文件的保存位置及文件名，用户响应即可。

4.2.2 命令的启动与操作

1. 命令的输入

AutoCAD 输入命令有以下几种途径。

1）命令行输入：通过键盘在命令行输入命令。

2）下拉菜单输入：通过选择下拉菜单输入命令。

3）工具栏输入：通过单击工具栏按钮输入命令。

4）鼠标右键输入：在不同的区域单击鼠标右键，会弹出相应的快捷菜单，从菜单中选择执行命令。

5）面板输入：通过单击面板中的相应按钮输入命令。

2. 命令选项的输入

[…]：内为可选项，输入选项中所给字母并按〈Enter〉键选择该选项，此时不区分大小字母。

<…>：内为默认设置，可直接按〈Enter〉键确认该设置。

3. 命令的终止

AutoCAD 命令终止有以下几种途径。

1）〈Enter〉键或空格键：最常用的结束命令方式，一般直接按〈Enter〉键即可。

2）在命令执行中，可以随时按键盘〈Esc〉键，终止执行任何命令。

3）鼠标右键：单击后在弹出的右键快捷菜单中选择“确认”或“取消”结束命令。

4. 重复命令

AutoCAD 重复命令有以下几种途径。

1）〈Enter〉键或空格键：当一个命令结束后，直接按〈Enter〉键或空格键可重复刚刚结束的命令。

2）在绘图区单击右键，在弹出的右键快捷菜单中选择“重复＊＊＊”。

3）在命令行单击右键，在弹出的右键快捷菜单中选择“最近的输入”，选择最近使用的命令。

5. 透明命令

在 AutoCAD 中，当启动其他命令时，当前所使用的命令会自动终止。但有些命令可以“透明”使用，即在运行其他命令过程中不终止当前命令的前提下使用的一种命令。

1）“透明”命令多为绘图辅助工具的命令或修改图形设置的命令，如“捕捉”“栅格”“极轴”和“窗口缩放”等。

2）“透明”命令不能嵌套使用。

4.3 绘图环境的设置

绘图环境的设置是否合适，会影响到图形格式是否统一、界面是否友善、操作以及管理是否方便等。

4.3.1 绘图区域的设置

设置绘图区域界限类似于手工绘图时选择绘图图样的大小，但具有更大的灵活性。合适的绘图界限，有利于确定绘制图形的大小、比例及视图之间的距离，有利于检查图形是否超出“图框”。

设置绘图区域的方法如下。

选择“格式”→“图形界限”命令，或在命令窗口输入“LIMITS”后按〈Enter〉键，AutoCAD 提示：

指定左下角点或［开（ON）/关（OFF）］<0.0000，0.0000>：//指定图形界限的左下角位置，直接按〈Enter〉键采用默认值

指定右上角点：//指定图形界限的右上角位置

提示与指导：

键盘输入的是绝对直角坐标，中间的逗号是在英文状态下输入的，否则输入无效。

4.3.2 图形单位的设置

AutoCAD 可以根据不同的行业、不同国家的单位制，使用不同的度量单位，还要根据绘图精度的要求设置不同的精度。利用“图形单位”对话框为图形设置长度、角度单位和精度。

选择“格式”→“单位”命令，即执行 UNITS 命令，AutoCAD 弹出“图形单位”对话框，如图 4-3 所示。

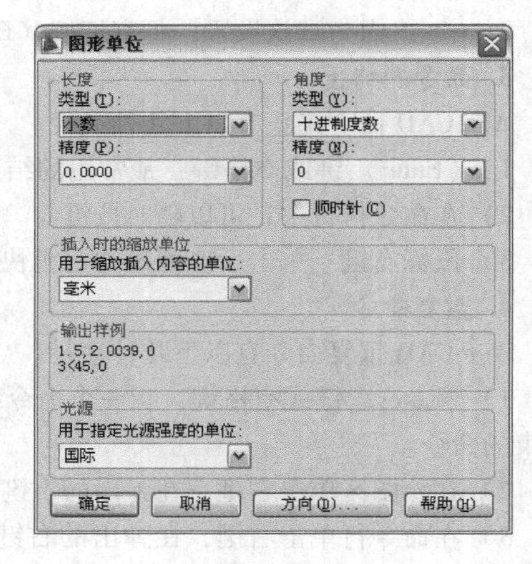

图 4-3 “图形单位”对话框

对话框中，“长度”选项组确定长度单位与精度；“角度”选项组确定角度单位与精度；还可以确定角度正方向、零度方向以及插入单位等。

4.3.3 图层及对象特性的设置

为了使图形的绘制清晰、准确，为了便于绘图和观察分析图形，在 AutoCAD 中不同线型、不同作用的图线通常绘制在不同的图层。一个图层就像一张透明图样，在不同的透明图层上绘制各自对应的实体，这些透明图层叠加起来就形成了最终的图样。

1. 图层的创建与使用

通过“图层”面板及“图层”工具栏，对图形进行分类管理，可以方便地对图形进行绘制和编辑。

图层的创建和管理可单击“图层”工具栏上的“图层状态管理器”按钮，或选择“格式”→“图层特性管理器”命令，即执行 LAYER 命令，AutoCAD 弹出图层状态管理器对话框。

图层具有以下特点：

1）用户可以在一幅图中指定任意数量的图层。系统对图层数没有限制，对每一图层上的对象数也没有任何限制。

2）每一图层有一个名称，用以区别。当开始绘一幅新图时，AutoCAD 自动创建名为 0 的图层，这是 AutoCAD 的默认图层，其余图层需用户来定义。

3）一般情况下，位于一个图层上的对象应该是一种绘图线型，一种绘图颜色。用户可以改变各图层的线型、颜色等特性。

4）虽然 AutoCAD 允许用户建立多个图层，但只能在当前图层上绘图。

5）各图层具有相同的坐标系和相同的显示缩放倍数。用户可以对位于不同图层上的对象同时进行编辑操作。

6）用户可以对各图层进行打开、关闭、冻结、解冻、锁定与解锁等操作，以决定各图层的可见性与可操作性。

2. 对象的特性

按照国家标准绘制工程图时，根据图形内容的不同，采用不同的线型、线宽和线条颜色，这些均为对象的特性。通过“特性”工具栏（如图 4-4 所示）或特性选项板（如图 4-5

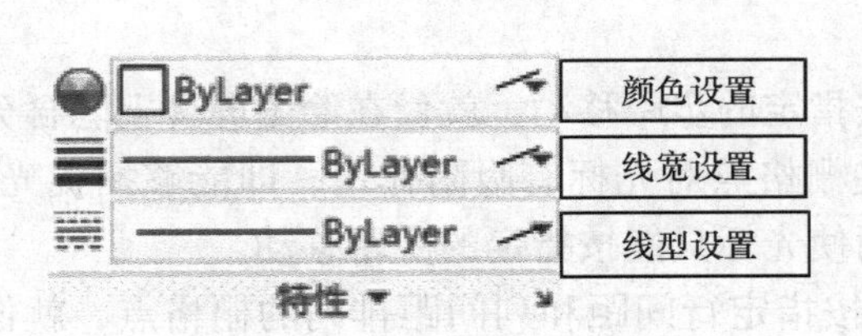

图 4-4 对象特性工具栏

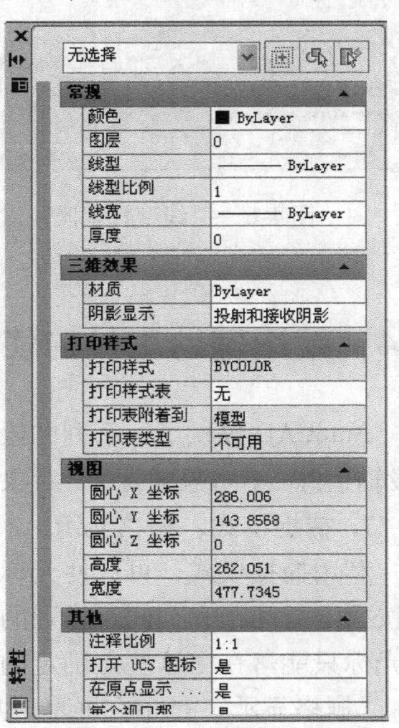

图 4-5 特性选项板

所示)，可以方便地对对象的特性进行编辑。“特性”是一个功能很强的综合编辑命令，用于修改各种实体的颜色、线型、线型比例、图层等。还可以对图形输出、视点设置、坐标系的特性进行修改。

(1) 线条颜色的设置

AutoCAD 2012 提供了丰富的颜色方案供用户使用，其中最常用的颜色方案是采用索引颜色，即从“线条颜色设置”按钮的下拉列表中选择，有红色、黄色、绿色、青色、蓝色、洋红、白色（如果绘图背景的颜色是白色，则显示成黑色）7 种颜色。

(2) 线宽设置

单击“线宽设置”按钮，弹出下拉菜单，用户可在此选择合适的线宽。

(3) 线型设置

单击“线型设置”按钮，弹出下拉菜单，选择“其他…”，可打开“线型管理器”对话框（如图 4-6 所示)，确定绘图线型和线型比例等。

如果线型管理器列表框中没有列出需要的线型，则应从线型库中加载它。单击“加载”按钮，AutoCAD 弹出“加载或重载线型”对话框，如图 4-7 所示，从中可以选择要加载的线型并加载。

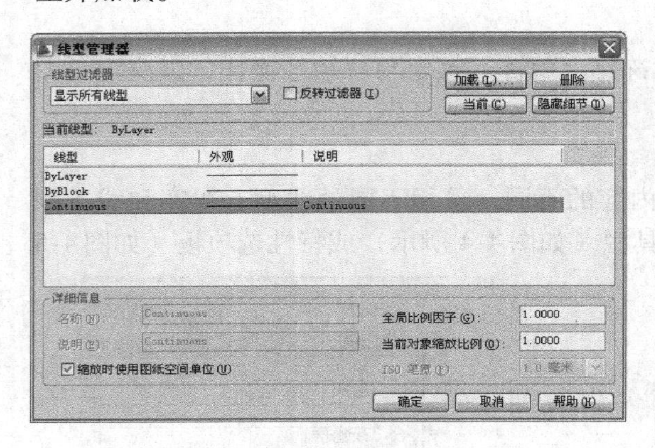

图 4-6 “线型管理器”对话框

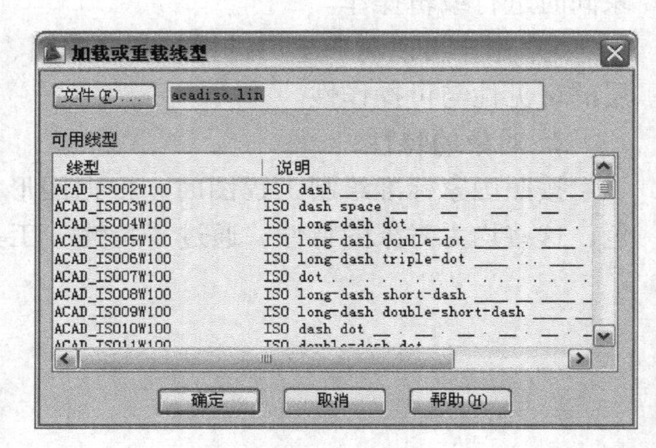

图 4-7 “加载或重载线型”对话框

4.4 绘图辅助工具的使用

AutoCAD 提供了一系列的绘图辅助工具，包括“捕捉模式”“栅格显示”“正交模式”“极轴追踪”“对象捕捉”“对象捕捉追踪”“允许/禁止动态 UCS”“动态输入”。

1. 捕捉模式、栅格显示

利用捕捉模式，可以使光标在绘图窗口按指定的步距移动，就像在绘图屏幕上隐含分布着按指定行间距和列间距排列的栅格点，这些栅格点对光标有吸附作用，即能够捕捉光标，使光标只能落在由这些点确定的位置上，从而使光标只能按指定的步距移动。

“栅格显示”是指在屏幕上显式分布一些按指定行间距和列间距排列的栅格点，就像在屏幕上铺了一张坐标纸。用户可根据需要设置是否启用“栅格捕捉”和“栅格显示”功能，还可以设置对应的间距。

选择“工具”→“草图设置”命令；或在状态栏上的“捕捉模式”或“栅格显示”按钮上用鼠标右键单击，从快捷菜单中选择“设置”命令；AutoCAD 弹出“草图设置”对话框，对话框中的“捕捉和栅格”选项卡（如图 4-8 所示）用于栅格捕捉、栅格显示方面的设置。

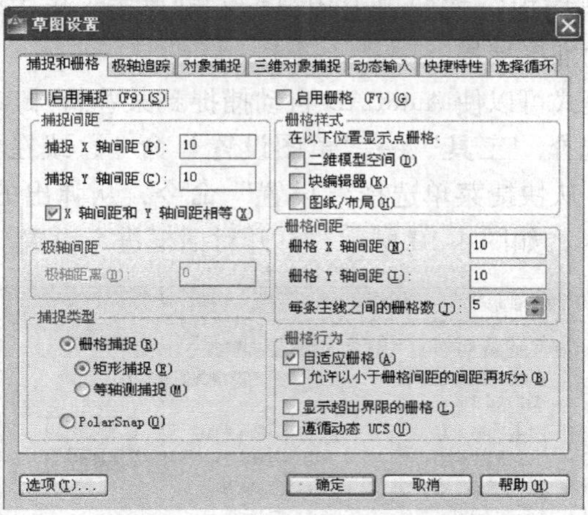

图 4-8 “捕捉和栅格”选项卡

对话框中，“启用捕捉”“启用栅格”复选框分别用于起用捕捉和栅格功能。“捕捉间距”“栅格间距”选项组分别用于设置捕捉间距和栅格间距。用户还可通过此对话框进行其他设置。

2. 正交模式

利用正交功能，用户可以方便地绘制与当前坐标系统的 X 轴或 Y 轴平行的线段（对于二维绘图而言，就是水平线或垂直线）。单击状态栏上的“正交模式”按钮可快速实现正交功能启用与否的切换。

3. 极轴追踪

“极轴追踪”是指当 AutoCAD 提示用户指定点的位置时（如指定直线的另一端点），拖动光标，使光标接近预先设定的方向（即极轴追踪方向），AutoCAD 会自动将橡皮筋线吸附到该方向，同时沿该方向显示出极轴追踪矢量，并浮出一小标签，说明当前光标位置相对于前一点的极坐标，极轴追踪实例如图 4-9 所示。

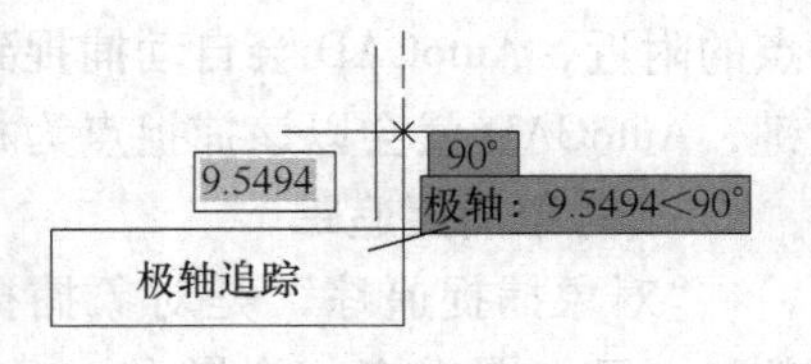

图 4-9 极轴追踪实例

可以看出，当前光标位置相对于前一点的极坐标为 9.5494 <90°，即两点之间的距离为 9.5494，极轴追踪矢量与 X 轴正方向的夹角为 90°。此时单击拾取键，AutoCAD 会将该点作为绘图所需点；如果直接输入一个数值（如输入 50），AutoCAD 则沿极轴追踪矢量方向按此长度值确定出点的位置；如果沿极轴追踪矢量方向拖动鼠标，AutoCAD会通过浮出的小标签动态显示与光标位置对应的极轴追踪矢量的值（即显示“距离 <角度”）。

用户可以设置是否启用极轴追踪功能以及极轴追踪方向等性能参数，设置过程为：选择

“工具”→“草图设置”命令；或在状态栏上的“极轴追踪”按钮上用鼠标右键单击，从快捷菜单选择“设置”命令；AutoCAD 弹出“草图设置”对话框，打开对话框中的“极轴追踪”选项卡，用户根据需要设置即可。

4. 对象捕捉

在状态栏上的“对象捕捉”按钮上用鼠标右键单击，单击快捷菜单上的任一按钮，即可实现对某类特征点的准确捕捉。

利用自动对象捕捉模式可以使 AutoCAD 自动捕捉到某些特殊点，如圆心、端点、中点、切点、交点及垂足等。选择“工具”→“草图设置”命令，或在状态栏上的“对象捕捉”按钮上用鼠标右键单击，从快捷菜单选择“设置”命令，从弹出的“草图设置”对话框中选择“对象捕捉”选项卡，如图 4-10 所示，打开对话框进行设置。

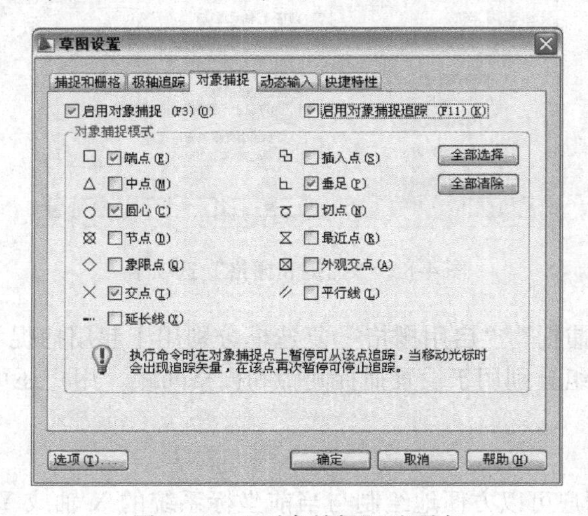

图 4-10 “对象捕捉”选项卡

在“对象捕捉”选项卡中，可以通过“对象捕捉模式”选项组中的各复选框确定自动捕捉模式，即确定使 AutoCAD 将自动捕捉到哪些点；“启用对象捕捉”复选框用于确定是否启用自动捕捉功能；“启用对象捕捉追踪”复选框则用于确定是否启用对象捕捉追踪功能，后面将介绍该功能。

利用“对象捕捉”选项卡设置默认捕捉模式并启用对象自动捕捉功能后，在绘图过程中每当 AutoCAD 提示用户确定点时，如果使光标位于对象上在自动捕捉模式中设置的对应点的附近，AutoCAD 会自动捕捉到这些点，并显示出捕捉到相应点的小标签，此时单击拾取键，AutoCAD 就会以该捕捉点为相应点。

5. 对象捕捉追踪

“对象捕捉追踪”是对象捕捉与极轴追踪的综合应用。例如，已知图中有一个圆和一条直线，对象捕捉追踪实例如图 4-11 所示，当执行“直线”命令确定直线的起始点时，利用对象捕捉追踪可以找到一些特殊点。单击状态栏上的“对象捕捉追踪”按钮可快速实现对象捕捉追踪功能启用与否的切换。

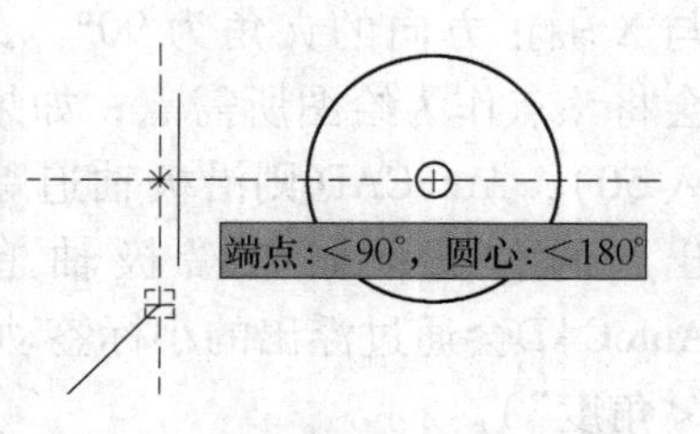

图 4-11 对象捕捉追踪实例

提示与指导：

极轴追踪是非常有用的绘图辅助工具，是按事先给定的角度增量来追踪特征点。而对象捕捉追踪则按与对象的某种特定关系来追踪。如果事先知道要追踪的方向，则使用极轴追踪；如果事先不知道具体的追踪方向，但知道与其他对象的某种关系，则使用对象捕捉追踪。

6. 允许/禁止动态 UCS

使用动态 UCS 功能，可以在创建对象时使 UCS 的 XY 平面自动与实体模型上的平面临时对齐。单击状态栏上的“允许/禁止动态”按钮可快速实现动态功能启用与否的切换。

7. 动态输入

AutoCAD 的动态输入是可以在光标指针位置处显示标注输入和命令提示等信息，极大地方便了用户的绘图。单击状态栏上的“动态输入”按钮可快速实现动态输入功能启用与否的切换。

选择“工具”→“草图设置”命令；或在状态栏上的“动态输入”按钮上用鼠标右键单击，从快捷菜单中选择“设置”命令；AutoCAD 弹出“草图设置”对话框，对话框中的“动态输入”选项卡（如图 4-12 所示）用于动态输入方面的设置。动态输入有指针输入、标注输入和动态提示 3 个组件。

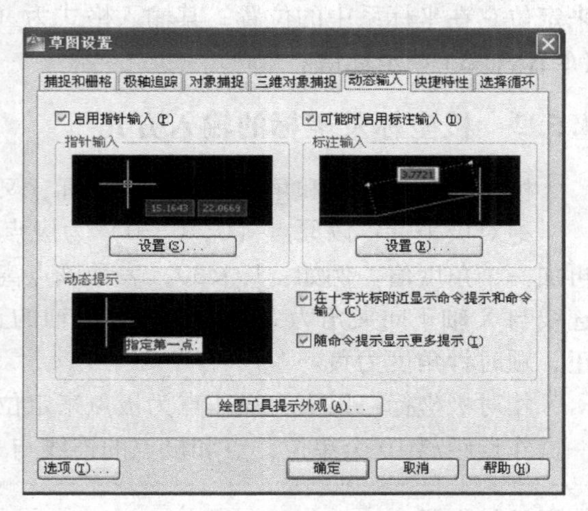

图 4-12 “动态输入”选项卡

当启用指针输入且有命令在执行时，在光标附件的工具栏提示中将显示坐标。用户可以在工具栏提示中输入坐标值，而不用在命令行中输入命令。启用标注输入时，当命令提示输入第二点时，工具栏提示将显示距离和角度值，且工具栏提示中的值将随着光标的移动而改变。启用动态提示时，提示会显示在光标附近的工具栏提示中。用户可以根据工具栏提示（不是在命令行）进行响应。

提示与指导：

状态栏上的所有绘图辅助工具图形按钮均是打开相应命令时按钮背景为蓝色，关闭相应命令时按钮背景为灰色。

4.5 坐标系及其使用

在绘制工程图的过程中，经常需要准确地确定一些点的位置。在 AutoCAD 2012 中准确地确定点有多种方法，而使用 AutoCAD 2012 坐标输入点是准确和快速确定点的方法之一。为了作图方便，AutoCAD 2012 中的坐标按坐标输入的方式可分为绝对坐标和相对坐标，按坐标系类别又可分为笛卡儿坐标和极坐标。

AutoCAD 2012 的坐标系分为世界坐标系（WCS）和用户坐标系（UCS）。AutoCAD 默认的坐标系为世界坐标系（WCS），沿 X 轴正方向向右为水平距离增加的方向，沿 Y 轴正方向向上为竖直距离增加的方向，垂直与 XY 平面，沿 Z 轴正方向从所视方向向外为 Z 轴距离增加的方向。世界坐标系由系统提供，不能移动或旋转。用户坐标系（UCS）是相对于世界坐标系（WCS）由用户创建的坐标系。

4.5.1 笛卡儿坐标及坐标的输入方式

笛卡儿坐标即为直角坐标，又分为绝对直角坐标和相对直角坐标。

绝对直角坐标：以坐标原点（0，0，0）为基点来定位所有点的位置。用户可通过输入（X，Y，Z）坐标值来定位一个点在坐标系中的位置，各坐标值之间用逗号隔开。在二维空间中可直接输入（X，Y）坐标值。

相对直角坐标：以某点作为参考点来定位点的相对位置。用户可通过输入点的坐标增量来定位它在坐标系中的位置，其输入格式为（@ ΔX，ΔY，ΔZ）。在二维空间中可直接输入（@ ΔX，ΔY）坐标值。

4.5.2 极坐标及坐标的输入方式

极坐标是以距离和角度定位点的坐标，又分为绝对极坐标和相对极坐标。

绝对极坐标：以原点（0，0，0）为极点，输入一个长度距离，后跟一个“ < ”符号，再加一个角度值。例如：10 < 30，表示该点离极点的距离为 10 个长度单位，该点和极点的连线与 X 轴正向夹角为 30°，且规定 X 轴的正向为 0°，Y 轴的正向为 90°；逆时针角度为正，顺时针角度为负。

相对极坐标：以上一操作点为极点来定位点的相对位置。例如：@10 < 30，表示相对上一操作点距离 10 个单位，点和极点的连线与 X 轴正向夹角为 30°的点的位置。

提示与指导：

当使用相对坐标输入时，应在坐标值前面加上@符号，用以区别绝对坐标。

4.6 直线类图形的绘制、编辑与标注

直线类图形最大的特点是所用线条均为直线或斜线，下面通过例题来学习直线类图形的绘制、编辑与标注。

【例 4-1】 试绘制图 4-13 所示构件图形，并标注尺寸。

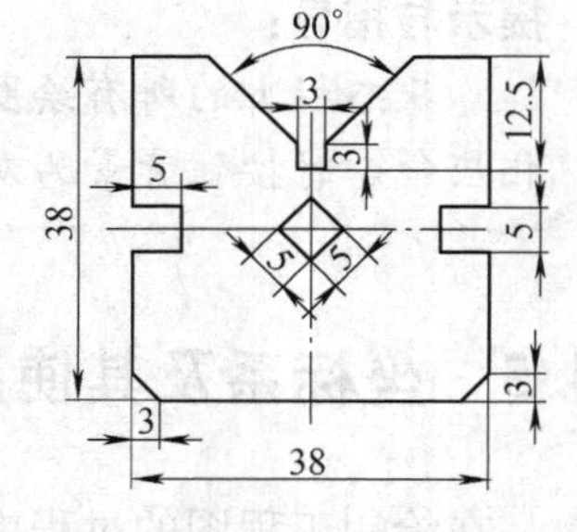

图 4-13 例 4-1 构件图形

图 4-13 是一个左右对称的图形，绘制时可用“直线”“矩形”和“倒角”等命令画出左部分图形，然后利用“镜像”命令完成右部分图形的绘制。

绘制思路如图 4-14 所示。

第 1 步，绘制正方形

首先设置图层，创建图 4-15 所示图层，0 图层为白色细点画线（中心线图层），1 图层

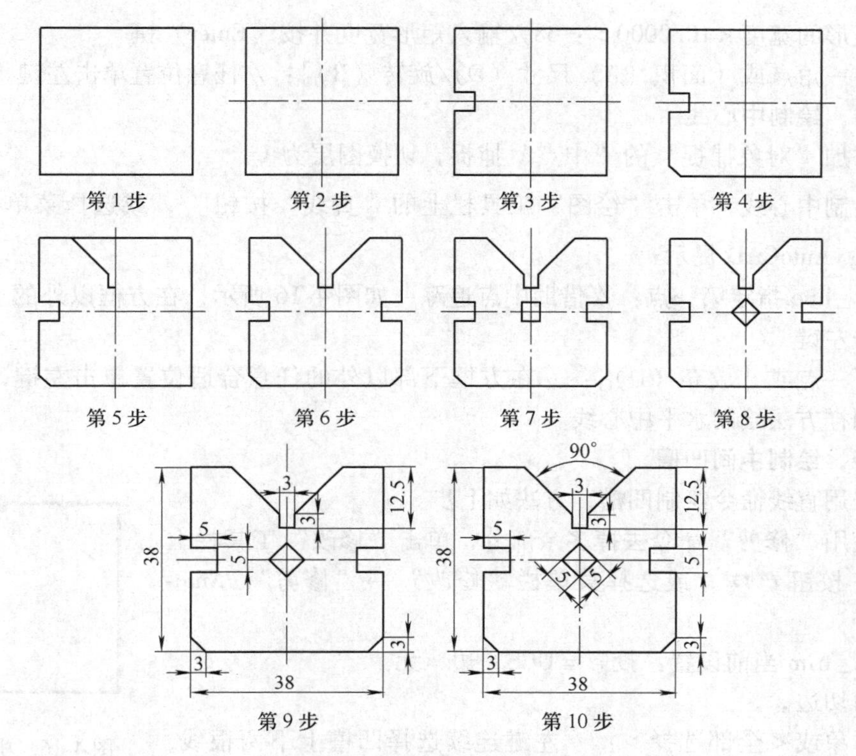

图4-14　例4-1绘制思路

为白色粗实线（构图线图层），线宽0.3mm。2图层为白色细实线（标注线图层），线宽为默认。选择图层1。

当前图层：0　　搜索图层

过滤器：全部 — 所有使用的图层

状	名称	开	冻结	锁...	颜色	线型	线宽	透明度	打印...	打.	新.	说明
✓	0				白	CENTER2	—— 默认	0	Color_7			
	1				白	Continuous	—— 0.3...	0	Color_7			
	2				白	Continuous	—— 默认	0	Color_7			

图4-15　设置图层

然后按下窗口下面的“状态栏”中的“显示/隐藏线宽”按钮显示线宽。按下“状态栏”中的“正交”按钮，打开正交。按下“状态栏”中的“对象捕捉”按钮，打开对象捕捉。按下“状态栏”中的“对象捕捉追踪”按钮，打开对象捕捉追踪。

最后绘制正方形，单击“绘图”工具栏上的“矩形”按钮，或选择菜单栏“绘图”→“矩形”，AutoCAD提示：

命令：_rectang 指定第一角点或［倒角（C）/标高（E）/圆角（F）/厚度（T）/宽度（W）］：//任意位置单击左键

指定另一角点或［面积（A）/尺寸（D）/旋转（R）］：D//设定按尺寸绘制另一角点，按〈Enter〉键

指定矩形的长度<10.0000>：38//输入矩形长度并按〈Enter〉键

指定矩形的宽度 <10.0000>：38//输入矩形宽度并按〈Enter〉键

指定另一角点或［面积（A)/尺寸（D)/旋转（R)］：//任意位置单击左键

第2步，绘制中心线

首先添加“对象捕捉”的“中点”捕捉，切换图层为1。

然后绘制中心线，单击“绘图”工具栏上的“直线”按钮，或选择菜单栏“绘图”→“直线”，AutoCAD 提示：

命令：_line 指定第一点：//借助中点追踪，如图4-16所示，在方框以外的上部任意合适位置单击左键

指定下一点或［放弃（U)］：//在方框下部以外的任意合适位置单击左键，绘制垂直中心线。同样方法绘制水平中心线。

第3步，绘制中间凹槽

首先采用直线命令绘制凹槽，方法如上步。

然后使用“修剪”命令去掉多余部分，单击“修改”工具栏上的“修剪”按钮，或选择菜单栏“修改”→“修剪”，AutoCAD 提示：

命令：_trim 当前设置：投影 = UCS，边 = 无

选择剪切边...

选择对象或 <全部选择>：//左键连续选择凹槽上下两根线，按〈Enter〉键（选择修剪边）

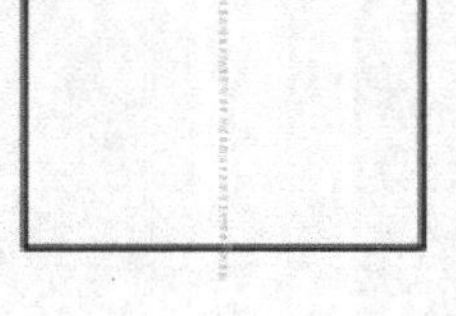

图4-16　中点追踪

要修剪的对象，或按住〈Shift〉键选择要延伸的对象，或［栏选（F)/窗交（C)/投影（P)/边（E)/删除（R)/放弃（U)］：//左键选择方框左边框（选择要修剪的对象）。

第4步，绘制倒角

单击“修改”工具栏的“圆角”按钮旁的向下三角，切换为“倒角”按钮，然后按下，或选择菜单栏“修改”→“倒角”，AutoCAD 提示：

命令：_chamfer 选择第一条直线或［放弃（U)/多段线（P)/距离（D)/角度（A)/修剪（T)/方式（E)/多个（M)］：D//按〈Enter〉键

指定第一个倒角距离 <0.0000>：3//按〈Enter〉键（设定第一条边的倒角距离）。

指定第二个倒角距离 <3.0000>：//直接按〈Enter〉键（设定第二条边的倒角距离）。

选择第一条直线或［放弃（U)/多段线（P)/距离（D)/角度（A)/修剪（T)/方式（E)/多个（M)］：//左键点选1边

选择第二条直线，或按住〈Shift〉键选择要应用角点的直线：//左键点选2边即成。

第5步，绘制斜线

首先使用“直线”绘制图形上部凹槽的左半部，方法如上。然后取消“正交”模式，绘制斜线，单击“绘图”工具栏上的“直线”按钮，或选择菜单栏“绘图”→“直线”，AutoCAD 提示：

命令：_line 指定第一点：//左键点选图中1处

指定下一点或［放弃（U)］：<135//确定斜线方向，按〈Enter〉键

指定下一点或［放弃（U)］：//左键点选方框外任一点处

最后修剪斜线多余部分，方法如上。

第 6 步，左右镜像

单击“修改”工具栏的“镜像”按钮镜像，或选择菜单栏“修改”→“镜像”，AutoCAD 提示：

命令：_mirror 选择对象：//选中左部所有图形（要进行镜像的实体目标）

选择对象：//按〈Enter〉键结束选择（也可继续选取进行镜像的实体目标）

指定镜像线的第一点：//单击垂直中心线上任一点

指定镜像线的第二点：//单击垂直中心线上另任一点

要删除源对象吗？[是（Y）/否（N）] <N>：//按〈Enter〉键即成

修剪多余部分，方法如上。

第 7 步，绘制中间正方形

使用“直线”命令绘制边长为 5 的正方形，方法如上。

第 8 步，旋转中间正方形

单击“修改”工具栏的“旋转”按钮旋转，或选择菜单栏“修改”→“旋转”，AutoCAD 提示：

命令：_rotate UCS 当前的正角方向：ANGDIR = 逆时针 ANGBASE = 0

选择对象：//点选正方形（选择要旋转的对象）

选择对象：//按〈Enter〉键结束选择（也可继续选择）

指定基点：//单击中心线交点，按〈Enter〉键（确定旋转中心点）

指定旋转角度，或［复制（C）/参照（R）]<0>：45//按〈Enter〉键即成

第 9 步，线性标注

切换图层为 2。切换 AutoCAD 界面到“注释”，注释界面的工具栏如图 4-17 所示。利用“线性”按钮标注水平、垂直方向的尺寸。以标注“38”尺寸为例：

图 4-17 注释界面的工具栏

单击“标注”工具栏的下三角，单击“线性”按钮线性；或选择菜单栏“标注”→“线性”；AutoCAD 提示：

命令：_dimliner 指定第一条尺寸界线原点或 <选择对象>：//单击正方形左边框上端点

指定第二条尺寸界线原点：//单击正方形左边框下端点

指定尺寸线位置或［多行文字（M）/文字（T）/角度（A）/水平（H）/垂直（V）/旋转（R）]：//鼠标拖动单击左键确定即成

第 10 步，对齐标注，角度标注

利用“对齐”按钮标注斜线的尺寸，以标注中间“5”尺寸为例：

单击“标注”工具栏的下三角，单击“对齐”按钮 对齐；或选择菜单栏“标注”→“对齐”；AutoCAD 提示：

命令：_dimaligned 指定第一条尺寸界线原点或 <选择对象>：//单击选中间正方形右下边框上端点

指定第二条尺寸界线原点：//单击选中间正方形右下边框下端点

指定尺寸线位置或［多行文字（M）/文字（T）/角度（A）/水平（H）/垂直（V）/旋转（R）］：//鼠标拖动到合适位置单击左键确定即成

利用“角度”按钮标注两斜线角度的尺寸，以标注“90°”尺寸为例：

单击“标注”工具栏的下三角，单击“角度”按钮 角度；或选择菜单栏“标注”→“角度”；AutoCAD 提示：

命令：_dimangular 选择圆弧、圆、直线或 <指定顶点>：//单击选一条斜边

选择第二条直线：//单击选另一条斜边

指定标注弧线位置或［多行文字（M）/文字（T）/角度（A）/象限点（Q）］：//鼠标拖动到合适位置单击左键确定即成。

4.7 曲线类图形的绘制、编辑与标注

曲线类图形的最大特点是线条会有圆、圆弧等曲线，下面通过例题来学习曲线类图形的绘制、编辑与标注。

【例 4-2】 试绘制图 4-18 所示构件图形，并标注尺寸。

图 4-18 是一个上下左右均对称的图形，绘制时可用“多边形”“直线”“偏移”和“倒圆角”等命令画出左上角部分图形，然后利用“阵列”命令完成全部图形。

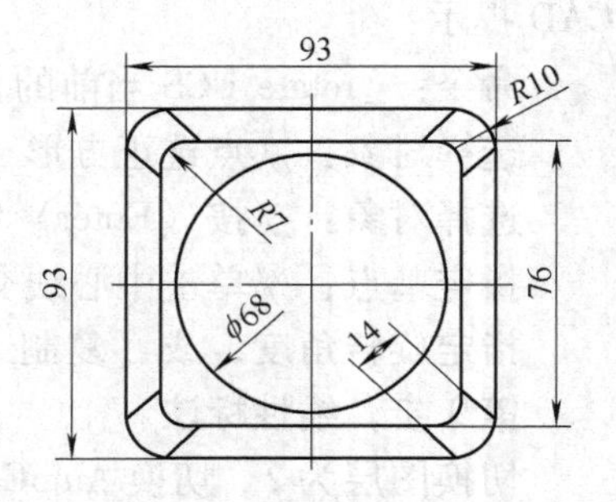

图 4-18 例 4-2 构件图形

绘制思路如图 4-19 所示。

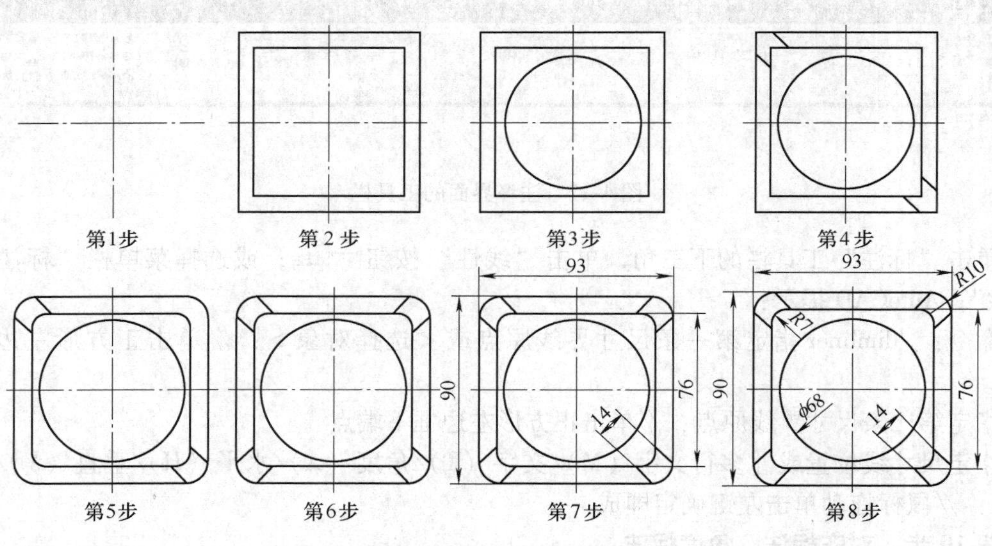

图 4-19 例 4-2 绘制思路

第 1 步，绘制中心线

首先创建图层，方法同上：0 图层为白色细点画线；1 图层为白色粗实线，线宽 0. 3mm；2 图层白色细实线，线宽为默认。然后按下窗口下面的“状态栏”中的“显示/隐藏线宽”按钮显示线宽。按下“状态栏”中的“正交”按钮，打开正交。按下“状态栏”中的“对象捕捉”按钮，打开对象捕捉。按下“状态栏”中的“对象捕捉追踪”按钮，打开对象捕捉追踪。切换为 0 图层，用“直线”按钮绘制中心线，方法如前所述。

第 2 步，绘制正方形

切换为 1 图层，绘制正方形，单击“绘图”工具栏上的“多边形”按钮，或选择菜单栏“绘图”→“多边形”，AutoCAD 提示：

命令：_polygon 输入边的数目 <4>：//按〈Enter〉键（可按需求输入数值）

指定正多边形的中心点或［边（E）］：//单击中心线交点按〈Enter〉键（可按需求输入点坐标）

输入选项［内接于圆（I）/外切于圆（C）］<I>：C//按〈Enter〉键

指定圆的半径：46. 5//按〈Enter〉键即成

同样方法绘制另一边长为 76 的正方形。

第 3 步，绘制圆

绘制圆，单击“绘图”工具栏上的“圆”按钮的下三角，选择“圆心，半径”按钮圆心，半径，或选择菜单栏“绘图”→“圆”→“圆心，半径”，AutoCAD 提示：

命令：_circle

指定圆的圆心或［三点（3P）/两点（2P）/切点、切点、半径（T）］：//单击中心线交点（圆心位置）

指定圆的半径或［直径（D）］：34//按〈Enter〉键（设置半径），绘制完毕

第 4 步，绘制左上角部分图形斜线

首先用“直线”按钮绘制对角线，“偏移”命令示意图如图 4-20 所示，方法如前所述，需将“正交”关闭。然后利用“偏移”命令绘制斜线。单击“修改”工具栏的“偏移”按钮，选择菜单栏“修改”→“偏移”，AutoCAD 提示：

命令：_offset

指定偏移距离或［通过（T）/删除（E）/图层（L）］<通过>：7//按〈Enter〉键（设置偏移距离）

选择要偏移的对象，或［退出（E）/放弃（U）］<退出>：//单击对角线

指定要偏移的那一侧上的点，或［退出（E）/多个（M）/放弃（U）］<退出>：M//设置做多条偏移线

指定要偏移的那一侧上的点，或［退出（E）/放弃（U）］<下一个对象>：//单击对角线上方任一点

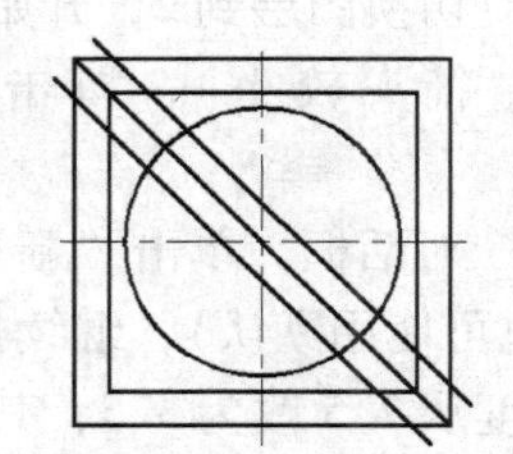

图 4-20 “偏移”命令示意图

指定要偏移的那一侧上的点，或［退出（E）/放弃（U）］<下一个对象>：//单击对角线下方任一点，按〈Enter〉键退出命令。

最后删除对角线，使用“修剪”命令将偏移线中的多余段剪除。

第5步，绘制左上角部分图形倒角

单击“修改”工具栏的“圆角”按钮 圆角 ·，或选择菜单栏“修改”→“圆角”，AutoCAD提示：

命令：_fillet

选择第一个对象或［放弃（U）/多段线（P）/半径（R）/修剪（T）/多个（M）］：R//按〈Enter〉键（修改半径）

指定圆角半径<0.0000>：10//按〈Enter〉键

选择第一个对象或［放弃（U）/多段线（P）/半径（R）/修剪（T）/多个（M）］：//单击1边（要倒圆角的一条边）

选择第二个对象，或按住<Shift>键选择要应用角点的对象：//单击2边（要倒圆角的另一条边）即成

按〈Enter〉键，重复上述操作，依次选择四边，将四角处的圆角均绘制好。

同样方法，将内部正方形的四角倒圆角绘制好（注意修改圆角半径）。

第6步，绘制其他三个角部分图形

采用“阵列”绘制剩下图形，单击“修改”工具栏的“阵列”按钮 阵列 ·的右三角，选择“环形矩阵”按钮 环形阵列，或选择菜单栏“修改”→“阵列”→“环形阵列”，AutoCAD提示：

命令：_arraypolar

选择对象：//单击选择两斜线，按〈Enter〉键，选择完毕

指定阵列的中心点或［基点（B）/旋转轴（A）］：//两中心线交点

输入项目数或［项目间角度（A）/表达式（E）］<4>：//按〈Enter〉键

指定填充角度（+=逆时针、-=顺时针）或［表达式（EX）］<360>：//按〈Enter〉键

按〈Enter〉键接受或［关联（AS）/基点（B）/项目（I）/项目间角度（A）/填充角度（F）/行（ROW）/层（L）/旋转项目（ROT）/退出（X）］<退出>：//按〈Enter〉键

第7步，直线标注

切换图层到2，开始标注。首先创建新的标注样式（因为AutoCAD的默认标注样式文字、箭头较小），单击“标注样式管理器”按钮（“标注”按钮旁边的斜下箭头 标注 ▾ ），或选择菜单栏“标注”→“标注样式”，打开“标注样式管理器”对话框，单击“新建”按钮，打开“创建新标注样式”对话框，编辑任意新样式名（也可使用默认），继续打开图4-21所示的“创建新标注样式”对话框。将箭头大小和文字高度从2.5改为3.5，其他不变。然后将新建标注样式置为当前，开始标注。线性标注和对齐标注方法如前所述，完成图中的93、76、14标注。

第8步，圆、圆弧的标注

图中的尺寸R7、R10均为半径标注，ϕ68为直径标注。

首先以R7为例介绍半径标注。

单击“标注”工具栏的下三角，单击“半径”按钮 半径；或选择菜单栏“标注”→“半径”；AutoCAD提示：

命令：_dimradius 选择圆弧或圆：//单击选R7圆弧

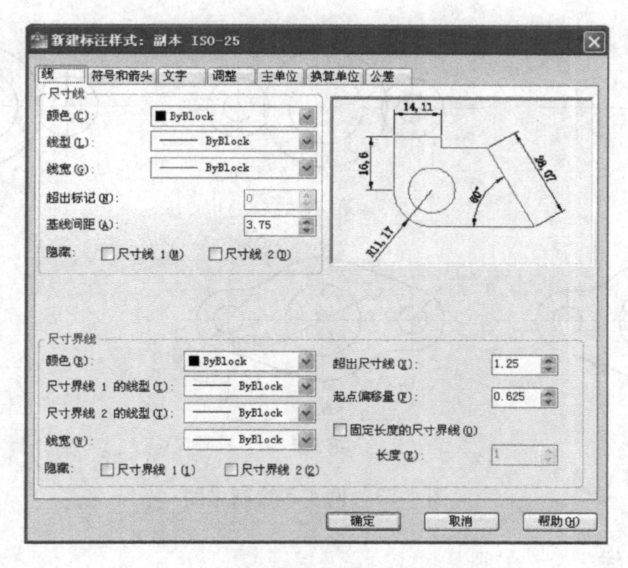

图 4-21 “创建新标注样式”对话框

指定尺寸线位置或［多行文字（M）/文字（T）/角度（A）］：//鼠标拖动到合适位置单击左键确定即成

同样方法完成 $R10$ 标注。

然后进行 $\phi 68$ 直径标注。

单击“标注”工具栏的下三角，单击“直径”按钮⊘直径；或选择菜单栏“标注”→“直径”；AutoCAD 提示：

命令：_dimdiameter 选择圆弧或圆：//点选 $\phi 68$ 圆

指定尺寸线位置或［多行文字（M）/文字（T）/角度（A）］：//鼠标拖动到合适位置单击左键确定即成

【例 4-3】 试绘制图 4-22 所示构件图形，并标注尺寸。

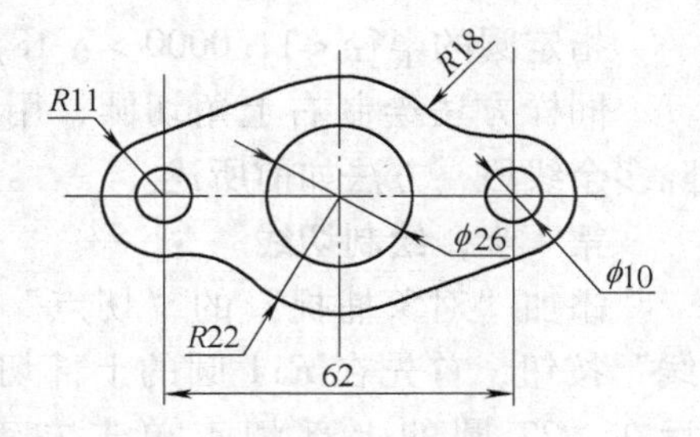

图 4-22 例 4-3 构件图形

图 4-22 是一个对角对称的图形，绘制时可用“圆形”“直线”“偏移”和“镜像”等命令完成图形。

绘制思路如图 4-23 所示。

第 1 步，绘制中心线

首先设置图层，方法同上：创建图层，0 图层为白色细点画线；1 图层为白色粗实线，线宽 0.3mm；2 图层为白色细实线，线宽为默认。然后按下窗口下面的“状态栏”中的“显示/隐藏线宽”按钮显示线宽。按下“状态栏”中的“正交”按钮，打开正交。按下“状态栏”中的“对象捕捉”，打开对象捕捉。按下“状态栏”中的“对象捕捉追踪”，打开对象捕捉追踪。最后切换为 0 图层，用“直线”命令绘制水平中心线、垂直中心线和左端垂直中心线，然后用“偏移”命令偏移左端垂直中心线得到右端垂直中心线，具体方法如前所述。

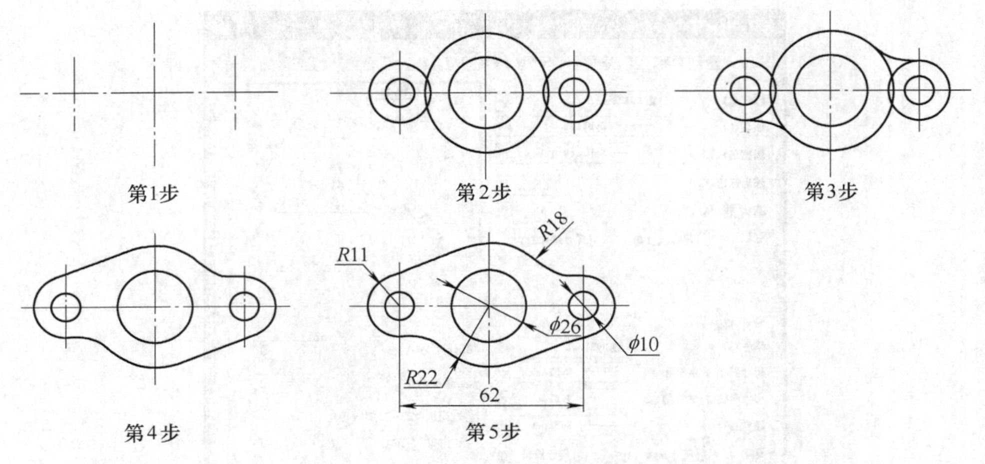

图 4-23　例 4-3 绘制思路

第 2 步，绘制圆线

切换到 1 图层，使用“圆心，半径”按钮绘制 $R11$，$R22$，$\phi26$，$\phi10$ 的圆，方法如前所述，或先绘制左端 $R11$，$\phi10$ 同心圆，然后镜像出右端图形。

第 3 步，绘制切圆线

绘制切圆，单击“绘图”工具栏上的“圆”按钮圆的下三角，选择“相切，相切，半径”按钮相切，相切，半径；或选择菜单栏“绘图”→“圆”→“相切，相切，半径”；AutoCAD 提示：

命令：_circle 指定圆的圆心或［三点（3P）/两点（2P）/切点、切点、半径（T）]：T//按〈Enter〉键

指定对象与圆的第一个切点：//单击左端 $R11$ 圆的下部任一位置

指定对象与圆的第二个切点：//单击中间 $R22$ 圆的左下部任一位置

指定圆的半径 <11.0000>：18//按〈Enter〉键

同样方法绘制右上角切圆，用“修剪”按钮剪除多余线段，方法如前所述。

第 4 步，绘制切线

添加“对象捕捉”的“切点”捕捉，选择“直线”按钮，首先在 $R11$ 圆的上部切点单击左键，然后在 $R22$ 圆的上部切点单击左键（绘制切线如图 4-24所示），按〈Enter〉键，完成左上部切线绘制。同样方法绘制右下部切线，用“修剪”按钮剪除多余线段，方法如上介绍。

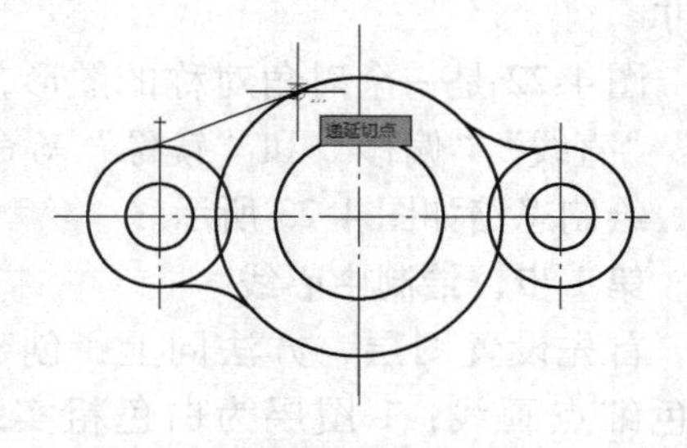

图 4-24　绘制切线

提示与指导：

绘制切线、切圆时选择合适的切点位置十分重要。应首先估算出切线、切圆的切点位置，在其附近单击左键确定切点。

第 5 步，标注直线、圆

切换到 2 图层，标注方法如上所述，标注出直线 62，圆 $R11$、$R22$、$R18$、$\phi26$ 和 $\phi10$ 尺寸。

4.8 技能训练

4.8.1 直线类图形的绘制、编辑与标注

1. 实训目的

1）加深对 AutoCAD 2012 绘图软件各种组成部分的理解。

2）掌握直线类图形的绘制和编辑的基本方法。

3）掌握直线类图形标注的基本方法。

2. 实训内容与要求

1）使用 AutoCAD 2012 绘图软件绘制图 4-25 ~ 图 4-27 所示构件图形。

2）标注构件图形尺寸。

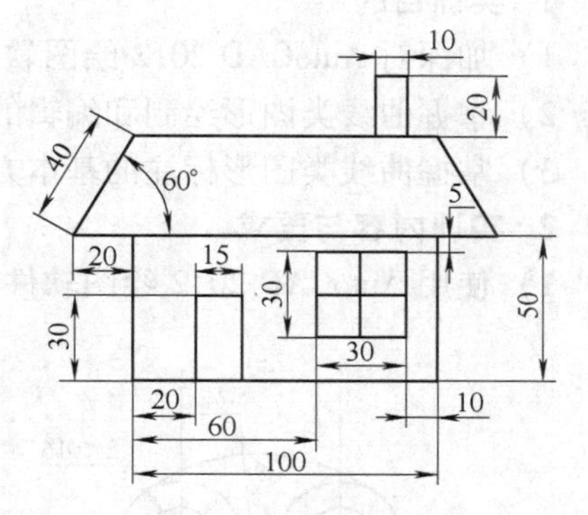

图 4-25　构件图形 1

图 4-25 所示构件图形绘图提示：该图形主要采用“直线”命令绘制即可，并且大部分线段均为正交线段，仅有两条斜线，注意采用极坐标的定点方式绘制。

图 4-26 所示构件图形绘图提示：该图形所有斜线均无尺寸，绘制要先确定斜线方向（按下“直线”按钮，单击线段起点，直接输入 < 角度），然后在此方向上绘制一条较长的斜线，与另外一条线相交，以相交点确定斜线长度，多余部分“修剪”掉。

图 4-27 所示构件图形绘图提示：该图形在直线基础上加入了弧线和圆的绘制，都采用“圆心，半径”绘制即可，注意圆心位置不要错误。同时图形做了倒角，注意倒角距离第一个和第二个均为 14。

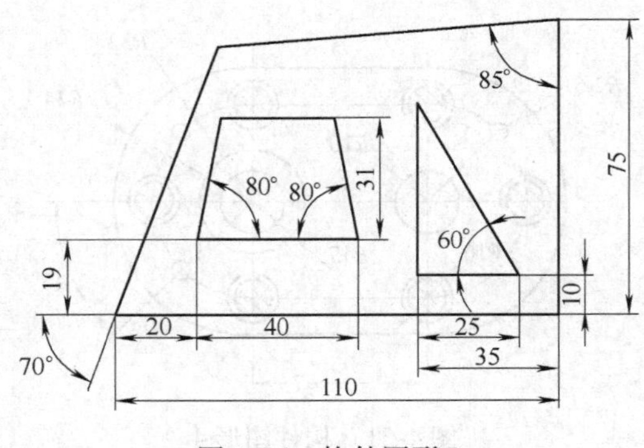

图 4-26　构件图形 2

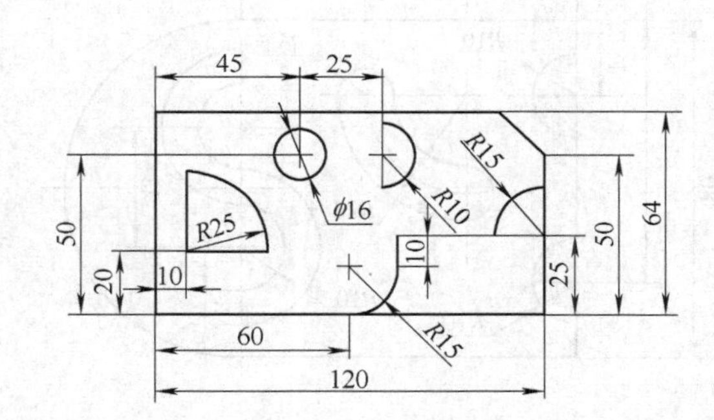

图 4-27　构件图形 3

3. 考核与评分标准

直线类图形的绘制、编辑与标注实训成绩评定标准如表 4-1 所示。

表 4-1　直线类图形的绘制、编辑与标注实训成绩评定标准

实训时间	评分项目	配　分	构件图形 1	构件图形 2	构件图形 3	总　分
45min	图形绘制	70				
	尺寸标注	30				

4.8.2　曲线类图形的绘制、编辑与标注

1. 实训目的

1）加深对 AutoCAD 2012 绘图软件各种组成部分的理解。

2）掌握曲线类图形绘制和编辑的基本方法。

3）掌握曲线类图形标注的基本方法。

2. 实训内容与要求

1）使用 AutoCAD 2012 绘图软件绘制图 4-28 ~ 图 4-31 所示各构件图形。

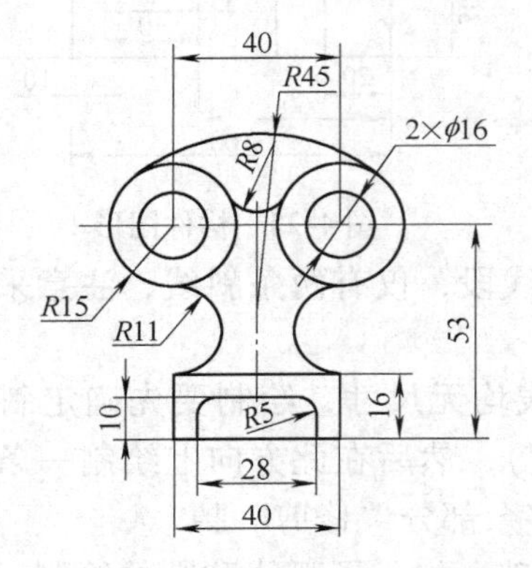

图 4-28　构件图形 1

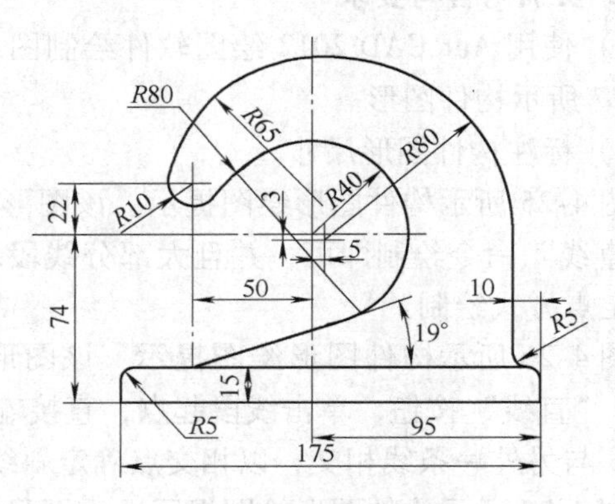

图 4-29　构件图形 2

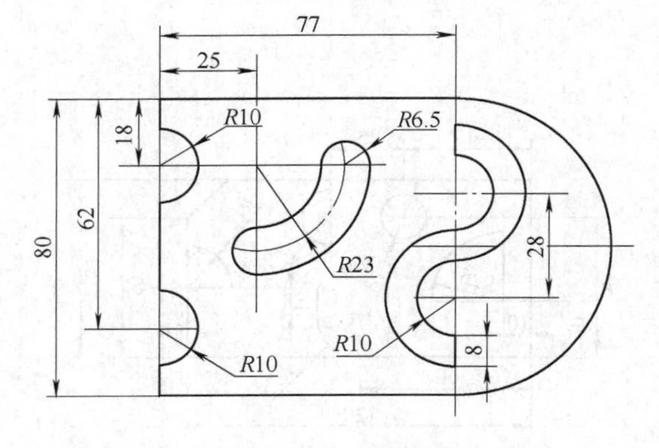

图 4-30　构件图形 3

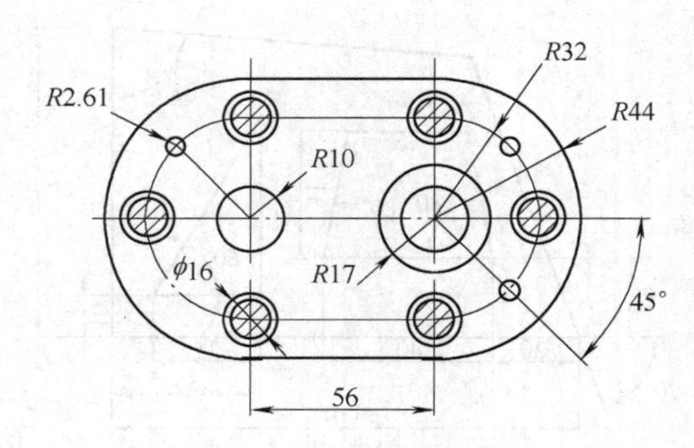

图 4-31　构件图形 4

2）标注构件图形尺寸。

图 4-28 所示构件图形绘图提示：该图形加入了“相切，相切，半径”命令绘制圆的方法，图形中所有的圆弧线（除最下面 *R*5 倒圆角）均采用此种方法绘制，绘制时注意切点的

选择，应在实际位置附近选择。

图 4-29 所示构件图形绘图提示：该图中 *R*10、*R*40、*R*80 的三个圆弧均采用“圆心，半径”命令绘制圆而后根据交点修剪为圆弧；*R*65、*R*80 两个圆弧采用“相切，相切，半径”命令绘制圆而后根据交点修剪为圆弧；*R*5 为倒圆角。

图 4-30 所示构件图形绘图提示：该图中所有圆弧均采用“圆心，半径”命令绘制圆而后修剪为半圆或 1/4 圆的圆弧，其中 *R*6. 5 的圆弧为中心线圆弧。

图 4-31 所示构件图形绘图提示：该图需要采用“图案填充”命令填充 45°斜线，同时 ϕ16 带填充的圆有 6 个，可先绘制一个，而后采用“复制”命令绘制其余几个。

3. 考核与评分标准

曲线类图形的绘制、编辑与标注实训成绩评定标准如表 4-2 所示。

表 4-2　曲线类图形的绘制、编辑与标注实训成绩评定标准

实训时间	评分项目	配　分	构件图形 1	构件图形 2	构件图形 3	构件图形 4	总　分
90min	图形绘制	70					
	尺寸标注	30					

4. 9　小结

本章简单介绍了 AutoCAD 2012 绘图软件的基本操作方法。工作接口主要由标题栏、绘图窗口、下拉菜单、工具栏、滚动条、状态区及命令提示窗口 7 个部分组成。进行工程设计时，用户通过工具栏、下拉菜单或命令提示窗口发出命令，在绘图区中画出图形，而状态区则显示出绘图过程中的各种信息，并提供给用户各种辅助绘图工具。

AutoCAD 2012 为用户提供了多种画线及定位的辅助工具，如正交模式、对象捕捉、极轴追踪及自动追踪等，掌握这些工具并学会一些实用技巧，将极大地提高用户绘图的速度。实际绘图时，可同时打开对象捕捉、极轴追踪及自动追踪功能，这样既能方便地沿极轴方向画线，又能较容易地沿极轴方向定位。

平面绘图中的编辑工作概括起来可以分成：移动、复制、旋转、缩放、拉伸及对齐等几类，针对这些编辑项目，AutoCAD 2012 提供了丰富的编辑命令，其中关键点编辑方式是最具特点的，它集中提供了常用的五种编辑功能，使用户不必每次在工具栏上选定命令按钮就可以完成大部分的编辑任务。

4. 10　习题

4. 10. 1　选择题

（将正确选项填在题后的括号内）。

1. 计算机辅助设计的英文缩写字母是（　　）。

a. CAE　　b. CAM　　c. CAD　　d. CAT

2. AutoCAD 中，对象的阵列具有的方式是（　　）。

a. 环形和矩形　　b. 圆形和矩形　　c. 线形和环形　　d. 圆形和线形

3. Auto CAD 2012 图形文件和图形样板文件的扩展名分别是（　　）。

a. DWT、DWG　　b. DWG、DWT　　c. BMP、BAK　　d. BAK、BMP

4. 在 AutoCAD 中，下列坐标中使用绝对极坐标的是（　　）。

a. （31，69）　　b. （31 <69）　　c. （@31 <69）　　d. （@31，69）

5. AutoCAD 系统默认的正角度测量按（　　）。

a. 顺时针方向　　b. 逆时针方向　　c. 任意方向

6. 下列命令中没有复制功能的是（　　）。

a. 移动命令　　b. 阵列命令　　c. 偏移命令　　d. 镜像命令

7. 在 AutoCAD 中被锁定的层上（　　）。

a. 不能增画新的图形　　b. 不显示本层图形

c. 不可修改本层图形　　d. 以上全不能

8. 在 AutoCAD 命令输入方式中，以下不可以采用的方式是（　　）。

a. 用键盘直接在命令窗口输入　　b. 点取命令图标

c. 在菜单栏点取命令　　d. 利用数字键输入

9. 要绘制与 3 个对象相切的圆可以通过以下（　　）。

a. 绘图/圆/相切、相切、相切命令　　b. 绘图/圆/三点命令

c. 绘图/圆/相切、相切、半径命令　　d. 绘图/圆/两点命令

10. 绘图过程中，当图形较大显示不全时，想获得全屏显示需进行的操作是（　　）。

a. 视图/缩放/放大　　b. 视图/缩放/范围

c. 视图/缩放/窗口　　d. 视图/缩放/中心点

4.10.2　判断题

（正确的在括号内画✓，错误的画×）。

1. “正交”功能用于绘制水平线和垂直线，正交状态下不能绘制斜线。（　　）

2. “点”命令只能绘制单点，如需绘制多个等距离点，则应重复使用该命令。（　　）

3. “镜像”命令适用于对称反向图形的复制，该命令操作时必须删除原对象。（　　）

4. 使用“wblock”命令定义的图块可以在任何图形文件中使用。（　　）

5. 要编辑用“多线”命令绘制的图形，必须先将该图形进行分解操作。（　　）

6. 图形标注时，可根据需要在“标注样式管理器”中进行修改设置。（　　）

7. 处于锁定状态的图层上的图形，系统将不会在屏幕上显示。（　　）

8. 按坐标系原点位置是否可变，坐标系又可分为世界坐标系和用户坐标系。（　　）

9. 在执行“修剪”命令时，当命令提示窗口第一次出现“选择对象”提示时，应选择被修剪的对象。（　　）

10. “模型空间”具有无限大的绘图区域，通常用于绘制图形，而“布局空间”既可以绘制图形，又可以用于图形的输出。（　　）

4.10.3 绘图题

准确绘制图 4-32 所示的各构件图形，并进行标注。

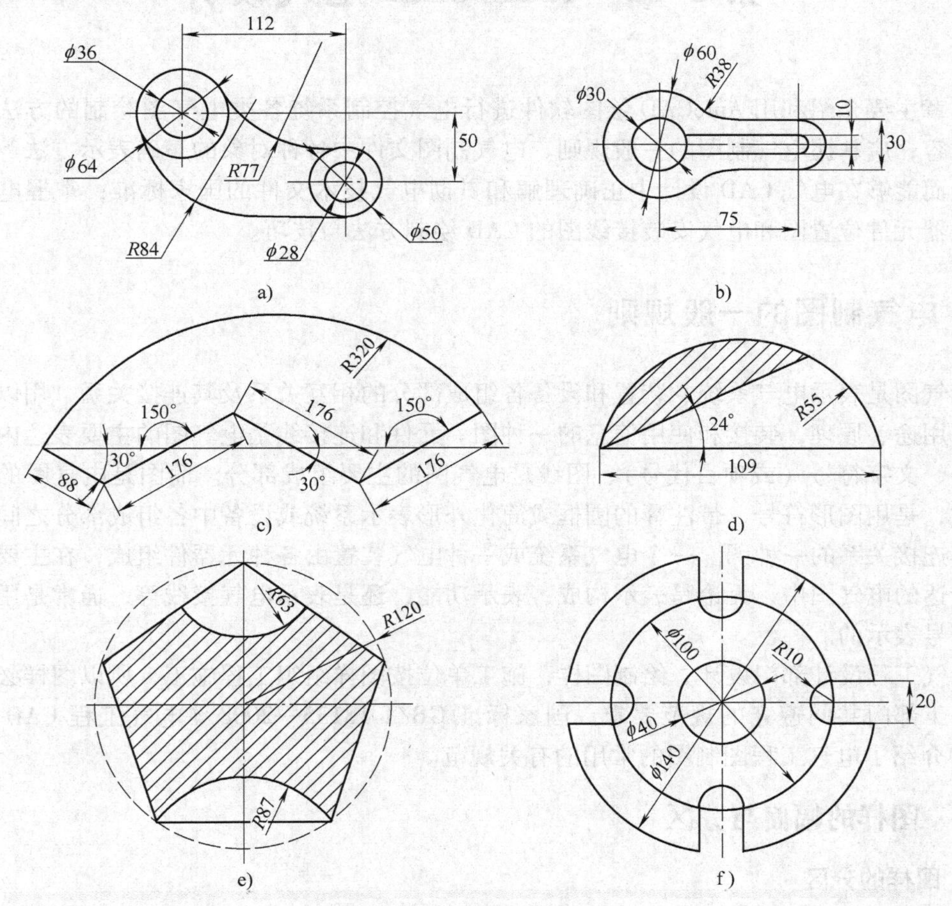

图 4-32 构件图形

第5章　AutoCAD电气设计

本章主要介绍利用AutoCAD绘图软件进行电气控制系统各类电气图绘制的方法。学习本章内容，应掌握电气制图的一般规则、电气制图文件中各种对象的正确表示方法等相关内容，从而能够在电气CAD设计中正确理解和贯彻电气技术文件的国家标准；掌握电气原理图、电器元件位置图和电气安装接线图的CAD绘制方法与技巧。

5.1　电气制图的一般规则

电气图是表示电气系统、装置和设备各组成部分的相互关系及其连接关系，用以表达其功能、用途、原理、装接和使用信息的一种图。元件和连接线是电气图的主要表达内容，图形符号、文字符号（或项目代号）、图线是电气图的主要组成部分。简图是电气图的主要表达方式，是用图形符号、带注释的围框或简化外形表示系统或设备中各组成部分之间相互关系及其连接关系的一种图。一个电气系统或一种电气装置由各种元器件组成，在主要以简图形式表达的电气图中，无论是表示构成，表示功能，还是表示电气接线等，通常是用简单的图形符号表示的。

电气工程设计部门设计、绘制图样，施工单位按图样组织工程施工，所以图样必须有设计和施工部门共同遵守的规范要求。国家标准GB/T 18135—2008《电气工程CAD制图规则》中介绍了电气工程图制图的常用的有关规范。

5.1.1　图样的幅面与分区

1. 图样的分区

完整的电气图图面通常由边框线、图框线、标题栏及会签栏组成，如图5-1所示。

长：L

宽：B

留装订边边宽：c

装订侧边宽：a

标题栏用于确定图样名称、图号、制图者及审核者等信息。一般由更改区、签字区、名称及代号区等组成，可按实际需要增加或减少。一般放在右下角位置，也可根据需要改变位置，但必须在本张图样上。标题栏文字方向应与看图方向一致，图样中的尺寸标注、符号及说明均应以标题栏的文字方向为准。

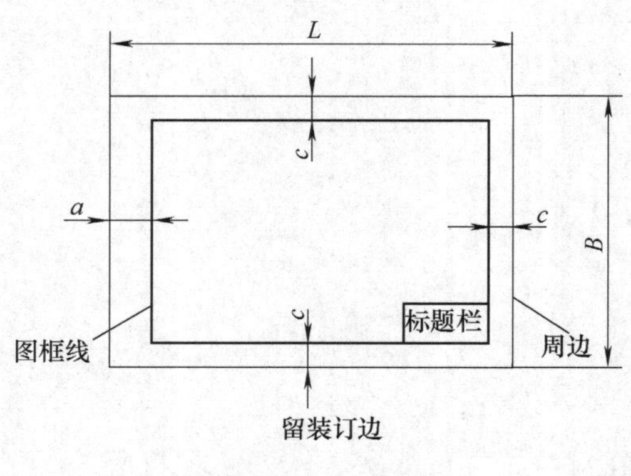

图5-1　图面的构成

目前我国尚没有统一规定标题栏的格式，

各设计部门标题栏格式不一定相同，基本的标题栏格式应包括设计单位的名称、工程名称、图名、比例及图号等。

会签栏用于相关的水、暖、建筑及工艺等专业设计人员会审图样时签名，不需要会签的图样可以不设置会签栏。

2. 幅面尺寸

由边框线所围成的图面称为图样的幅面。幅面尺寸共分5类：A0～A4，如表5-1所示。装订时，一般A4幅面采用竖装，A3幅面采用横装。必要时也允许选用加长幅面，这些加长幅面的尺寸是由基本幅面的短边或整数倍增加后得到的。

表5-1　基本幅面尺寸及代号　（单位：mm）

基本幅面代号	A0	A1	A2	A3	A4
宽×长（$B\times L$）	841×1189	594×841	420×594	297×420	210×297
留装订边边宽（c）	10	10	10	5	5
不留装订边边宽（e）	20	20	10	10	10
装订侧边宽（a）	25	25	25	25	25

3. 图幅分区

图幅分区方式有两种，一种是将图样相互垂直的两边各自加以等分，分区数目视图的复杂程度，分区长度应在25～75mm之间，线宽不小于0.5mm。竖边（行号）用大写拉丁字母表示；横边（列号）用阿拉伯数字表示；区号为字母和数字的组合，先写字母，后写数字。图幅分区方法如图5-2所示。

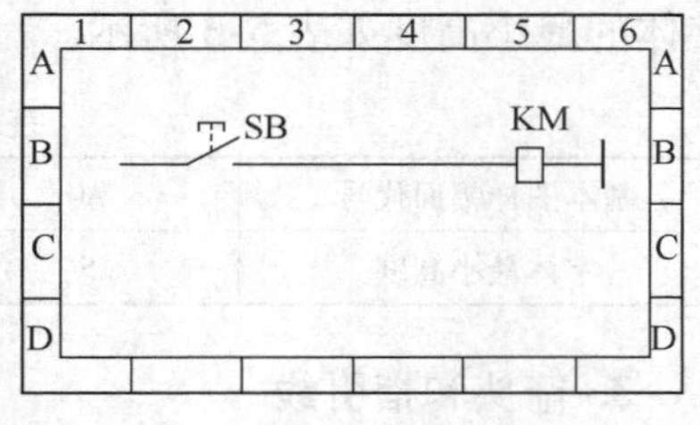

图5-2　图幅分区方法

图幅分区后，电气图上的电器元件和连接线的位置便唯一地确定下来，如按钮SB与接触器KM线圈的位置分别是B2和B5，如此可以很方便地在图中找到所需元件。

另一种分区长度不等，分区方法是根据电路的布置方式而定，分区数不限，分区顺序编号方式不变，只需单边编号，其对边标注主要设备或支电路的名称、用途。

5.1.2　图线、字体及其他

1. 图线

（1）图线的形式

图线的形式及应用范围如表5-2所示，为电气图一般使用的图线，包括实线、虚线、点画线和双点画线。如需在特殊领域使用其他形式图线时，必须在有关图上用注释加以说明。

表5-2　图线的形式及应用范围

序号	图线名称	图线形式	代号	图线宽度	应用范围
1	实线	————	A	$b=0.5-2$	基本线、简图主要内容用线，可见轮廓线，可见导线
2	虚线	— — —	F	约$b/3$	辅助线、屏蔽线、机械连接线、不可见轮廓线、不可见导线、计划扩展用线

（续）

序号	图线名称	图线形式	代号	图线宽度	应用范围
3	点划线	—·—·—	G	约 $b/3$	分界线、结构围框线、功能围框线、分组围框线
4	双点划线	—··—··—	K	约 $b/3$	辅助围框线

（2）图线的宽度

任何正式文件的图线宽度不应小于 0.18mm，线宽选取范围为：0.18、0.25、0.35、0.5、0.7、1.0、1.4、2.0mm，如图线采用两种或两种以上宽度，则其两种宽度之比应不小于2∶1。

（3）图线的间距

平行图线的边缘间距应至少为两图线中较粗一条线宽的两倍。如两平行图线宽度相等时，其中心间距应至少为每条图线宽度的 3 倍，最小不小于 0.7mm。

2. 字体和字体取向

国家标准规定电气图中书写的汉字、字母、数字的字体号数分为 20、14、10、7、5、3.5、2.5 七种，汉字采用长仿宋体。字母和数字可用直体、斜体。字体号数即字体的宽度（单位为 mm），约等于字体高度的 2/3。另外，汉字笔画较多，不宜用 2.5 号字。电气图中字体的最小高度如表 5-3 所示。

表 5-3　电气图中字体的最小高度　（单位：mm）

基本图样幅面代号	A0	A1	A2	A3	A4
字体最小高度	5	3.5	2.5	2.5	2.5

3. 箭头和指引线

电气图中的箭头形式分为开口箭头和实心箭头。开口箭头主要用于电器能量、电气信号的传递方向（能量流、信息流流向）；实心箭头主要表示力、运动或可变性方向。

指引线用于指示注释的对象，应为细实线，并在其末端加以下标记，如图 5-3 所示。指向轮廓线内，用一黑点表示；指在轮廓线上，用一实心箭头表示；指在电气连接线上，用一短线表示。

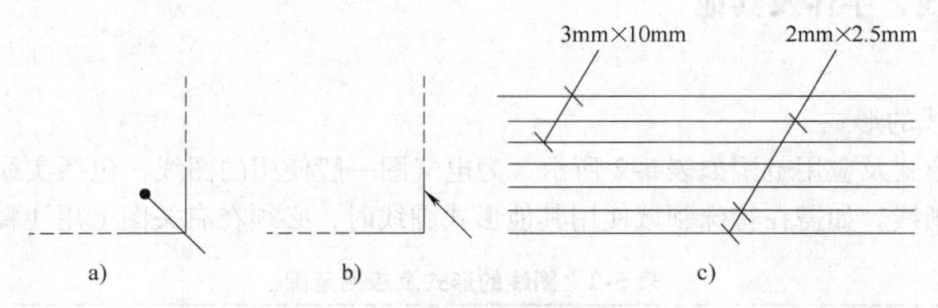

图 5-3　指引线表示方法

a）用黑点表示　b）用实心箭头表示　c）用短线表示

4. 围框

如需在图上显示出图的一部分所表示的是功能单元、结构单元、项目组时，可用点画线围框表示。围框应有规则的形状，且围框线不应与任何元件符号相交，必要时，也可采用不规则的围框形状。

5. 比例

图上所画图形符号的大小与物体实际大小的比值称为比例。大部分电路图都是不按比例绘制的，但位置图等一般按比例绘制或部分按比例绘制，以便于施工。

电气图采用的比例一般为：1∶10、1∶20、1∶50、1∶100、1∶200、1∶500。

6. 尺寸标注

电气图上标注的尺寸数据是电气工程施工和构件加工的重要依据。尺寸由尺寸线、尺寸界线、尺寸起止点、尺寸数字四个要素组成。尺寸标注的基本规则如下：

1）物件的真实大小应以图样上的尺寸数据为依据，与图形大小及绘图准确度无关。

2）图样中的尺寸数字，如无特别说明，一律以 mm 为单位。

3）图样中所标注的尺寸，为该图样所示机件的最后完工尺寸。

4）物件的每一尺寸，一般只标注一次，并标注在反映该结构最清晰的图形上。

5）特定尺寸必须标注符号，如直径符号用 Φ、半径符号用 R、球符号用 S、球直径符号用 $S\Phi$、厚度用 δ 等，字母标准高度 h 的范围为：2.5mm、3.5mm、5.0mm、7.0mm、10.0mm、14.0mm、20.0mm。

尺寸线终点和起点表示方法如表 5-4 所示。

表 5-4　尺寸线终点和起点表示方法

表示方法	要　求
用箭头表示终点	用短线在 15°和 90°之间以方便的角度画成的箭头。箭头可以是开口的、封闭涂黑的。一张图上只能采用一种形式的箭头。但在空间太小或不宜画箭头的地方，可用斜画线或圆点代替
用斜画线表示终点	用短线倾斜 45°角画的斜画线
用空心圆表示起点	用一个直径为 3mm 的小空心圆作起点标记

7. 注释和详图

（1）注释

用图形符号不能清楚表达含意时，可加注释。注释可采用两种方法：一是直接放在要说明对象的附近；二是在所要说明的对象附近加标记，注释放在图中其他位置或另一页。图中有多个注释时，应把注释按编号顺序放在图样边框附近。如果为多张图样，一般性注释放在第一张图样上，其他则放在与其内容相关的图样上，注释方法采用文字、图形及表格等形式均可。

（2）详图

详图的实质是用图形来注释。位置可放在要详细表示对象的图上，如放在另一张图上，要用详图索引标志（总图上）和详图标志（详图位置上）将二者联系起来。

图形符号一般用于图样或其他文件以表示一个设备或概念的图形、标记或字符。

5.2 图形符号、文字符号和项目代号

图形符号、文字符号和项目代号是电气图的主要组成部分。一个电气系统或一种电气装置由各种元器件组成，在主要以简图形式表达的电气图中，无论是表示构成，表示功能，还是表示电气接线等，通常用简单的图形符号表示。

5.2.1 图形符号

1. 图形符号的构成

电气图用图形符号通常由一般符号、符号要素、限定符号、框形符号和组合符号等组成。

1）一般符号：表示一类产品及其特征的一种简单符号。

2）符号要素：一种具有确定意义的简单图形，不能单独使用。

3）限定符号：用以提供附加信息的一种加在其他符号上的符号，通常不能单独使用。

4）框形符号：用以表示元器件、设备等的组合及其功能的一种简单符号，不考虑元器件、设备细节及连接关系。

5）组合符号：通过已规定的符号进行适当组合派生出来的、表示某些特定装置或概念的符号。

2. 图形符号的分类

按“GB4728”电气图用图形符号可分为11类：导线和连接器件，无源元器件，半导体管和电子管，电能的发生和转换，开关、控制和保护装置，测量仪表等和信号器件，电信交换和外围设备，电信传输、电力、照明和电信布置，二进制逻辑元器件，模拟单元。

3. 图形符号的使用规则

1）符号的选择：尽量选用“推荐形式”或“简化形式”的图形符号。

2）符号的大小和方向：图形符号的大小和方向可根据图面布置确定，符号中的文字和指示方向应符合读图要求，符号也可根据图面布置的需要旋转或镜像放置，但不得倒置。

3）符号的组合：如无规定符号，可按规定组合新符号，但必须在图上的注释中加以说明。

4）符号的端子：如端子是符号的一部分，则必须画出端子符号。

5）符号的引出线：在不改变符号含义的前提下，图形符号的引出线可取不同的方向。

6）其他说明：图形符号均是按无电压、无外力作用的正常状态表示。

4. 电气设备用图形符号

电气设备用图形符号主要适用于各种类型的电气设备或电气设备部件，使操作人员了解其用途和操作方法。在电气图中，特别是在某些电气平面图、电气系统说明书用图中，适当使用这些符号，可以补充这些图所包含的内容。

5. 标志用图形符号和标注用图形符号

与某些电气图关系较密切的公共信息标志用图形符号。标注用图形符号是表示产品设计、制造、测量和质量保证过程中所设计的几何特性和制造工艺等。主要有以下几种：安装标高和等高线符号、方向和风向频率标记符号、建筑物定位轴线符号。

5.2.2 文字符号和项目代号

1. 文字符号

文字符号通常由基本文字符号、辅助文字符号和数字组成。用于提供电气设备、装置和元器件的种类字母代码和功能字母代码。

（1）基本文字符号

单字母符号是用英文字母将各种电气设备、装置和元器件划分为23大类，每一类用一个专用字母符号表示，如“F”表示保护器件类。

双字母符号是由一个表示种类的单字母符号与另一个字母组成。而另一个字母通常选用该类设备、装置和元器件的英文名词的首字母，或常用缩略语，或约定俗成的习惯用字母。如FU、FR等。

（2）辅助文字符号

用以表示电气设备、装置、电器元器件及电路的功能、状态和特征。一般不能超过3位字母。可放在表示种类的单字母符号后边组成双字母符号。若辅助文字符号由两个以上字母组成时，只允许采用第一个字母进行组合。辅助文字符号可以单独使用，如“AC”表示交流，“DC”表示直流等。

（3）文字符号的组合

文字符号的组合形式一般为：基本符号+辅助符号+数字序号。

（4）特殊用途文字符号

电气图中，一些特殊用途的接线端子、导线等通常采用一些专用的文字符号，如三相交流电源分别用“L1、L2、L3”表示。

2. 项目代号

项目代号是用以识别图、图表、表格中和设备上的项目种类，并提供项目层次关系、实际位置等信息的一种特定代码。每个表示元器件或其组成部分的符号都必须标注其项目代号。不同的图、图表、表格、说明书中的项目和设备中的该项目均可通过项目代号相互联系。完整的项目代号包括四个相关信息的代号段，每个代号段都用特定前缀符号加以区别。

5.3 电气制图的表示方法

5.3.1 电路的表示方法

电路的表示方法通常有多线表示法、单线表示法和混合表示法3种。

1. 多线表示法

多线表示法是每根连接线或导线各用一条图线表示的方法。其特点是能详细地表达各相或各线的内容，尤其在各相或各线内容不对称的情况下采用此法。

2. 单线表示法

单线表示法是两根或两根以上的连接线或导线，只用一条图线表示的方法。其特点是适用于三相或多线基本对称的情况。

3. 混合表示法

混合表示法是一部分用单线，一部分用多线。其特点是兼有单线表示法简洁精炼的特点，又兼有多线表示法描述对象精确、充分的优点，并且由于两种表示法并存，变化灵活。

5.3.2 电气元器件的表示方法

在电气图中表示一个元器件完整图形符号的方法有集中表示法、半集中表示法和分开表示法。

1. 集中表示法

集中表示法是将设备或成套装置中一个项目各组成部分的图形符号在简图上绘制在一起的方法。其适用于简单的图。各组成部分用机械连接线（虚线）互相连接起来。连接线必须为直线。

2. 半集中表示法

为了使设备和装置的电路布局清晰，易于识别，将一个项目中某些部分的图形符号，在简图上分开布置，并用机械连接符号表示他们之间关系的方法。机械连接线可以弯折、分支和交叉。

3. 分开表示法

为了使设备和装置的电路布局清晰，易于识别，把一个项目中某些部分的图形符号，在简图上分开布置，并仅用项目代号表示他们之间关系的方法。这样图中的点画线减少，图面更简洁。分开表示法与采用集中表示法或半集中表示法的图给出的信息量要等量。

5.3.3 连接线的表示方法

在电气图上，各种图形符号间的相互连线称为连接线。

1. 连接线（或导线）的一般表示方法

一般的图线可以用单条导线表示。对于多条导线，可以分别画出，也可以只画一条图线，但需加标志。若导线少于 4 条，可用短画线数量代表条数；若多于 4 条，可在短画线旁边加数字表示，连接线的表示方法如图 5-4 所示。

表示导线特征的方法如下：

1）在横线上面标出电流种类、配电系统、频率和电压等；在横线下面标出电路的导线数乘以每条导线截面积（mm^2）。当导线的截面不同时，可用“+”将其分开，如图 5-5a 所示。

2）要表示导线的型号、截面积、安装方法等，可采用短画线指引线，加标导线属性和敷设方法，如图 5-5b 所示。

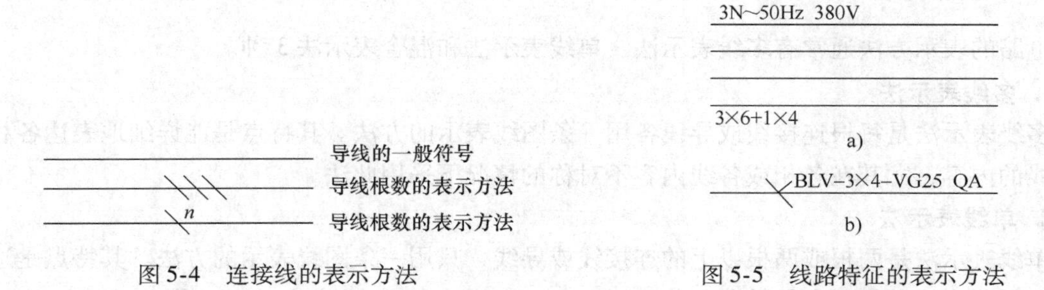

图 5-4 连接线的表示方法　　图 5-5 线路特征的表示方法

3）要表示电路相序的变换、极性的方向、导线的交换等，可采用交换符号表示。

2. 连接线的粗细

电源主电路、一次电路、主信号通路等采用粗线，与之相关的其余部分用细线。

3. 连接线的分组和标记

母线、总线、配电线束及多芯电线电缆等可视为平行连接线。对多条平行连接线，应按功能分组，不能功能分组的，可以任意分组，每组不多于3条，组间距大于线间距离。

连接线标记一般置于连接线上方，也可置于连接线的中断处，必要时，还可在连接线上标出信号特性的信息。

4. 导线连接点的表示方法

1）T形连接点可加实心圆点（·）；

2）对+形连接点可加实心圆点（·）；

3）对交叉而是不连接的两条连接线，在交叉处不能加实心圆点，并应避免在交叉处改变方向，也应避免穿过其他连接线的连接点。

5.3.4 电气图布局方法

电气图的布局应从有利于对图的理解出发，做到布局突出图的本意，应布局合理、图面清晰、排列均匀、便于理解。

1. 图线的布局

电气图的图线一般用于表示导线、信号通路、连接线等，要求用直线表示，要横平竖直，尽可能减少交叉和弯折，电气图的布局方法有以下几种。

1）水平布局：元器件和设备按行布置，连接线处于水平布置。图线的水平布局如图5-6所示。

2）垂直布局：元器件和设备按列布置，连接线处于垂直布置。本书电气原理图均采用垂直布局。

3）交叉布局：将相应的元器件连接成对称的布局，这种布局在电气原理图中应用较少。

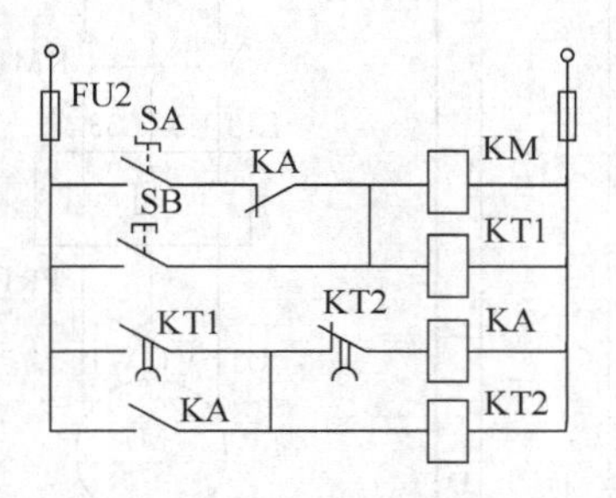

图5-6　图线的水平布局

2. 元器件的布局

1）功能布局法：指元器件或其部分在图上的布置使它们所表示的功能关系易于理解的布局方法。

2）位置布局法：指元器件在图上的位置反映其实际相对位置的布局方法。

5.4 电气图的CAD绘制

电气图是表示电气系统、装置和设备各组成部分的相互关系及其连接关系，用以表达其功能、用途、原理、装接和使用信息的一种图，可分为原理图、位置图及接线图等。

5.4.1 电气原理图的CAD实现

电气原理图是表示系统、分系统、设备或成套装置的全部基本组成和实际连接关系的一种电气图，是绘制电器元器件布置图、接线图、配线施工和检查维修电气设备不可缺少的基础性技术资料。电气原理图绘制的基本原则和方法前面已有详细介绍，本节以电动机顺序起停控制电路为例重点介绍电气原理图的 CAD 绘制方法和技巧。

【例 5-1】 试绘制图 5-7 所示的两台电动机顺序起停控制电路电气原理图。

绘制提示：

1）原理图的绘制没有尺寸，不需要标注尺寸。

2）原理图中大量的电器元器件重复出现，比较适合用 AutoCAD 创建块、插入块的方法来绘制。

3）对于相似的元器件图形符号，可先复制已画好的元器件符号，再用各种编辑命令根据各种元器件的图形进行修改，这样可以提高绘图速度。若把元器件块建成外部图形块，就可以在画其他类似的电路时重复使用。

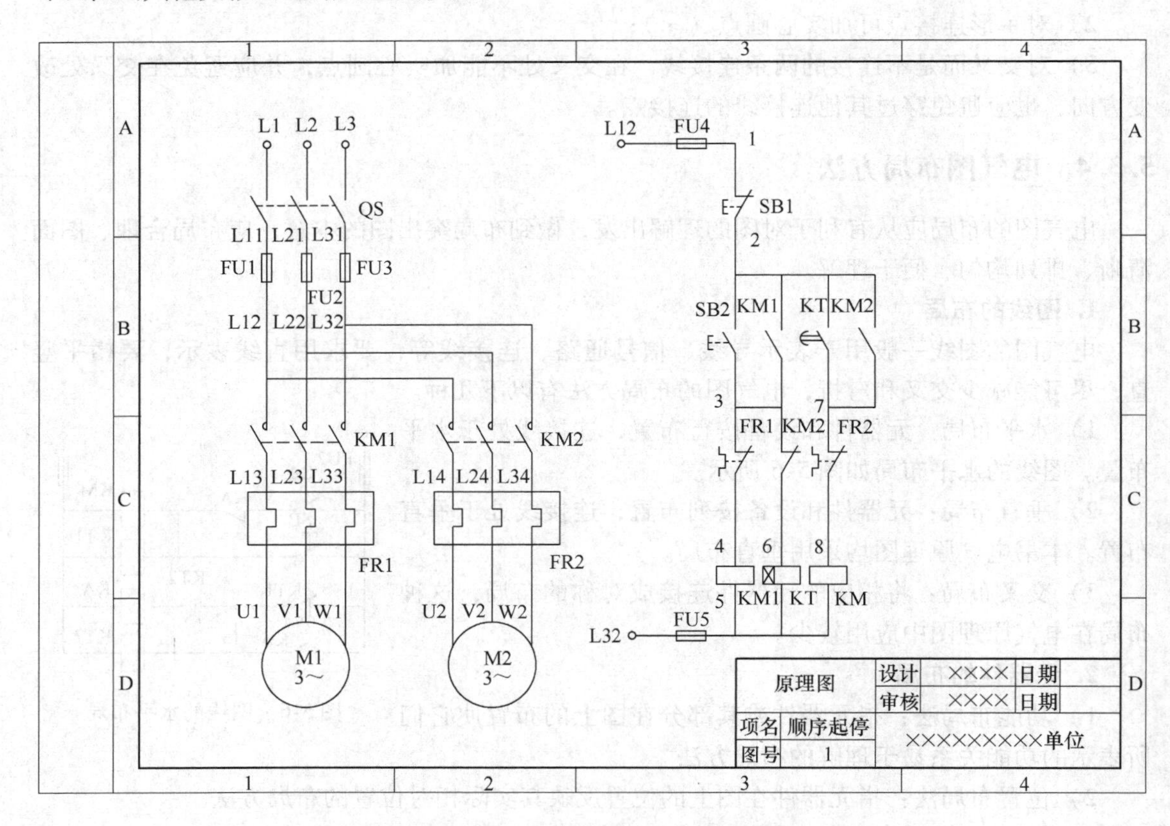

图 5-7 电动机顺序起停控制电路电气原理图

第 1 步，绘制图形外框

首先，按照 A4 纸尺寸（297mm×210mm）绘制边框线；然后，利用偏移命令将边框线的上、下、右边线各向内偏移 5mm 一次，左图框线向内偏移 25mm 和 20mm 各一次；最后右下角绘制标题栏，尺寸形式可自定义，标题栏尺寸如图 5-8 所示。

第 2 步，绘制基本图形符号

基本电气符号图绘制如图 5-9 所示，按照尺寸绘制熔断器、常开触点、常闭触点、线圈图形符号（不标注尺寸）。图形符号的尺寸也可自定义，但样式必须符合国家标准。

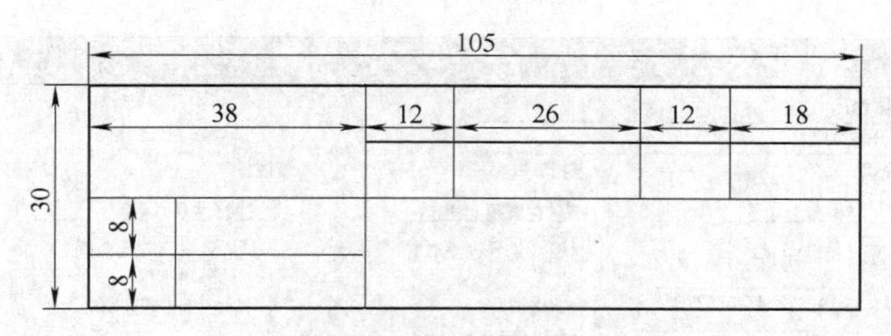

图 5-8　标题栏尺寸

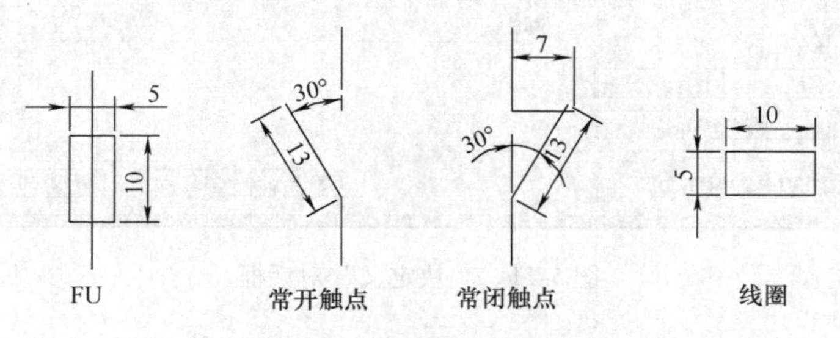

图 5-9　基本电气符号图绘制

提示与指导：

图中所有电气元器件组成部分图形符号的连线长度可随意绘制。绘制常闭触点可由常开触点镜像得到相同部分。

使用块命令对以上 4 个图形进行“创建块”“编辑块”和“调用块”操作，将 AutoCAD 界面切换到“插入”，插入界面的工具栏如图 5-10 所示，可进行各种块操作。下面以常开触点为例介绍常用块操作。

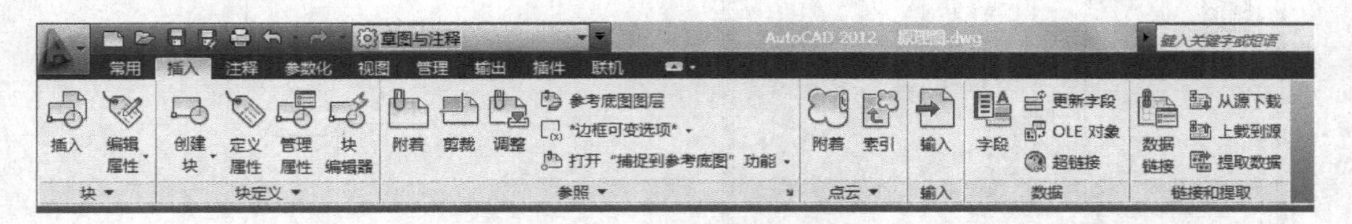

图 5-10　插入界面的工具栏

创建块具体方法如下：单击“绘图”菜单栏上的“块”→“创建”按钮；或直接选择工具栏上的“创建块”命令；窗口命令：_block，打开“块定义”对话框，如图 5-11 所示。

名称：常开触点//直接在名称输入框内输入

基点：单击“拾取点”命令，用十字光标点选图形中唯一交点//按〈Enter〉键

对象：单击“选择对象”命令，用十字光标点选图形全部线条//按〈Enter〉键

单击“确定”按钮，常开触点块创建完成。

编辑块具体方法如下：单击“块定义”工具栏上的“块编辑器”按钮 块编辑器，打开“编

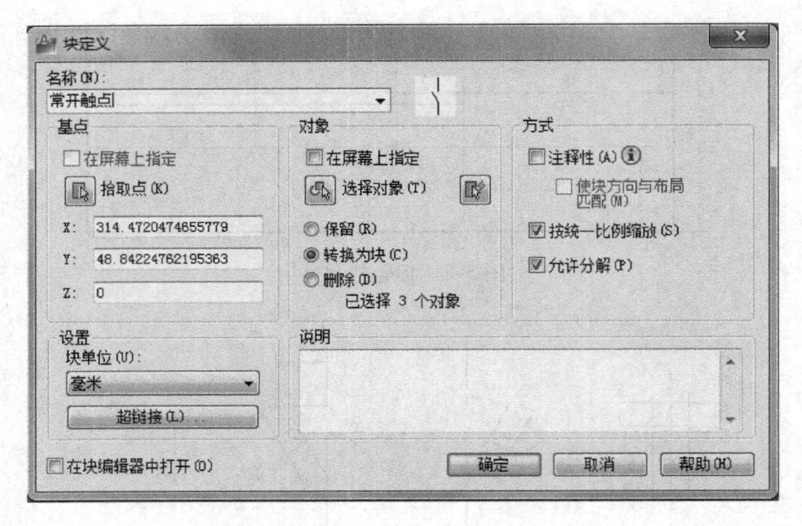

图 5-11 “块定义”对话框

辑块定义”对话框，如图 5-12 所示。单击选常开触点，单击“确定”按钮，进入编辑块界面，在原图的基础上按照图 5-13 所示尺寸添加线条，创建时间继电器的延时常开触点符号。绘制完成后选择块编辑器工具栏的“将块另存为”命令 将块另存为，打开对话框，将该图块以“时间继电器延时常开触点”名称另存。其他与上述 4 个基本块类似的图形符号图块均以此种方法形成，利用编辑块命令绘制的图形符号如图 5-14 所示。

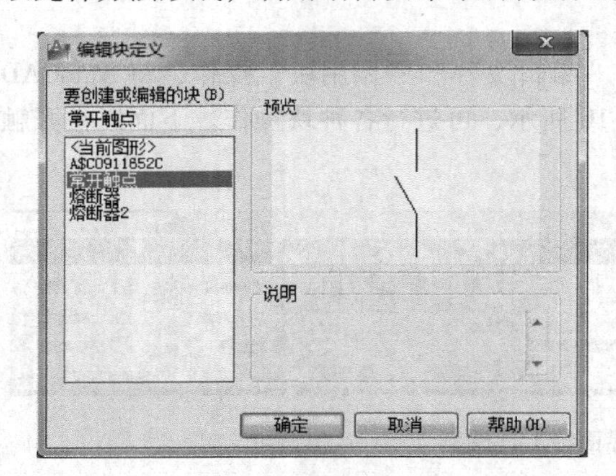

图 5-12 编辑“块定义”对话框

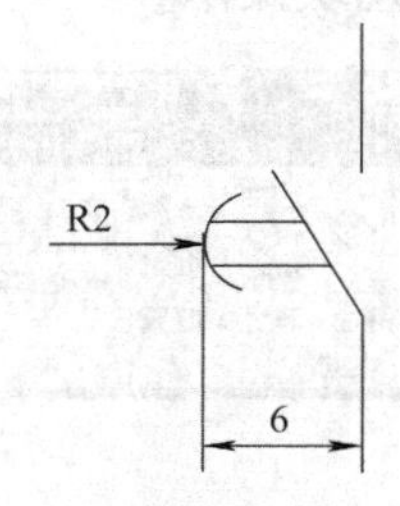

图 5-13 时间继电器常开触点

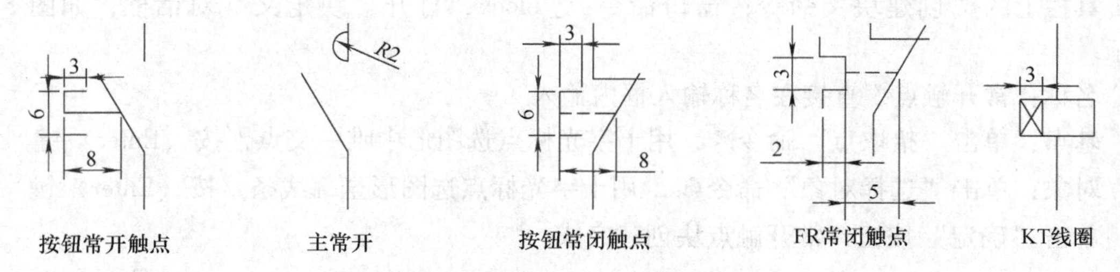

图 5-14 利用编辑块命令绘制的图形符号

调用块具体方法如下：单击“插入”菜单栏上的“块”按钮；或者切换 AutoCAD 界面到“插入”，选择“插入”命令，命令：_insert，打开“插入块”对话框，如图 5-15 所示。需在“名称”命令中输入插入块的名称，也可通过“浏览”按钮找到；进行插入点、比例和旋转相关参数设置；单击“确定”按钮完成图块插入。

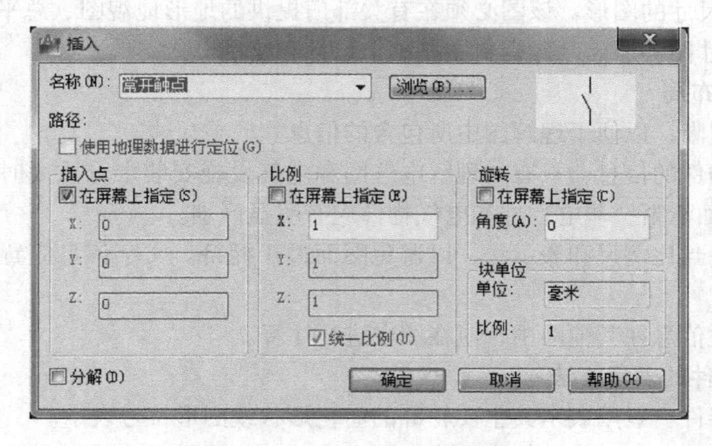

图 5-15 “插入块”对话框

第 3 步，绘制其他图形符号

绘制图 5-16 所示热继电器热元件和电动机图形符号，然后制作为图块，方法同上。

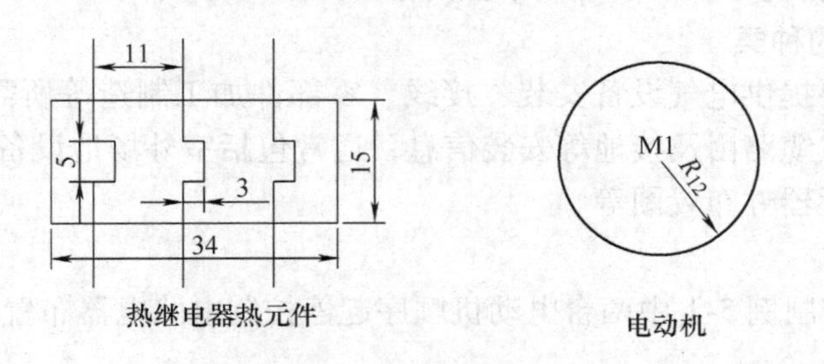

图 5-16 其他图形符号

提示与指导：

各低压电器在原理图位置的布局要求美观、对称、整齐，绘制尺寸不固定，但不得超出图框线。

第 4 步，绘制文字

设置文字大小为 2.5，角度为 0，完成各元器件文字符号、线号和标题栏中内容的绘制。

第 5 步，绘制图幅分区

按照图中各元器件的位置关系进行图幅分区，如图 5-7 所示。水平分区标注阿拉伯数字，从左往右分别为：1 区是 M1 电动机主回路、2 区是 M2 电动机主回路、3 区是控制回路和 4 区空。垂直分区标注英文字母，从上到下分别为：A 区刀开关、B 区熔断器、C 区热继电器热元器件和 D 区电动机。

5.4.2 位置图的 CAD 实现

1. 电气位置图的表示方法

位置图是借助于物件的简化外形、主要尺寸和相互距离以及物件的符号表示物体相对位置或绝对位置和尺寸的图形。该图必须在有关部门提供的地形地貌图、总平面图、建筑平面图、设备外形尺寸图等原始基础资料图基础上设计和绘制。

2. 位置图的布局

1）布局应清晰，以便于理解图中所包含的信息。

2）对非电物件的信息，只有对理解电气图和电气设施安装十分重要时，才将它们表示出来，但为使图面清晰，非电物件和电气物件应有明显区别。

3）应选择适当比例尺和表示法，以避免图面过于拥挤。文字信息应置于与其他信息不相冲突的地方。

4）如有相关信息在其他图中，应在图中进行注释。

3. 电器元器件的表示方法

1）电器元器件一般用表示其主要轮廓的简化形状或图形符号表示。

2）安装方法和方向、位置等应在位置图中注明。如元器件中有的项目要求不同的安装方法或方向、位置，可在临近图形符号处用字母特别标明。

3）如没有标准化的图形符号，则可用其简化外形表示。

4）在较复杂的情况下，需要绘制单独的概念图解（小图）。

4. 电气位置图的种类

电气位置图主要提供电气设备安装、接线、零部件加工制造等所需的设备位置、距离、尺寸、固定方法、线缆路由及接地等安装信息，通常包括室外场地设备位置图、室内场地设备位置图、装置内元器件布置图等。

5. 实例

【例 5-2】 试绘制例 5-1 中两台电动机顺序起停控制电路电器布置图，如图 5-17 所示。

绘制提示：

1）电器布置图的绘制一般按照实际尺寸绘制或按比例缩小绘制。但如本实例比较简单的电气控制电路，元器件定位安装时，也可直接将其按电器布置图中各相对位置进行摆放，然后用尖锥在安装孔中心做上标记，因此，布置图中也可不标注尺寸。

2）原理图中大量的电器元器件重复出现，比较适合用复制命令来绘制。

第 1 步，绘制图形外框

首先，按照 A4 纸尺寸（297mm×210mm）绘制边框线；然后，利用偏移命令将边框线的上、下、右边线各向内偏移 5mm 一次，左图框线向内偏移 25mm 和 20mm 各一次；最后右下角绘制标题栏，尺寸形式可自定义，参考图中尺寸与例 5-1 相同。

第 2 步，绘制布置图

按照图 5-18 所给尺寸绘制，先绘制总体框架，再分别按照图 5-19～图 5-22 所给尺寸数据绘制各排器件。最后以适当尺寸在图面右侧绘制电气板外部的按钮和电动机。

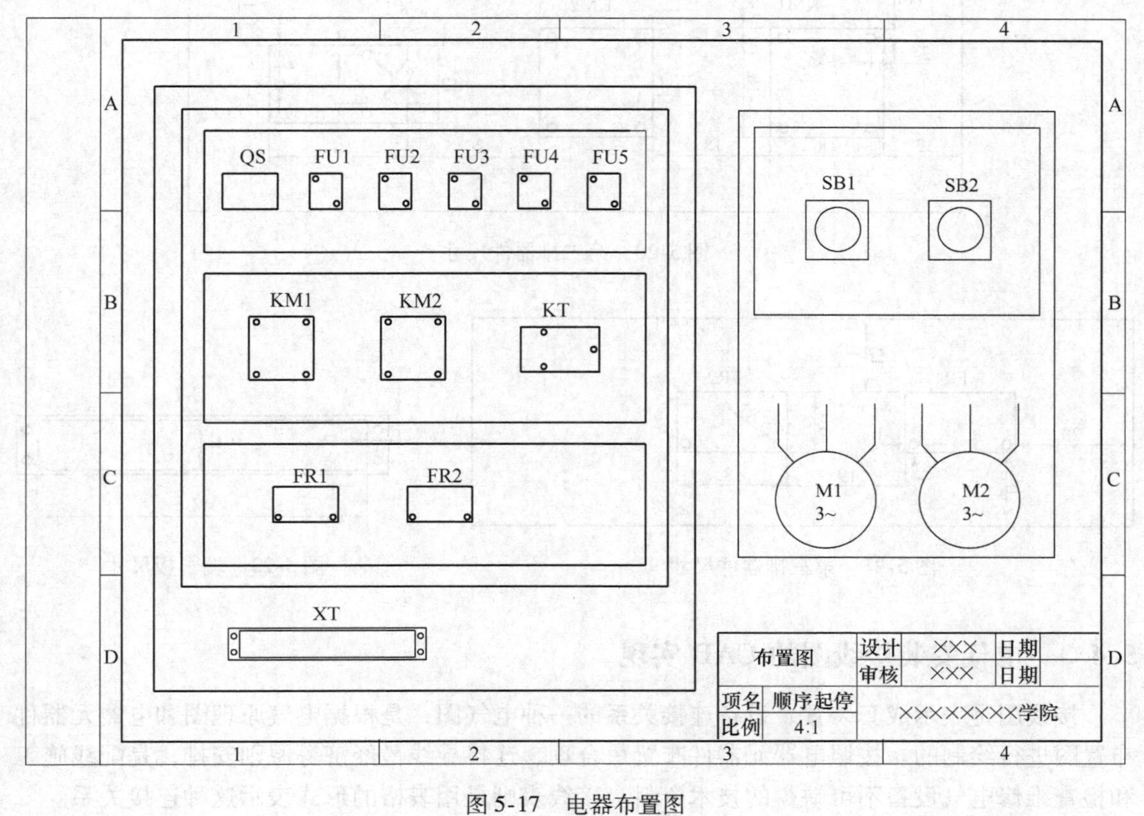

图 5-17 电器布置图

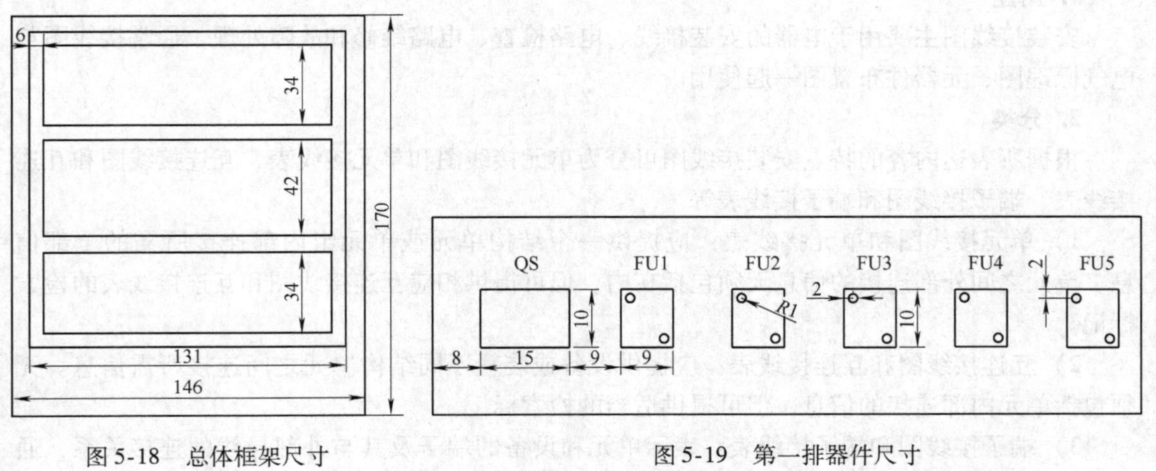

图 5-18 总体框架尺寸

图 5-19 第一排器件尺寸

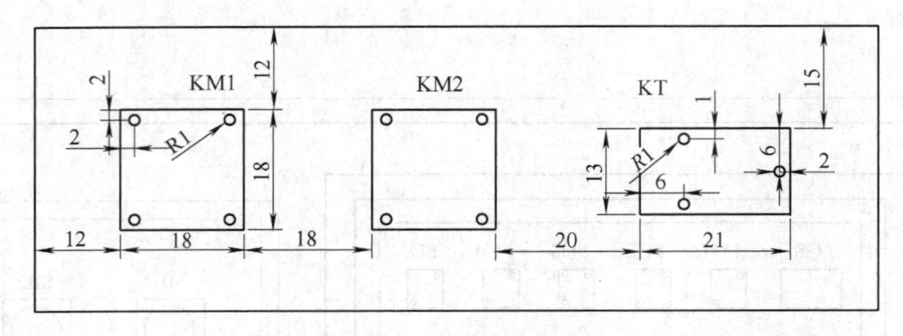

图 5-20　第二排器件尺寸

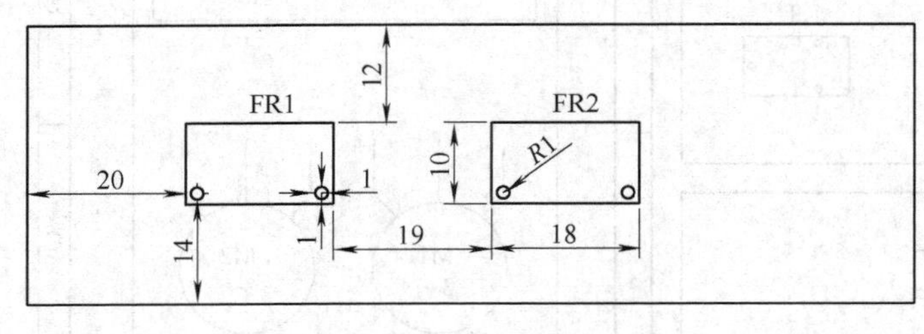

图 5-21　第三排器件尺寸

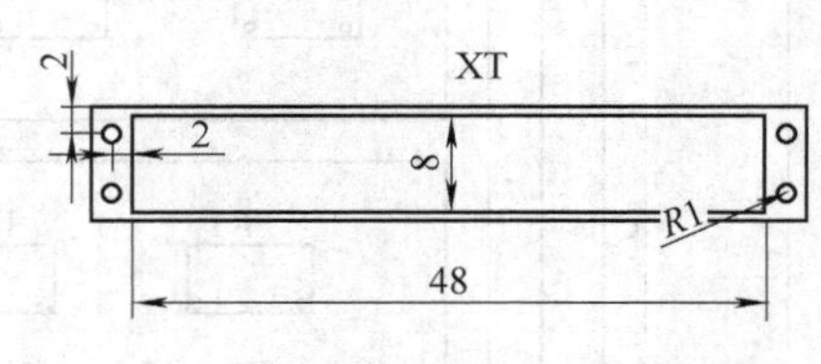

图 5-22　端子板尺寸

5.4.3　电气安装接线图的 CAD 实现

接线图是表示成套装置、设备连接关系的一种电气图，是根据电气原理图和电器元器件布置图进行绘制的。按照电器元器件布置最合理、连接导线最经济等原则安排，是配线施工和检查维修电气设备不可缺少的技术资料。接线表则是用表格的形式表示这种连接关系。

接线图和接线表可以单独使用，也可组合使用，一般以接线图为主，接线表作为补充。

1. 用途

安装接线图主要用于电器的安装接线、电路检查、电路维修和故障处理，通常接线图与电气原理图、元器件布置图一起使用。

2. 分类

根据所表达内容的特点安装接线图可分为单元接线图和单元接线表、互连接线图和互连接线表、端子接线图和端子接线表等。

1）单元接线图和单元接线表：应提供一个结构单元或单元组内部连接所需的全部信息。单元之间外部连接的信息无须包括在内，但可提供相应互连接线图和互连接线表的检索标记。

2）互连接线图和互连接线表：应提供设备或装置不同结构单元之间连接所需信息。无须包括单元内部连接的信息，但可提供适当的检索标记。

3）端子接线图和端子接线表：表示单元和设备的端子及其与外部导线的连接关系，通常不包括单元和设备的内部连接，但可提供与之有关的图样图号。

3. 表示方法

1）项目的表示方法：接线图中的各个项目，如元器件、组件等宜采用简化外形（如正方形、矩形或圆）表示，必要时也可用图形符号表示。符号旁要标注项目代号并应与电路图中的标注一致。

2）端子的表示方法：端子一般用图形符号和端子代号表示。当用简化外形表示端子所在的项目时，可不画端子符号，仅用端子代号表示。如需区分允许拆卸和不允许拆卸的连接时，则必须在图或表中予以注明。

3）导线的表示方法如下：

① 连续线：两端子之间的连接导线用连续的线条表示，并独立标记。

② 中断线：两端子之间的连接导线用中断的方式表示，在中断处必须标明导线的去向。

导线组、电缆、缆形线束等用单线条或多线条表示均可，若用单线条表示，线条应加粗。当一个单元或成套设备包括几个导线组、电缆、缆形线束时，可用数字或文字作为区分标记。接线图中的导线一般应给以标记，必要时也可用色标作为其补充或代替导线标记。

4）矩阵型式：是一种特殊的接线图布局形式，适用于在小幅面内表示出大量的连接的图形，如装有印刷电路板的机柜或部件的连接。

4. 绘制原则

电气安装接线图绘制的基本原则和方法详见第六章相关内容，以下仅以电动机顺序起停控制为例，介绍其安装接线图的CAD绘制方法。

5. 实例

【例5-3】 试绘制例5-1中两台电动机顺序起停控制电路接线图，如图5-23所示。

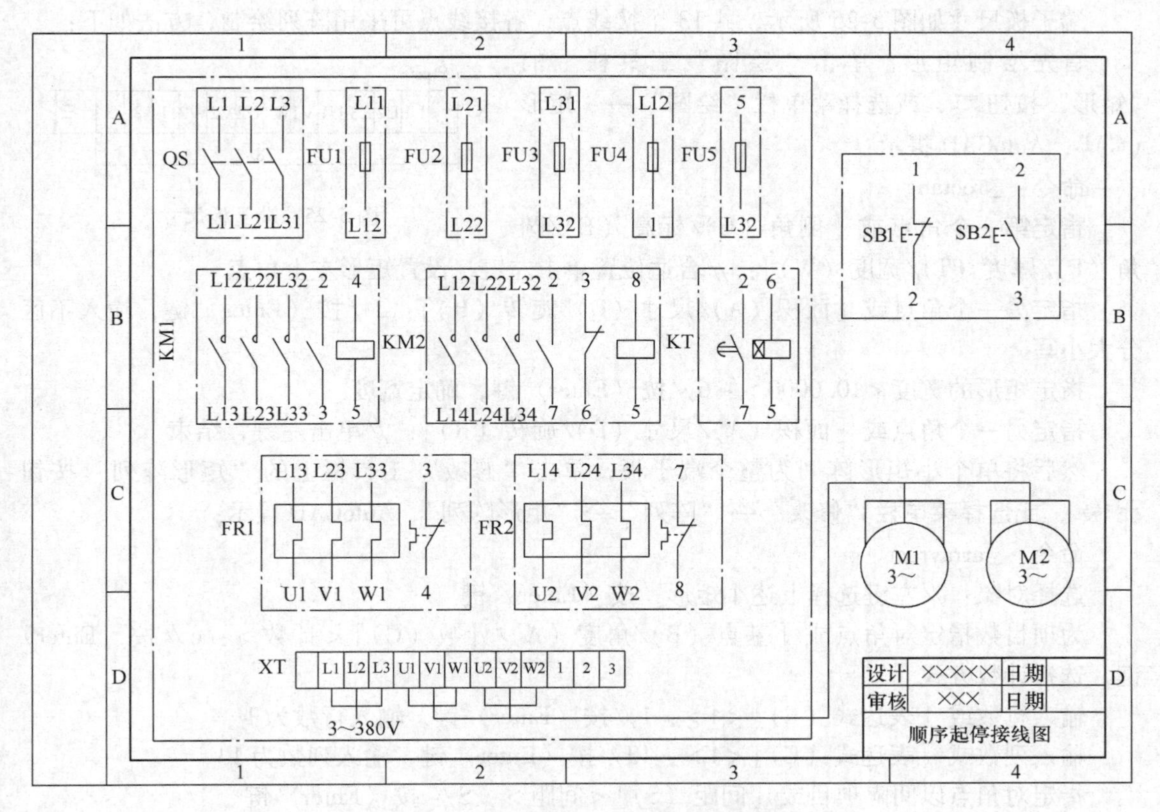

图5-23　电动机顺序起停控制电路接线图

绘制提示：

1）接线图的绘制可大量调用原理图绘制时创建的块。

2）接线图中各器件的位置关系与布置图相同，用点划线将每一个器件的全部组成部分框到一起；再用点划线或细实线将全部板内器件框到一起。

3）接线图不需要标注尺寸，绘制时也无尺寸要求。

4）接线图的标题栏可自行设计绘制。本例参考图中的标题栏与前面原理图、布置图不相同。

第1步，绘制图形外框

首先，按照A4纸尺寸（297mm×210mm）绘制边框线；然后，利用偏移命令将边框线的上、下、右边线各向内偏移5mm一次，左图框线向内偏移25mm和20mm各一次；最后右下角绘制标题栏，尺寸形式可自定义，接线图的标题栏如图5-24所示。

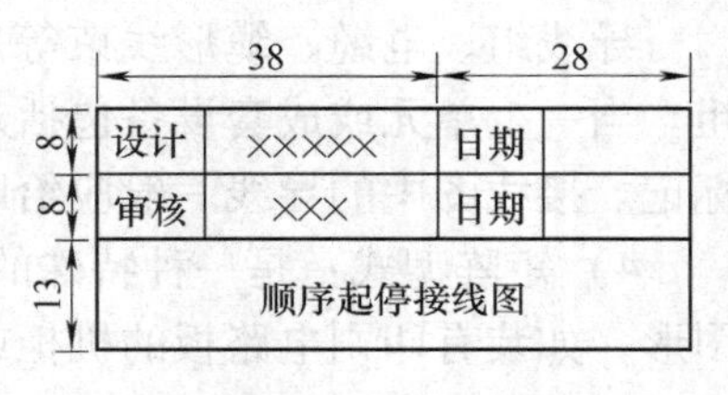

图5-24　接线图的标题栏

第2步，绘制元器件

调用原理图中所建的元器件各组成部分的图块，放置到对应合适位置中；或直接从原理图中复制粘贴，创建所有接线点。

第3步，绘制端子板

端子板尺寸如图5-25所示，共13个接线点，各接线点可采用阵列绘制，方法如下：

首先绘制矩形，单击“绘图”工具栏上的“矩形”按钮，或选择菜单栏“绘图”→“矩形(G)”，AutoCAD提示：

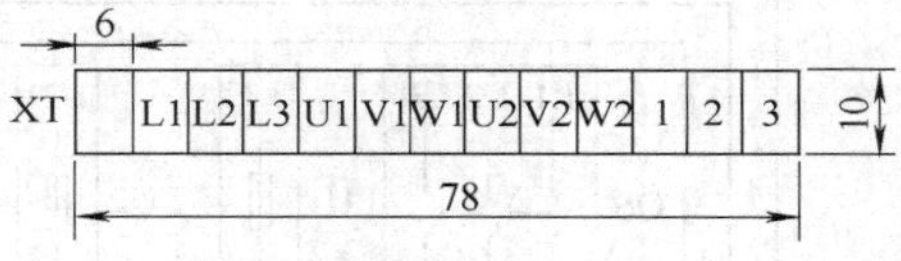

图5-25　端子板尺寸

命令：_rectang

指定第一个角点或［倒角（C）/标高（E）/圆角（F）/厚度（T）/宽度（W）］：//合适位置单击左键，设置矩形左上角点

指定另一个角点或［面积（A）/尺寸（D）/旋转（R）］：d//按〈Enter〉键，输入不区分大小写

指定矩形的宽度<10.0000>：6//按〈Enter〉键，确定宽度

指定另一个角点或［面积（A）/尺寸（D）/旋转（R）］：//单击左键，结束

然后将单个小矩形阵列为整个端子板，单击“修改”工具栏上的“矩形阵列”按钮阵列，或选择菜单栏“修改”→“阵列”→“矩形阵列”，AutoCAD提示：

命令：_arrayrect

选择对象：//左键选择上述小矩形，按〈Enter〉键

为项目数指定对角点或［基点（B）/角度（A）/计数（C）］<计数>：c//按〈Enter〉键，选择计数方式

输入行数或［表达式（E）］<4>：1//按〈Enter〉键，输入行数为1

输入列数或［表达式（E）］<4>：13//按〈Enter〉键，输入列数为13

指定对角点以间隔项目或［间距（S）］<间距>：S// 按〈Enter〉键

指定列之间的距离或［表达式（E）］<9>：6//按〈Enter〉键，距离应用矩形长度一致

按〈Enter〉键接受或［关联（AS）/基点（B）/行（R）/列（C）/层（L）/退出（X）］<退出>：//按〈Enter〉键，结束命令

端子板还可采用定距等分方法绘制，方法如下：

首先绘制长度为78的水平直线，然后创建竖线块，最后进行水平直线定距等分。

单击“绘图”工具栏上的“直线”按钮，或选择菜单栏“绘图”→“直线”，AutoCAD提示：

命令：_line 指定第一点：//合适位置单击左键

指定下一点或［放弃（U）］：78//设置水平线段长度78

指定下一点或［放弃（U）］：*取消*//单击〈Esc〉键，取消操作

同样方法绘制垂直线段，长度为10，将其设置为块名“1”的图块，具体方法如下：

单击“绘图”菜单栏上的“块”→“创建”按钮，或直接选择工具栏上的“创建块”命令，窗口命令：_block，打开块定义对话框。编辑名称为“1”，选择对象为垂直短线，指定基点为与水平线段的交点。

在水平线段上进行定距等分，具体方法如下：

单击“绘图”工具栏上的“测量”按钮，或选择菜单栏“绘图”→“点”→“定距等分（M）”，AutoCAD提示：

命令：_measure

选择要定距等分的对象：//单击水平线段

指定线段长度或［块（B）］：b//按〈Enter〉键，选择插入块操作

输入要插入的块名：1//输入图块名称，按〈Enter〉键

是否对齐块和对象？［是（Y）/否（N）］ <Y>：//按〈Enter〉键，选择默认的对齐块

指定线段长度：6//按〈Enter〉键结束

水平线段定距等分结果图形如图5-26所示。最后添加上另一根水平线，端子板图形绘制完成。

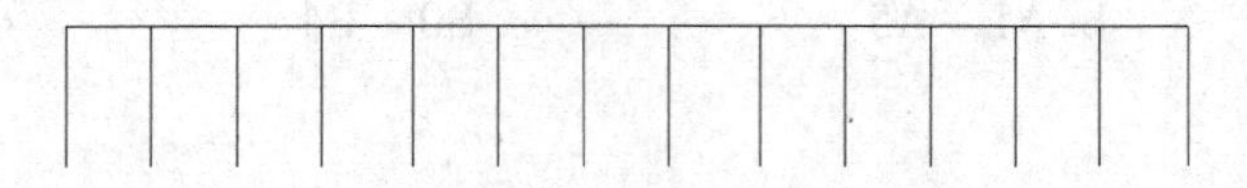

图5-26 水平线段定距等分结果图形

第4步，标注导线编号

按照图5-7所示原理图的线号进行标注，具体标注内容如图5-23所示。字体大小设置为2.5，方向为0°。

第5步，绘制点划线框

将同一器件的各接线点用点划线框在一起。将所有元器件标上文字符号，再将所有板内元器件用点划线框在一起，板外器件如按钮单独用点划线框在一起。

5.5 小结

本章为AutoCAD电气设计，主要讲述了电气制图的一般规则、电气图形符号、文字符

号及项目代号；电气图的基本表示方法，包括电气控制电路的表示方法、电气元器件的表示方法、连接线的表示方法等。在此基础上，介绍了主要电气工程图如电气原理图、电器布置图、电气安装接线图的绘制方法与技巧。

学习本章内容应在熟悉 AutoCAD 2012 绘图软件基础知识与基本操作，并熟练掌握利用 AutoCAD 软件绘制二维图形的基本操作、编辑和尺寸标注的基础上，结合电气绘图的相关技术标准与规范，通过电气工程绘图的基本训练，熟悉并掌握使用 AutoCAD 软件进行电气工程绘图的方法。训练中应特别注意相关技术标准与规范的贯彻，注意绘图技巧的积累与探索，才能不断提高绘图效率。

5.6 习题

5.6.1 选择题

（将正确选项填在题后的括号内）。

1. 绘制复杂图形时，使用块的好处是（ ）。
   a. 避免重复绘制相同的对象　　b. 节省存储空间
   c. 便于统一修改　　d. 以上几项均正确
2. 插入一个已经定义好的块对象时，可以修改的参数是（ ）。
   a. 插入点　　b. 缩放比例　　c. 旋转角度　　d. 以上几项均正确
3. 国家标准推荐的电气图中，A4 幅面的图样字体的最小高度为（ ）。
   a. 4.5　　b. 3.5　　c. 2.5　　d. 1.5
4. 在绘图中能够精确定位坐标点的辅助工具有（ ）。
   a. 正交　　b. 对象捕捉　　c. 间隔捕捉　　d. 以上都正确
5. 由边框线所围成的图面称为图样的幅面，基本幅面尺寸可分为（ ）5 类。
   a. A0 ~ A4　　b. A1 ~ A5　　c. B0 ~ B4　　d. B1 ~ B5

5.6.2 问答题

1. 电气图图面的构成有哪些要素？其中标题栏的作用是什么？
2. 简要说明如何进行图幅分区。
3. 简要说明电气图中元器件的布局有哪几种？
4. 电气图中的尺寸标注有哪些基本规则？
5. 电气图中常用的图线形式有哪些？并简要说明各自应用范围。

5.6.3 绘图题

1. 绘制第 2 章图 2-15 所示电气原理图，要求符合相关电气绘图标准。
2. 设计并绘制第 2 章图 2-15 所对应的电器布置图，要求符合相关电气绘图标准。
3. 设计并绘制第 2 章图 2-15 所对应的电气安装接线图，要求符合相关电气绘图标准。

第6章　电气控制系统的设计与调试

本章主要介绍电气控制系统设计与调试的基本内容和要求。学习本章内容，要求在熟悉继电接触式控制系统设计的基本原则、内容与步骤的基础上，掌握使用分析设计法设计电气控制电路的基本方法、步骤和注意事项；掌握简单生产机械电气控制电路的设计方法；掌握电器布置图和电气安装接线图的绘制原则与方法。

6.1　电气控制系统设计的原则、内容与步骤

6.1.1　电气控制系统设计的一般原则

设计一个科学合理、运行可靠的电气控制系统，一般应注意遵循以下原则：

1）必须树立工程实践的观点，从工程实践出发，广泛收集相关技术资料。

2）最大限度地满足生产机械和生产工艺对电气控制系统的要求。

3）在满足控制要求的前提下，设计方案应力求简单、经济、便于操作和维修。

4）应妥善处理机械与电气的关系，要从工艺要求、制造成本、机械电气结构的复杂性和使用维护等方面综合考虑。

5）必须确保电气控制系统在使用过程中的安全性与可靠性。

6.1.2　电气控制系统设计的主要内容

电气控制系统设计的基本任务是根据控制要求设计、编制出设备制造和使用维修过程中所必需的图样和资料等，设计的主要内容可归纳为原理设计与工艺设计两部分。

1. 原理设计

原理设计主要包括拟订电气设计任务书、确定电力拖动方案并选择电动机、确定控制方案、设计电气原理图、计算主要技术参数、选择电器元件并制订电器元件明细表、编写设计说明书等。其中，电气原理图设计是至关重要的关键环节。

2. 工艺设计

工艺设计主要是便于组织电气控制设备的制造，实现电气原理设计所要求的各项技术指标，为设备的使用、维修提供必需的图样资料。工艺设计的主要内容包括电气设备的总体配置设计、电器元件布置图和安装接线图设计、电气箱图及控制面板图、电器元件安装底板图和非标准件加工图设计、各类电器元件及材料清单的汇总、编写使用说明书等。

6.1.3　电气控制系统设计的一般步骤

1. 拟订设计任务书

设计任务书是整个电气控制系统设计的依据，同时也是设备竣工验收的依据。因此，除简要说明设备的机械结构、工艺要求、传动要求外，还应说明以下技术指标及要求：

1）控制精度，生产效率要求。

2）电力拖动方式及相关各控制要求等。

3）用户供电系统的电源种类，电压等级、频率及容量等要求。

4）自动化程度、稳定性及抗干扰要求。

5）操作台、照明、信号指示及报警方式等要求。

6）目标成本、经费限额及设备验收标准。

2. 电力拖动方案的确定

（1）拖动方式的选择

电动机的拖动方式有单独拖动和集中拖动两种。集中拖动指一台生产设备只用一台电动机拖动，而电力拖动的发展趋势则是电动机逐步接近其所拖动的工作结构，形成多电动机单独拖动的方式，此方式不仅能够有效缩短机械传动机构，提高传动效率，而且还可以使设备的整体结构得到简化。具体选择时，应根据生产设备的基本结构、工艺要求、运动部件的数量等具体情况决定电动机的拖动方式。

（2）调速方案的选择

拖动电动机类型的选择主要依据生产机械对调速的要求来确定。调速技术要求主要包括调速范围、调速平滑性及调速级数等。为了达到一定的调速范围，可采用齿轮变速箱、液压调速装置、双速或多速电动机以及电气的无级调速传动方案。在具体选择调速方案时，可以参考以下几点：

1）一般中小型设备如普通机床没有特殊要求时，应首选经济、简单、可靠的三相笼型异步电动机，配以适当级数的齿轮变速箱，也可采用多速电动机。在负载转矩较大或有飞轮的拖动装置中才考虑采用绕线转子异步电动机，可通过其转子电路所串电阻进行调速。

2）精密机械设备如坐标镗床、精密磨床、数控机床以及某些精密机械手，为了保证加工精度和动作的准确性，便于自动控制应采用电气无级调速方案。

3）重型或大型设备的主运动及进给运动，应尽可能采用无级调速，将有利于简化生产设备的机械结构，缩小体积，降低制造成本。

3. 拖动电动机的选择

拖动电动机的选择主要包括电动机的类型、结构形式、电动机的容量、电流种类、额定电压及额定转速等。拖动电动机的选择可参考以下基本原则：

1）根据生产机械的调速要求选择电动机的种类，电动机的机械特性应与负载特性相适应，以保证生产过程中运行的稳定性。

2）根据电动机负载的工作方式选择电动机的容量，保证其功率能被充分利用。功率选得过小会造成电动机过载发热，引起其绝缘损坏甚至烧毁；选择过大则会使电动机的效率和功率因数下降，造成电力的浪费。一般应使电动机的额定功率比拖动负载稍大即可。

3）根据工作环境，选择电动机的结构形式。在灰尘较少且无腐蚀性气体的场合，可选用一般的防护式电动机；而潮湿、灰尘较多或含腐蚀性气体的场合，应选用封闭式电动机；在有易爆气体的场合，则应选用防爆式电动机。

4）电动机工作电压的选择应根据使用地点的电源电压决定，常用为380V和220V。

4. 电气控制方案的确定

1）确定电气控制方案时，应考虑控制方式与设备的通用及专用化程度相适应，且随控制过程复杂程度的不同而变化。对于工作程序固定的专用设备，可采用继电接触式控制系统，而对于控制要求较为复杂或工作程序经常变换的生产设备，宜采用可编程序控制器控制系统。总之，电气控制方案的选择应在安全可靠、满足工艺要求的前提下，最大可能的降低设备成本，优化设计，提高性价比。

2）机械设备传动系统的起动、制动和调速是控制方案确定的重要方面。设备主运动传动系统的起动转矩一般都比较小，可采用任何一种起动方式。对于辅助运动，在起动时往往要克服较大的静转矩，可选用高起动转矩的电动机，或采用提高起动转矩的措施。此外，还需考虑电网容量，不能直接起动的电动机，一定要采取限制起动电流的措施。

3）传动电动机是否需要制动，主要视设备工作循环的长短而定。对于某些高速高效金属切削机床，宜采用电气制动；如果对于制动的性能无特殊要求而电动机又需要反转时，则采用反接制动可使控制电路简化；在要求制动平稳、准确，即在制动过程中不允许有反转出现时，则宜采用时间原则控制的能耗制动方式；在起吊运输设备中也常采用具有连锁保护功能的机械制动如电磁抱闸制动方式。

5. 设计电气原理图，选择电器元件并编制元器件明细表

6. 设计电气设备的各种施工图样并编制材料清单

7. 编写设计说明书和使用说明书

以上电气控制系统设计步骤中的步骤5～7将在本章后续章节中详细介绍。

6.1.4 电气控制电路设计的基本原则

生产机械电力拖动方案和控制方案确定以后，即可着手进行电气控制电路的具体设计工作。要设计出满足生产工艺要求、经济合理、安全可靠的设计方案，应遵循以下原则。

1. 最大限度地满足机械设备的工艺要求

电气控制系统是为整个生产设备及其工艺过程服务的。因此，在设计之前，应对生产设备的基本结构、运动情况及工艺要求等情况进行全面细致的了解，同时深入现场进行调查研究，收集相关技术资料，并以此作为设计电气控制电路的基础。

2. 力求控制电路简单经济

在满足加工工艺和控制要求的前提下，应从以下方面力求使控制电路简单、经济。

1）尽量选用标准电器元件，尽量减少电器元件的数量，尽量选用相同型号电器元件。

2）尽量选用标准的、常用的或经过实践检验的典型控制环节。

3）尽量减少触点数量。在满足控制要求的前提下，使用的电器元件越少，控制电路中涉及的触点数量也越少，控制电路就越简单，同时还可以提高控制电路的工作可靠性并降低故障率。最常用的减少触点数量的方法是合并同类触点，如图6-1所示。此外，还可以利用转换触点、半导体二极管的单向导电性和逻辑代数化简的方法来减少触点的数量。

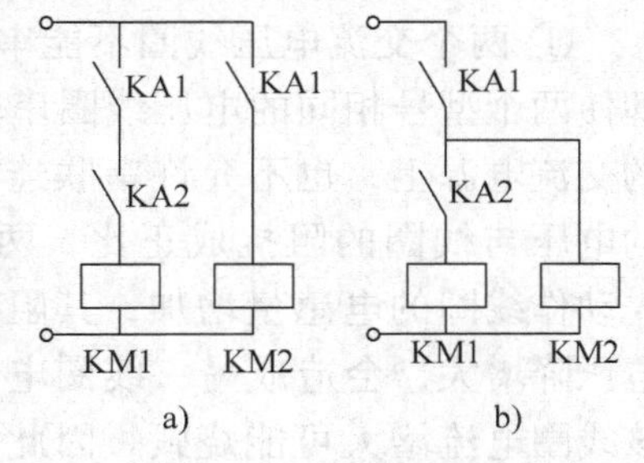

图6-1 合并同类触点
a）合并前 b）合并后

4）尽量减少导线数量并缩短导线长度。设计电气控制电路时，应考虑合理安排各种电气设备和电器元件的位置及实际连线，以保证各种电气设备和电器元件之间连接导线的数量最少，导线的长度最短。

缩短连接导线长度如图 6-2 所示，两控制电路的功能完全相同，但图 6-2a 为不合理接线，因为按钮安装在操作台上，而接触器安装在电气柜内，从电气柜到操作台需 4 根板外连线。而图 6-2b 的合理接线是将起动和停止按钮直接相连，从而保证了两个按钮之间连接导线的距离最短，并且从电气柜到操作台只需 3 根板外连线。所以，一般都将起动按钮和停止按钮直接连接。

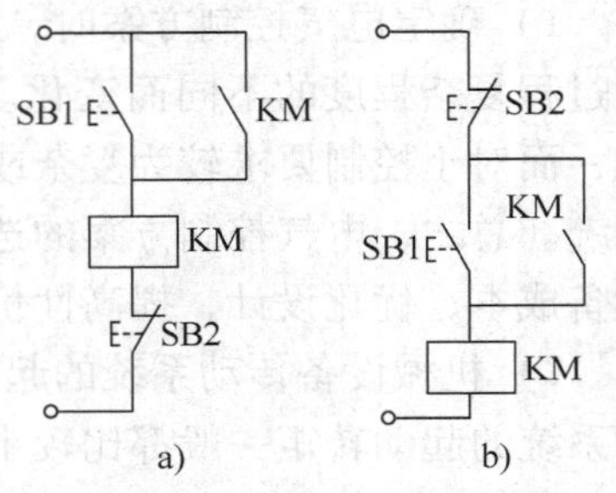

图 6-2　缩短连接导线长度
a）不合理连接　b）合理连接

提示与指导：

同一电器的不同触点在电气控制电路中应尽可能具有更多的公共连接线。这样，可以减少导线数量并缩短导线长度。又如图 6-3 所示，行程开关 SQ 安装在生产机械上，而接触器 KM1 和 KM2 安装在电气柜内，图 6-3a 的板外连线为 4 根，图 6-3b 的板外连线为 3 根，减少了一根。

5）减少通电电器的数量。控制电路工作时，除保持其正常工作必需的电器通电外，其他电器均应使之处于断电状态，既可以节约电能、减少故障隐患，又能延长电器的使用寿命。

3. 保证控制电路工作的可靠性

1）正确连接电器元件的触点。同一电器元件的常开触点和常闭触点距离很近，如果分别接在电源的不同相上，如图 6-3a 所示，行程开关 SQ 的常开触点接在电源的一相上，而常闭触点接在电源的另一相上，当触点分断产生电弧时，可能在两触点间形成飞弧造成电源短路。如果将其修改为图 6-3b 所示电路，电路的功能完全相同，但不会造成电源短路的故障。因此，在控制电路设计时，应使分布在电路不同位置上的同一电器的触点尽量接到电源的同一极或同一相上，以避免在电器触点上引起短路。

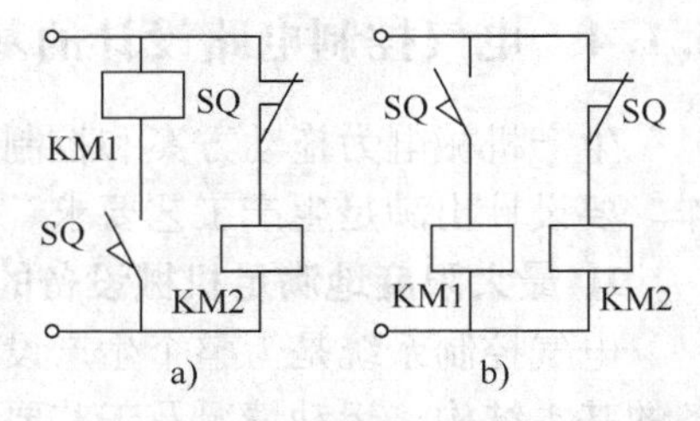

图 6-3　电器元件触点的正确连接
a）不合理连接　b）合理连接

2）正确连接电器元件的电磁线圈。

① 两个交流电压线圈不能串联连接。如图 6-4a 所示，即使两个型号相同的电压线圈串联接于两倍线圈额定电压的交流电源上，也不允许串联连接。因为每个线圈所分配的电压与线圈的阻抗成正比，两个线圈不可能同时动作，先动作线圈的电感量增加，其阻抗增大，因而该线圈上的电压降增大，会造成另一线圈电压不足而无法动作，同时该线圈电流增大可能烧毁。因此，如需两个电器元件同时工作，其线圈应并联连接，如图 6-4b 所示。

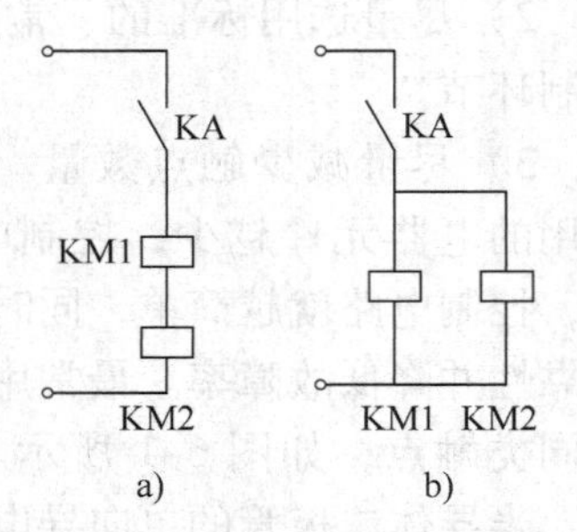

图 6-4　电磁线圈的正确连接
a）错误连接　b）正确连接

② 电感量相差悬殊的直流电压线圈不能直接并联连接。如图 6-5a 所示，YA 为电感量较大的电磁铁线圈，KA 为电感量较小的继电器线圈。当 KM 触点断开时，YA 线圈会产生较大的感应电动势，并加在继电器 KA 线圈两端，可能使 KA 重新吸合，造成其误动作。因此，将电路修改为如图 6-5b 所示，即可保证 KA 线圈的可靠分断。

3）防止寄生电路的产生。在电气控制电路的动作过程中，发生意外接通的电路称为寄生电路。寄生电路的存在将破坏电器元件和控制电路的正常工作顺序并造成误动作。图 6-6a 所示是一个具有指示灯和过载保护的电动机可逆运行控制电路。正常工作时，能完成正反向起动、停止与信号指示。若出现过载，当热继电器 FR 动作断开后，就会产生如图中虚线所示的寄生电路，使 KM1 不能释放，起不到过载保护的作用。因此，将电路修改为如图 6-6b 所示，则可防止寄生电路的产生。

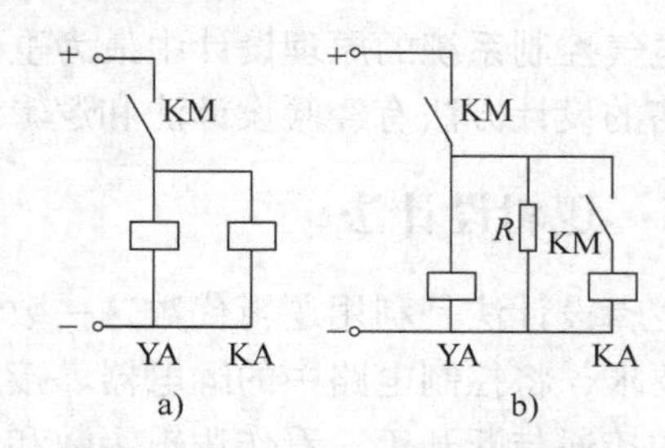

图 6-5　电磁铁与继电器线圈的正确连接
a）错误连接　b）正确连接

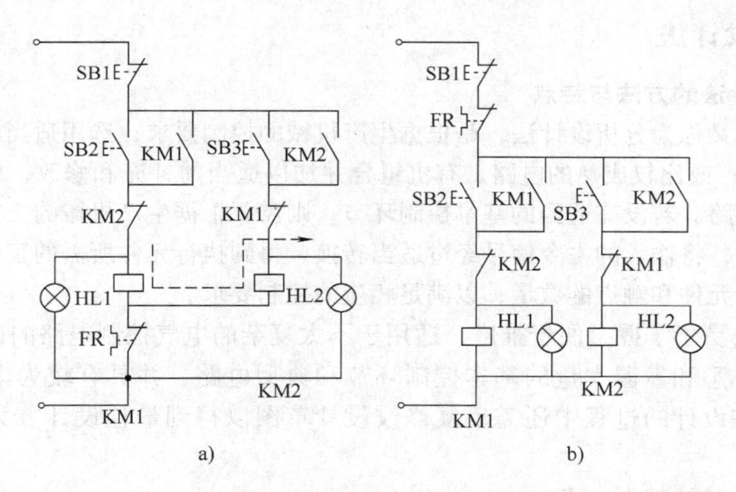

图 6-6　防止寄生电路产生
a）错误连接　b）正确连接

4）在频繁操作的可逆运行电路中，正反向接触器之间要有电气联锁和机械联锁。

5）应尽量避免许多电器元件依次动作才能接通另一个电器元件的控制电路。

6）应充分考虑继电器触点的接通和分断能力，以保证电路工作的可靠性。

4. 保证控制电路工作的安全性

前已述及，在电气控制电路中，为保证操作人员、电气设备及生产机械的安全，必须要有完善的保护措施。常用的保护环节有短路保护、过载保护、过电流保护、失电压、欠电压保护、限位保护等环节。有时还应设置合闸、安全、事故等必需的信号指示等。

5. 应力求操作与维修方便

应力求使电气电路操作、维护、检修简单方便。为此，在电气控制电路设计时应设置电气隔离，避免带电检修作业；电器元件应留有备用触点，以方便检修；应设置多点控制，以便于生产机械的调试；操作回路较多时，应采用主令控制器，以使操作方便。

6.2 电气控制系统的原理设计

电气控制系统的原理设计中最为重要的是电气原理电路，即电气原理图的设计。电气原理电路的设计方法有经验设计法和逻辑设计法两种。

6.2.1 逻辑设计法

逻辑设计法是利用逻辑代数这一数学工具进行电气控制电路的设计。它根据生产过程的工艺要求，将控制电路中的继电器、接触器线圈的通电与断电，触点的闭合与断开，主令元件中的接通与断开等，看作逻辑函数和逻辑变量，用逻辑函数关系式表示它们之间的逻辑关系，再运用逻辑函数的基本公式和运算规律，对逻辑函数式进行化简，并按化简后的逻辑表达式，画出相应的电气控制电路。逻辑设计法的优点是易于设计出最优控制方案，但设计难度较大，因此，在一般常规设计中逻辑设计法的应用不是很普遍。

6.2.2 经验设计法

1. 经验设计法的方法与特点

经验设计法又称为分析设计法，是根据生产机械的控制要求，选用适当的基本控制环节（典型单元电路）或比较成熟的电路，有机组合并加以适当的补充和修改，构成满足控制要求的完整控制电路。若没有适当的基本控制环节，则需要根据生产机械的工艺要求和控制要求边分析边设计，将输入的主令信号经过适当转换，得到执行元件所需的工作信号。设计中需随时增减电器元件和触点的数量，以满足相应的控制要求。

经验设计法易于掌握，便于推广，适用于不太复杂的电气控制电路的设计，一般要求设计人员必须熟悉和掌握大量的基本控制环节和典型电路，并具有较为丰富的实际设计经验。此方法在设计的过程中还需反复修改设计草图以得到最佳设计方案，因此设计速度较慢。

2. 经验设计法的基本步骤

电气控制电路设计一般包含主电路、控制电路和辅助电路等的设计，其基本步骤是：

1）主电路设计。主电路是指从供电电源到被控对象如电动机的动力装置电路。主电路的设计主要考虑电动机的起动、正反转、制动、调速等的控制方式及其保护环节。

2）控制电路设计。包括选择控制参量和确定控制原则、确定控制电路电流种类和电压值、选择自动、半自动或手动控制方式、设计基本控制电路和控制电路的特殊部分。在设计中主要考虑如何满足电动机的各种运转功能及工艺要求。

3）辅助电路设计。主要考虑如何完善整个控制电路的设计，包括各种联锁环节以及短路、过载、失电压、欠电压等保护环节和照明、信号指示电路。

4）线路的综合审查。反复审查所设计的电气控制电路是否满足设计原则和控制要求。在条件允许的情况下，可进行模拟实验，以确认电路功能的完整性和可靠性。

提示与指导：

为安装接线以及维护检修方便，在电气原理图设计完成后一般要对其进行线号标注。标注时，应将主电路和控制电路分开，各自从电源端开始，各相线分开，顺次标注到负荷端，应做到每段导线均有线号，一线一号不能重复。

6.3 电气控制系统的工艺设计

工艺设计思想来源于生产实际，来源于现场需求。因此，设计之初不仅要充分了解被控对象的结构用途、操作要求、工作过程和设计要求，还应深入生产现场，了解设备相关信息，对控制方案反复论证和优化，以期达到安全可靠、经济实用、规范合理的设计方案。

6.3.1 工艺设计的主要内容

1）根据已设计完成的电气原理图及选定的电器元件，进行电气设备的总体配置设计，绘制电气控制系统的总装配图及总接线图。总图应反映出电动机、执行电器、电气箱各组件、操作台布置、电源以及检测元器件的分布状况和各部分之间的接线关系与连接方式，这一部分的设计资料供总体装配调试以及日常维护使用。

2）按照划分的组件，对总原理图进行编号，绘制各组件原理电路图，列出各组件的元器件目录表，并根据总图编号标出各组件的进出线号。

3）根据各组件的原理电路及选定的元器件目录表，设计各组件的装配图，包括电器元器件布置图和安装接线图，图中主要反映各电器元件的安装方式和接线方式，这部分资料是各组件电路的装配和生产管理的依据。

4）根据组件的安装要求，绘制零件图样，并标明技术要求，这部分资料是机械加工和对外协作加工所必需的技术资料。

5）设计电气箱，根据组件的尺寸及安装要求，确定电气箱的结构与外形尺寸，设置安装支架，标明安装尺寸、安装方式、各组件的连接方式、通风散热及开门方式。在这一部分的设计中，应注意操作维护的方便与造型的美观。

6）根据总原理图、总装配图及各组件原理图等资料进行汇总，分别列出外构件清单、标准件清单以及主要材料消耗定额，这部分是生产管理和成本核算所必须具备的技术资料。

7）编写使用说明书

在实际设计过程中，根据生产设备的总体技术要求和电气控制系统的复杂程度不同，以上各项内容可以根据需要适当进行调整，某些图样和技术文件也可适当合并或增删。

6.3.2 电气设备总体配置设计

1. 组件的划分

电气控制系统中，电动机及各类电器元件的作用不同，各自的安装位置也不同。电气设备总体配置设计时需根据电动机及电器的不同位置对电气设备进行组件划分。通常机床电气设备可划分为以下几种组件。

1）电器板组件和电源板组件。接触器、中间继电器、时间继电器、热继电器及熔断器等组成电气控制电路的大部分低压电器均安装在电器板上，置于电气箱（柜）中，构成电器板组件。而控制变压器及整流、滤波器件也安装在电气箱中，构成电源板组件。

2）控制面板组件。各种主令电器如控制开关、按钮、指示灯、指示仪表和需要经常调节的电位器等，必须安装在便于操作的控制台面板上，构成控制面板组件。

3）机床电器组件。拖动电动机，各种执行元件如电磁阀、电磁铁等，各种检测元件如行程开关、速度继电器等必须安装在机床床身的相关位置上，它们构成了机床电器组件。

2. 组件之间的接线方式

1）各组件内部电器元件之间的连接，可借用元件本身的接线端子直接连接。

2）电气箱（柜）、控制柜（台）组件的进出线，以及它们与被控设备之间的连接，采用接线端子排或工业联接器进行连接。

3）弱电控制组件、印制电路板组件之间应采用各种类型的标准接插件连接。

6.3.3 电器元件布置图的设计与绘制

电器元件布置图包括电器板布置图、控制面板布置图和机床电器布置图。电器元件布置图设计与绘制时应遵循以下基本原则。

1）同一组件中电器元件的布置应注意将体积较大和较重的电器元件安装在电器板的下方，而发热元件应安装在电气箱（柜）的上方，如熔断器一般安装在上方。但热继电器宜安装在下方，因其出线端直接与电动机定子绕组相连便于出线，而其进线端与接触器直接相连，便于接线并使走线最短，且易于散热。

2）强电弱电应分开，弱电部分应注意屏蔽隔离，以防止强电及外界的干扰。

3）需要经常维护、检修、调整的电器元件和部件安装位置不宜过高或过低。

4）电器元件的布置应考虑安全间隙而不宜过密，并做到整齐、美观及对称，外形尺寸与结构类似的电器可安装在一起，以利加工、安装和配线。若采用走线槽配线方式，应适当加大各排电器的间距，以利布线和维修。

5）电器布置图是根据电器元件的简化外形尺寸绘制的，图中应标出各元器件的间距尺寸，每个电器元件的安装尺寸及其公差范围应按产品说明书进行标注，以保证安装底板的加工质量和各电器元件的顺利安装。

6）电器布置图设计中，还应根据本组件进出线的数量和采用导线的规格，选择进出线方式及接线端子排、连接器或接插件，并按一定顺序标上进出线的接线号。

7）电器元件布置图中一般需留有 10% 以上的备用面积及线槽位置。

6.3.4 电气安装接线图的设计与绘制

电气安装接线图是根据电气原理图和电器布置图绘制的，按电器元件布置最合理、连接导线最经济等原则安排。接线图一方面表示出各电气组件之间的接线情况，另一方面可表示出组件内各元器件之间的接线情况。绘制接线图时应遵循以下基本原则。

1）各电气元器件的相对位置应与实际安装的相对位置一致，即与电器元件布置图中各电气元器件的相对位置一致。

2）接线图采用集中画法，即一个电器元件的各个组成部件如线圈、触点应画在一起，并用点划线围框框起来。

3）所有电气元器件及其引线应标注与电气原理图中相一致的文字符号及接线号。

4）电气安装接线图一律采用细实线绘制，成束的接线可用一条实线表示。接线较少时，可以直接画出电器元件之间的连线；电气元器件数量较多的复杂情况，一般走线多是采用走线槽，只需在各电气元器件上标出接线号，不必画出各元器件之间的连线。

5）在接线图中应当标明配线用的电线型号、规格、标称截面。穿管或成束的接线还应标明穿管的种类、内径、长度等及接线根数、接线编号。

6）控制柜所有的进出线必须经过接线端子板进行连接，不得直接进出。接线端子板安装在电气柜内的最下面或侧面，其节数和规格应根据进出线的根数及流过的电流进行选配组装，且根据连接导线的线号进行编号。

7）注明有关接线安装的技术条件。

6.3.5 电气箱及非标准零件图的设计

通常情况下，机床设备均有单独的电气控制箱，电气箱设计时需从以下几方面考虑。

1）根据控制面板及箱内电器板和电源板的尺寸确定电气箱的总体尺寸及结构形式。

2）根据各组件的安装尺寸，设计电气箱内安装支架，并标出安装孔、安装螺栓及接地螺栓尺寸，同时注明配线方式。电气柜、箱的材料一般应选用柜、箱用专用型材。

3）根据现场安装位置，并从操作、维修方便等要求出发，设计电气箱的开门方式。

4）为利于箱内电器元件的通风散热，应在箱体适当部位设计通风孔或通风槽。

5）为便于电气箱的搬运，应设计合适的起吊勾、起吊孔或在箱体底部设计活动轮。

电气箱的设计中需绘制相应的图样，如箱体外形草图、控制面板、安装支架等零件图，这些零件多为非标准零件，需注明加工要求，并严格按机械零件设计要求进行设计。

6.3.6 清单汇总及设计使用说明书的编写

在电气控制系统的原理设计与工艺设计结束后，应根据各种图样，对本设备所需要的各种零件及材料进行综合统计，按类别划分出外购成件汇总清单表、标准件清单表、主要材料消耗定额表及辅助材料消耗定额表。

设计及使用说明书是设计审定、安装调试及使用维护过程中必不可少的技术资料。设计说明书应包括拖动方案的选择依据及设计特点、各类电气图、主要参数计算、各项技术指标的核算与评价、设备调试要求与调试方法、使用维护要求及注意事项等。

使用说明书是为用户对设备的正常使用服务的，可分为机械和电气两个部分。机械部分主要介绍设备的各组成部件及其位置，而电气部分主要介绍操作面板示意图、使用维护方法及注意事项，还需提供电气原理图和接线图等，以便于用户进行设备检修。

6.4 电气控制系统的安装与调试

6.4.1 电气控制系统的元器件安装

生产机械的结构特点、操作要求和电气控制电路的复杂程度决定其电路的安装方式和方法。对控制电路简单的生产机械，可把生产机械的床身作为电气控制柜，对控制电路复杂的生产机械，常将控制电路安装在独立的电气控制柜内。

1. 安装前的准备工作

1）充分了解生产机械的主要结构、运动形式和电气控制原理。对电气原理图的了解程度是保证顺利完成安装接线、运行调试和故障排查的前提。因此，应重点掌握电气控制电路的各控制环节及其相互之间的关系。

2）根据材料清单配置电器元件，并选配导线、线槽、软管及套管等器材。

3）检查电器元件。在安装前，应对使用的所有电气设备和电器元件逐个检查，该环节是保证安装质量的基础。应根据电器元件明细表，进行以下检查：

① 检查各电器元件和电气设备是否短缺、型号规格是否正确、外观是否完好、各接线端子及紧固件有无短缺、生锈等，若不符合要求，应及时更换。

② 用绝缘电阻表检查电器元件及电气设备的绝缘电阻是否符合要求，用万用表或电桥检查一些电器或电气设备，如接触器、继电器及电动机等的线圈通断情况，以及各操作机构动作和复位是否灵活，有延时作用的电器元件动作是否可靠等。

③ 导线的选择根据电动机的额定功率、控制电路的电流容量、控制电路的回路数以及配线方式进行。检查配备的导线类型、绝缘情况、截面积和颜色与材料清单是否匹配。

4）准备好安装工具和检查仪表。如十字螺钉旋具、一字螺钉旋具、剥线钳、压线钳、电工刀、万用表、绝缘电阻表等。

2. 电气控制柜（箱或板）的安装

所安装的全部电器元件的型号、类型、规格、指示灯及按钮的颜色都应按照标准要求正确使用，应按照布置图规定的位置进行电器元件的安装，安装固定要确保牢固，做到距离适当、排列整齐、方便走线与运行后的检修。电器元件安装可按以下步骤进行：

1）底板选料。可选择2.5～5mm 厚的钢板或5mm 的层压板等作为安装底板。

2）底板剪裁。按照布置图所确定的尺寸进行底板剪裁。

3）电器元件的定位。按照电器产品说明书的安装尺寸，在底板上确定元件安装孔的中心位置，或直接将电器元件按布置图位置摆放，用尖锥在安装孔中心做好标记。

4）钻孔。选择合适的钻头对准钻孔中心标记处打孔，并保持钻孔中心不变。

5）电器元件的固定。用螺钉将电器元件固定在安装底板的各自位置上。固定元件时，应注意在螺钉上加装平垫圈和弹簧垫圈，紧固螺钉时将弹簧垫圈压平即可，不要过分用力，以防止用力过大将元件塑料底板压裂造成损坏。

6.4.2 电气控制系统的配线

电气控制系统的控制柜配线方式有柜内配线和柜外配线两种。

1. 电气控制柜内部配线

柜内配线分为明配线、暗配线和线槽配线3 种。明配线又称板前配线，适用于电器元件较少，控制电路比较简单的设备，该配线方式导线的走向较清晰，对于安全维修及故障检查较为方便；暗配线又称板后配线，该配线方式虽然控制板面整齐美观，配线速度较快，但检修较为不便，已很少采用；而线槽配线方式综合了明配线和暗配线的优点，适用于控制电路较复杂、电器元件较多的设备，不仅安装调试、检查维修方便，而且整个板面整齐美观，是目前广泛使用的一种配线方式。

线槽由槽底和盖板两部分组成，其两侧留有导线的进出口，槽底视线槽的长短用若干螺钉固定在底板上。线槽配线时按以下具体方法与工艺要求进行。

1）线槽配线多采用多股软导线作为连接导线，所使用导线的绝缘、耐压及线径规格应符合电路设计要求，考虑导线机械强度的因素，所有导线的最小截面积在控制柜内为 $0.75mm^2$，控制柜外为 $1mm^2$，但对于控制柜内电流很小的如电子电路的接线，在不移动且无振动的场合，可采用截面积为 $0.2mm^2$ 的硬接线。

2）电气控制电路的连接可以按照电气原理图或电气安装接线图进行。按照原理图接线时，导线连接的顺序一般应按照“先主后控，先串后并；从左到右，从上到下”的原则进行连接，每个电器元件则应按照“上进下出，左进右出”的原则进行连接。

3）控制柜内各电器元件接线端子引出导线的走向，均以元器件的水平中心线为界线，在水平中心线以上，接线端子引出的导线必须进入元件上方的线槽；在水平中心线以下，接线端子引出的导线必须进入元件下方的线槽。任何导线都不允许从水平方向进入线槽内。

4）各电器元件接线端子上引出或引入的导线，除机械强度很差和间距很小的元器件允许直接架空敷设以外，其他导线必须经过线槽进行连接。应注意不能损伤导线的绝缘和线芯，拐弯处要弯成慢直角弯，并且两个端子之间的连接导线不能有中间接头。

5）各电器元件与线槽之间的外露导线，应走线合理，尽可能做到横平竖直，变换走向要垂直。同一元件上位置一致的端子或同型号电器元件上位置一致的端子上引出导线，应敷设在同一平面上，并应做到高低一致或前后一致，不得交叉。

6）进入线槽内的导线要完全置于线槽内，并应尽可能避免交叉；装线一般不要超过线槽容积的70%，以能够方便地盖上槽盖为准，可以方便后续的装配和维修。

7）连接导线的颜色应符合规定要求。保护导线采用黄绿双色；动力电路的中性线和中间线采用浅蓝色；交流和直流动力电路采用黑色；交流控制电路采用红色；直流控制电路采用蓝色等。

8）电器元件各端子所连接的导线应在靠近端子处套上带有标识线号的套管，其线号标志必须与电气原理图和电气安装接线图中的线号标志相一致。在遇到如6和9或16和91这类方向颠倒均能读数的号码时，应做记号以防混淆。

9）所有导线的连接必须牢固。一般一个接线端子只能连接一根导线，接线端子必须与导线截面积和材质相适应，当接线端子不适合连接软线或较少截面积的导线时，可以在导线端头上采用针形或叉形冷压接线头。如果采用专门设计的端子，可以连接两根或多根导线，但必须是工艺上成熟的各种方式，如夹紧、压接、焊接及绕接等，应严格按照工序要求进行连接。除必须采用焊接方法外，所有的导线均应采用冷压接线头。

10）电气控制柜（板）内、外的电气接线必须通过接线端子引入引出。接线端子板可根据需要布置在控制柜（板）的下方或侧面。

2. 电气控制柜外部配线

电气控制柜一般处于工业环境中，因此除具有适当保护的电缆外，控制柜外的全部导线，即所有的外部配线应一律装入导线通道内，可以使其有适当的机械保护，并具有防水、防腐、防尘及防铁屑等作用。线管配线属于柜外配线方式，使用时应注意以下事项。

1）导线通道应留有一定裕量，供备用导线和今后增加导线之用。

2）导线通道如采用钢管，壁厚应大于1mm，如采用其他材料，其壁厚必须具有等效于壁厚1mm钢管的强度。如用金属软管时，必须有适当的保护。当用设备底座作为导线通道时，无需再加预防措施，但必须能防止液体、铁屑和灰尘的侵入。

3）生产机械本身所属的各种电器或设备之间的连接常采用金属软管配线方式。移动部件或可调整部件上的导线必须用软线，运动的导线及其金属软管必须支撑牢固，使得在接线上不致产生机械拉力，又不出现急剧的弯曲。

4）同一电压等级或同一回路的导线允许穿在同一线管内；不同电压等级或不同电路的导线如穿在同一线管内时，所用导线的绝缘等级必须满足其中最高一级电压的要求。

5）管内的导线不准有接头；所有穿管导线，在其两端头必须标明线号，以便查找和维修；穿行在同一保护管路中的导线束应加入备用导线，其根数按表6-1所示规定配置。

6）铁管应可靠地保护接地和接零。

表6-1　线管中备用导线的数量

同一线管中同色同截面导线根数	3～10	11～20	21～30	>30
备用导线根数	1	2	3	每递增10根，增加1根

3. 导线截面积的选用

导线截面积应按正常工作条件下流过的最大稳定电流来选择，并考虑环境因素。如表6-2所示，列出了机床用铜芯导线的载流容量，如采用铝线，只需将表中数值乘以系数0.78即可。表中数据均为正常工作条件下的最大稳定电流。

表6-2　机床用导线的载流容量

导线截面积/mm^2	一般机床载流量/A		机床自动线载流量/A		导线截面积/mm^2	一般机床载流量/A		机床自动线载流量/A	
	线槽中	大气中	线槽中	大气中		线槽中	大气中	线槽中	大气中
0.198	2.5	2.7	2	2.2	6	36	41	31	34
0.283	3.5	3.8	3	3.3	10	50	57	43	48
0.5	6	6.5	5	5.5	16	68	76	58	65
0.73	9	10	7.5	8.5	25	89	101	76	86
1	12	13.5	10	11.5	35	111	125	94	106
1.5	15.5	17.5	13	15	50	134	151	114	128
2.5	21	24	18	20	70	171	192	145	163
4	28	32	24	27	95	207	232	176	197

6.4.3　电气控制系统的运行调试

1. 调试前的准备工作

安装完毕的电气控制柜（板），必须经过认真检查后，方可通电试运行。调试前必须了解各种电气设备和器件的功能，并做好调试前的各项检查工作。

1）清点工具仪表；清除线头杂物；检查各组熔断器的熔体；检查三相电源的对称性；分断各控制开关；使按钮、行程开关处于未操作状态。

2）按电气原理图或接线图从电源端开始，逐段核对接线及接线端子处的线号。重点检查主电路有无错接、漏接，以及控制电路中容易错接之处。检查各导线压接是否牢固，接触是否良好，以避免通电试车时因虚接造成麻烦，将故障排除在通电之前。

3）用万用表检查电路的通断情况。可先断开控制电路，用万用表欧姆档检查主电路有无短路或开路；然后再断开主电路，并拆下电动机接线，检查控制电路各个控制环节有无短路或开路，检查自锁和互锁触点动作的可靠性，检查与设备运动部件联动的元件如行程开关、速度继电器等动作的可靠性。

4）用绝缘电阻表对电动机和连接导线等进行绝缘电阻检查，应分别符合各自的绝缘电阻要求，如连接导线的绝缘电阻不小于7MΩ，电动机的绝缘电阻不小于0.5MΩ等。

2. 电气控制柜的调试

在调试前的准备工作完成之后方可进行电气设备的通电试车和调整工作。

（1）空操作试验

空操作试验指在断开主电路，接通电源开关后，只检查控制电路的工作情况是否符合控制要求，如按钮对接触器、继电器的控制作用；自锁、互锁功能；行程开关的控制作用；时间继电器的延时时间等；控制过程中注意观察电器元件动作是否灵活；有无异常声响和异味等，如此反复几次操作，均为正常后方可进行下一步调试。如有异常，立刻断电检查。

（2）空载试车

在空操作试验无误的基础上，接通主电路即可进行。主要检查各电动机的转向及转速是否符合要求，电动机的相关切换过程是否顺畅，运行过程中有无异响、异味及过热，保护电器的整定值是否合适，并检查信号指示和照明灯的完好性等。

（3）带载试车

在空载试车通过之后，方可进行带载试车，带载试车指各拖动电动机真正带动生产机械的相关运动部件起动运行。应在正常的工作条件下，验证电气设备所有部分运行的正确性，当电动机运行平稳后应使用钳形电流表测量三相电流是否平衡，特别是验证在电源中断和恢复时电路是否具有相关的保护功能，还需进一步观察设备机械动作的准确性并对相关电器元件的位置或整定数值做进一步调整。

3. 运行调试的注意事项

1）调试人员在调试前须熟悉生产机械的结构、操作规程和电气系统的控制要求。

2）通电时，应先接通电源开关，再发出控制指令；断电时则操作顺序相反。

3）通电后，应注意观察各种现象，随时做好停车准备，以防止意外事故发生。如有异常，应立即停车，待查明原因之后再继续进行，未查明原因不得强行送电。

4）在调试运行中，如果出现熔断器熔断或继电器保护装置动作，应查明原因，不得任意增大整定值强行再次通电试车。

6.5 电气控制系统设计举例

电气控制系统设计是对低压电器及电气控制电路相关知识的综合应用与提升。本节以三级带式输送机的电气控制系统设计为例，说明继电—接触式电气控制系统的设计过程。

6.5.1 主要结构与功能用途

带式输送机是一种常用的工业输送设备，广泛应用于冶金、煤炭、交通、水电及化工等现代化工业企业中，如矿山的井下巷道与矿井地面运输系统、露天采矿场及选矿厂，尤其对高产高效矿井，带式输送机已成为煤炭开采机电一体化技术与装备的关键设备。带式输送机具有输送距离长、运输量大、连续输送、结构简单、使用维修方便、成本低及通用性强等优点，而且运行可靠，易于实现自动化和集中化控制。

带式输送机是一种摩擦驱动以连续方式运输物料的机械，主要由机架、输送带、托辊、滚筒、张紧装置及传动装置等组成。根据输送工艺的要求，可以单机输送，也可多机组合成水平或倾斜的运输系统来输送物料，以满足不同布置形式的作业线的需要。带式输送机可以将物料在一定的输送线上，从最初的供料点到最终的卸料点间形成一种物料的输送流程，既可以进行碎散物料的输送，也可以进行成件物品的输送。除进行纯粹的物料输送外，还可以与各工业企业生产流程中的工艺过程要求相配合，形成有节奏的流水作业运输线。

6.5.2 拖动特点与控制要求

1. 设备拖动特点

带式输送机属于长期工作制，不需调速，没有特殊要求也不需要反转，因此多采用笼型异步电动机进行拖动。图6-7所示为三级带式输送机工作过程示意图，1#、2#、3#传送带分别由电动机M1、M2和M3拖动，根据设备特点选用YGY系列油冷式滚筒用三相异步电动机作为皮带输送的动力源，3台电动机的型号均选定为YGY160M2-8，性能指标为：5.5kW，13.3A，720r/min。若考虑事故情况下，有可能重载起动，需要较大的起动转矩，可以选用双笼型异步电动机或绕线转子异步电动机进行拖动。

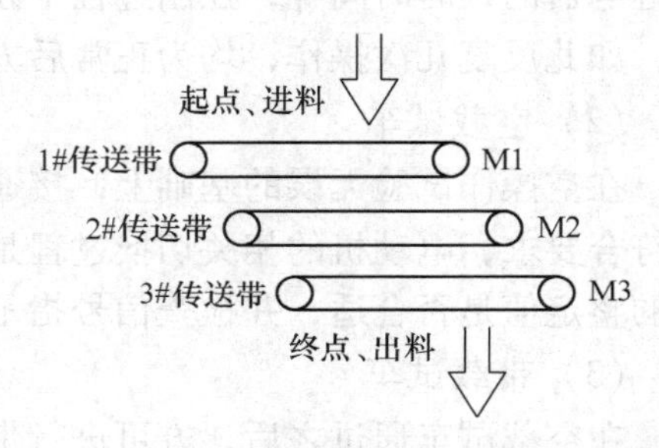

图6-7 三级带式输送机工作过程示意图

2. 设备控制要求

根据生产工艺要求，三级带式输送机起动时应按照3#→2#→1#的顺序并间隔一定的时间，起动无误后方可发出进料信号，开始正常工作，以防止货物在皮带上堆积，造成后面皮带的重载起动；停车时，在接到停车指令后，应立即发出停止进料信号以停止进料，并延时一定时间使1#传送带上货物全部输送完毕后，按照1#→2#→3#的顺序并间隔一定时间停止各级传送带，以避免造成传送带上货物残存。

因此，三级带式输送机的基本工作过程为顺序起动、逆序停止，考虑到各级传送带的调整试车，从整体控制上应具备集中控制和单台控制功能。此外，为保证设备安全可靠的运行，电路中应具备短路、过载、失电压、欠电压等保护功能，还应设置急停按钮。

综上所述，三级带式输送机控制系统的控制要求如下：

1）该控制系统可具备集中控制和单台控制两种工作方式。

2）采用集中控制时，按照3#→2#→1#的顺序并间隔30s顺序起动；正常停车时，在接收到停止信号并延时60s后，按照1#→2#→3#的顺序并间隔60s逆序停车。

3）采用单台控制时，应将各拖动电动机设计为点动控制，以便于调整试车。

4）任何一台电动机发生过载，必须立刻停止进料并按正常停车顺序停车。

5）要求有紧急停车功能，并设置短路保护、过载保护等必要的保护环节。

6.5.3 控制方案分析与电气原理图设计

1. 控制方案分析确定

1）三级带式输送机的3台拖动电动机采用笼型异步电动机，容量均为5.5kW。由于电网容量相对于电动机容量足够大，且3台电动机不需要同时起动，所以对电网的冲击较小，因此可以采用全压起动。由于各拖动电动机属于长期工作制，不需要频繁起动和停止，对停车的时间和准确度也无特殊要求，因此停车控制不设置制动措施，采用自由停车。

2）该控制系统采用集中控制时，起动控制要求3台电动机间隔一定时间顺序起动，停车时要求间隔一定时间逆序停车。方案一考虑可以采用手动控制切换电动机的起动和停止，此种方式下各电动机均需设置各自的起、停按钮，且需人工控制切换时间，使操作不方便且可靠性差；方案二考虑可以采用时间原则的自动控制，此种方式下只需设置一组起停按钮，切换过程由时间继电器自动控制完成，使切换控制准确可靠且操作简单方便。因此，考虑采用第二种控制方案进行三级带式输送机的集中控制。

3）为方便各级传送带的单独调整试车，各拖动电动机均需设置单独的点动控制。

4）为保证在紧急情况下设备安全可靠的停车，系统需设置紧急停车功能。

5）为保证带式输送机的安全可靠运行，控制系统应设置完善的保护环节。

2. 主电路设计

根据控制要求和设计方案，3台电动机均为单向全压起停控制。主电路中，采用刀开关QS作为电源的引入开关，用熔断器FU1作为整个电路的短路保护，用接触器KM1、KM2、KM3的主触点分别控制3台电动机的单向运行，因各拖动电动机均属于长期工作制，因此使用热继电器FR1、FR2、FR3分别对其进行长期过载保护。

3. 控制电路设计

1）采用中间继电器KA作为整个控制电路的正常起动与停车控制信号。触点KA（03－04）完成自锁的功能；触点KA（02－13）用于起动KM3即3#传送带，开始设备的正常起动过程；而触点KA（02－15）则用于起动各时间继电器。KA的3个触点各司其职，使电路清晰明了，特别是有效避免了时间继电器与各控制接触器直接并联对后续点动控制设计造成的困难。

2）顺序起动的自动切换采用通电延时型时间继电器KT1和KT2控制，逆序停车采用断电延时型时间继电器KT3、KT4和KT5控制，以上5个时间继电器均由KA的常开触点控制其通电与断电。

3）各接触器线圈电路的控制均由3个控制条件并联而成。其一为正常起动控制条件，KM3由KA（02－13）控制，KM2与KM1分别由KT1、KT2常开触点延时起动；其二为各接触器的自锁控制，除自锁触点外，各自锁电路中还分别串联了KT3、KT4、KT5的常开触点，不仅通电闭合后与各接触器的常开触点共同构成自锁，还可以完成逆序间隔停车控制；其三为各接触器的点动控制，将各点动按钮与以上两个控制条件并联即可。

4. 联锁及保护环节设计

电路中除采用熔断器 FU1 作为整个电路的短路保护外，还设置了熔断器 FU2 实现对控制电路的短路保护；将热继电器 FR1、FR2、FR3 常闭触点串联后接于中间继电器 KA 的线圈电路中，无论任何一台电动机发生过载，均可使 KA 断电释放，进而控制各接触器按正常顺序断电释放；该控制电路采用按钮控制的自锁电路，因而使电路本身还具有失电压、欠电压保护功能。此外，为保证事故情况下紧急停车的需要，电路中设置了急停按钮 SB1。

5. 电路的综合审查

反复审查所设计的控制电路是否满足各项工艺要求和原理图设计规范，是否有需要化简的触点，是否有正常运行后无需通电的器件等，如电路中在 KT1、KT2 的线圈电路中就串联了 KM1 的常闭触点，以使在全部起动过程结束后，将 KT1 与 KT2 切除。

综上考虑，设计并绘制出三级带式输送机的电气原理图，如图 6-8 所示。需要说明，设计完成的电气图，需要根据编号规则对其进行线号标注，为安装接线图的绘制做准备。

6.5.4　电器元器件的选择

1. 电源开关的选择

电源开关 QS 的选择主要考虑电动机 M1、M2、M3 的额定电流和起动电流。通过计算可得额定电流之和为 39.9A，且各电动机正常情况下均为空载起动。所以，电源开关 QS 选择 HK1 系列刀开关，型号为 HK1－60/3，60A，380V，三极。

2. 接触器的选择

接触器主要根据负载电流种类、使用类别、额定电压、额定电流、控制回路的电压及所需触点的数量等进行选择。本设计中，控制回路电源电压为 380V，各接触器主触点所控制电动机的额定电流均为 13.3A，需要主触点 3 对，常开、常闭辅助触点各一个。因此，3 个接触器均选择 CJ10－20 型交流接触器，主触点额定电流为 20A，额定电压为 380V。

3. 中间继电器的选择

中间继电器应根据被控制电路的电压等级、所需触点类型（常开触点或常闭触点）、数量以及容量等要求进行选用。本设计中，控制电路电压为 380V，需常开触点 3 个，因此选用 JZ7－41 型中间继电器，常开触点 4 个，常闭触点 1 个，线圈电压 380V。

4. 时间继电器的选择

时间继电器主要是类型和延时方式的选择，主要根据延时范围、延时精度和控制要求等选择。本设计中延时范围要求较小，延时精度要求不高，因此选用空气阻尼式时间继电器进行控制，其中 KT1 和 KT2 均选择通电延时型，型号为 JS7－1A，KT3、KT4、KT5 均选择断电延时型，型号为 JS7－3A，线圈电压均为 380V、5A、0.4～180s、延时触点一对。

5. 热继电器的选择

热继电器主要根据电动机的额定电流进行选择。作为 3 台电动机的长期过载保护，其热继电器选用相同型号的 JR20－16 型热继电器，其热元件额定电流 16A，整定电流调节范围为 3.6～18A，工作时调整在 14A。

6. 熔断器的选择

熔断器首先是类型的选择，其次根据额定电压、额定电流和熔体的额定电流等选择具体型号。电动机的主电路和控制电路多采用螺旋式熔断器作为短路保护。对于电动机类负载，

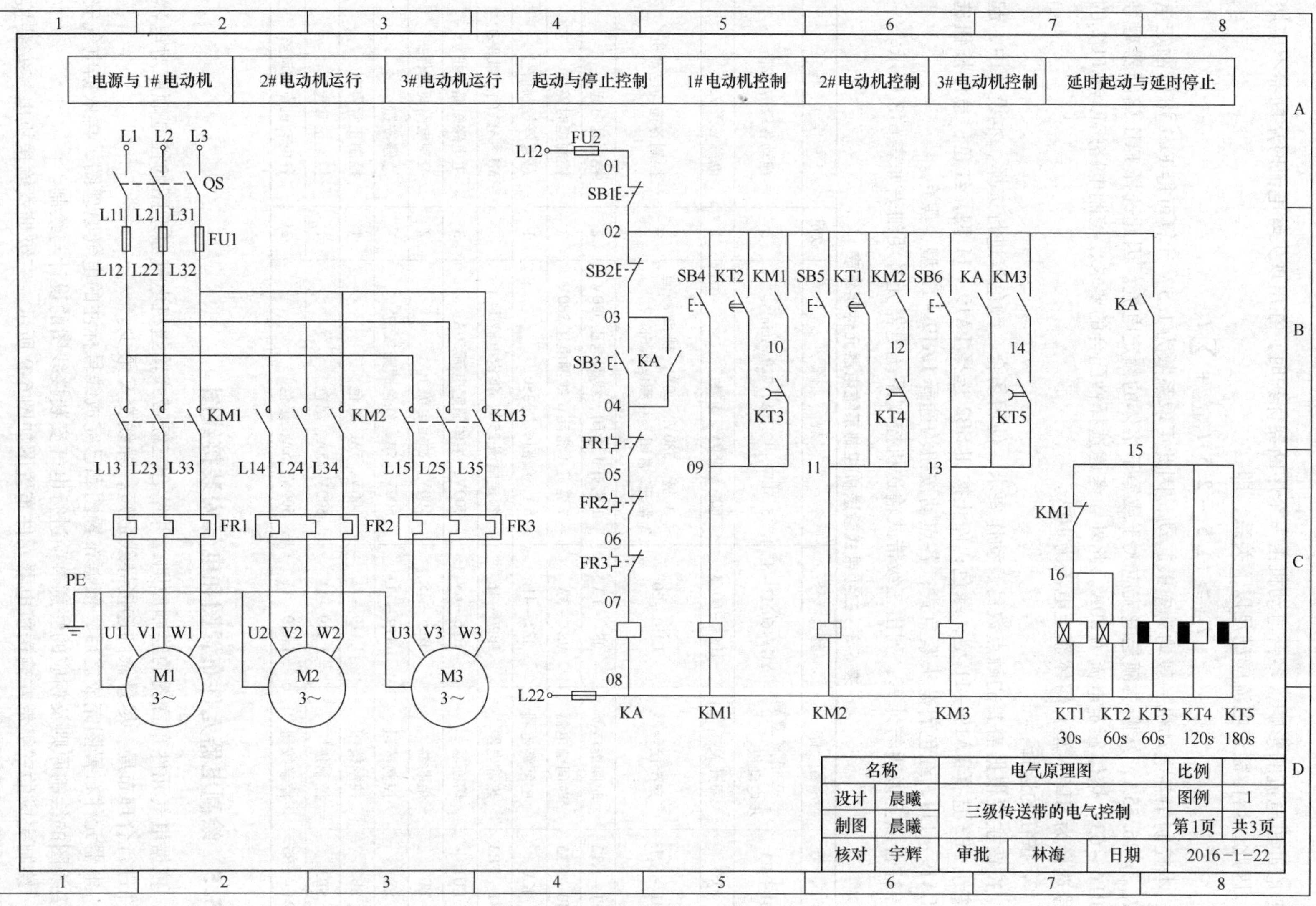

图 6-8　三级带式输送机电气原理图

需考虑冲击电流的影响，多台电动机由一个熔断器保护时，在出现尖峰电流时熔断器不应熔断。因此，熔体额定电流应满足以下关系，即：

$$I_{FU} \geqslant (1.5 \sim 2.5) I_{NMAX} + \sum I_{N}$$

本控制中各电动机一般均为空载起动，因此可取系数为1.5，计算可得FU1熔体额定电流 $I_{FU1}=46.55A$，熔断器额定电流应大于或等于熔体的额定电流。因此选择FU1熔断器型号为RL6－63，熔体额定电流为50A。此外，考虑选择性配合的要求，控制电路熔断器FU2的型号选择为RL6－25，熔体额定电流为10A。

7. 按钮的选择

按钮主要根据需要的触点数目、动作要求、使用场合、颜色等进行选择。本设计中，起动按钮SB3选择LA19－11型，绿色；停止按钮SB2选择LA19－11型，红色；急停按钮选择LA19－11J，红色蘑菇头紧急式；各点动按钮均选择LA19－11型，黑色。

综合以上说明与计算，列出三级带式输送机控制系统电器元件明细表如表6-3所示。

表6-3 三级带式输送机控制系统电器元件明细表

符号	名称	型号	规格	数量	作用
M1～M3	三相笼型异步电动机	YGY160M2－8	5.5kW，13.3A，720r/min	3	拖动各级传送带
QS	刀开关	HK1～60/3	60A，380V，3极	1	电源总开关
KM1～KM3	交流接触器	CJ10－20	3极，380V，20A，辅助触点2常开2常闭，线圈电压380V	3	控制各拖动电动机
KT1～KT2	时间继电器	JS7－1A	1常开1常闭，线圈电压380V	2	控制延时起动
KT3～KT5	时间继电器	JS7－3A	1常开1常闭，线圈电压380V	3	控制延时停止
KA	中间继电器	JZ7－41	5A，线圈电压380V	1	总起停控制信号
FR1～FR3	热继电器	JR20－16	额定电流25A，整定电流14A	3	M1～M3的过载保护
FU1	熔断器	RL6－63	500V，熔体额定电流50A	3	主电路短路保护
FU2	熔断器	RL6－25	500V，额定电流10A	2	控制电路短路保护
SB1	控制按钮	LA19－11J	500V，5A，红色蘑菇按钮	1	急停按钮
SB2	控制按钮	LA19－11	500V，5A，红色	1	控制正常停车
SB3	控制按钮	LA19－11	500V，5A，绿色	1	控制正常起动
SB4～SB6	控制按钮	LA19－11	500V，5A，黑色	3	各电动机点动调整

6.5.5 绘制电器元件布置图和电气安装接线图

依据电气元件布置图的绘制原则，并结合三级带式输送机电气原理图的控制顺序对电器元件进行合理布局，尽量做到连接导线最短，导线交叉最少。

电器元件布置图完成之后，依据布置图和已完成线号标注的电气原理图，再依据电气安装接线图的绘制原则及相应的注意事项进行电气安装接线图的设计与绘制。

绘制完成的三级带式输送机电器元件布置图如图6-9所示，三级带式输送机电气安装接线图如图6-10所示。

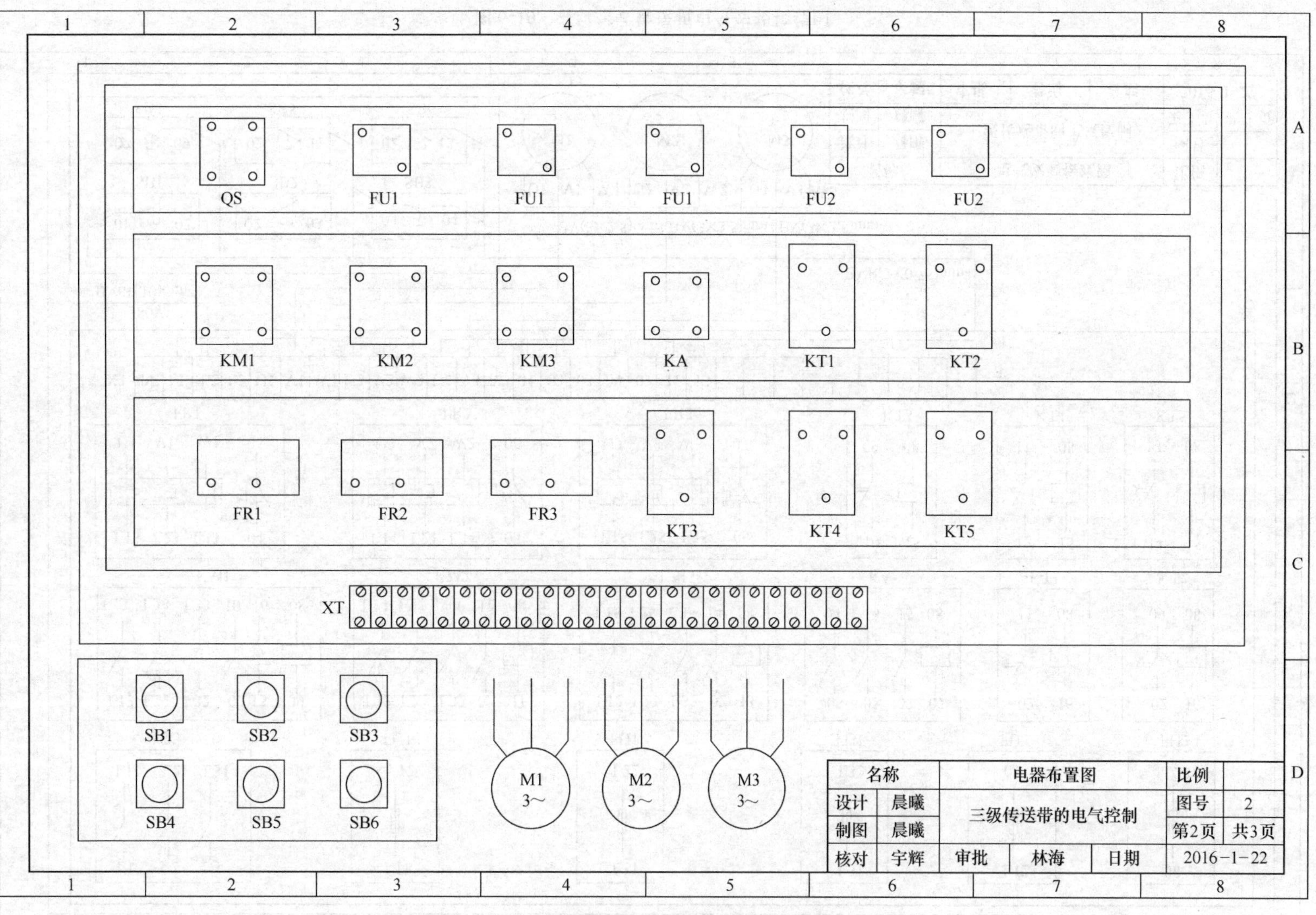

图 6-9　三级带式输送机电器元件布置图

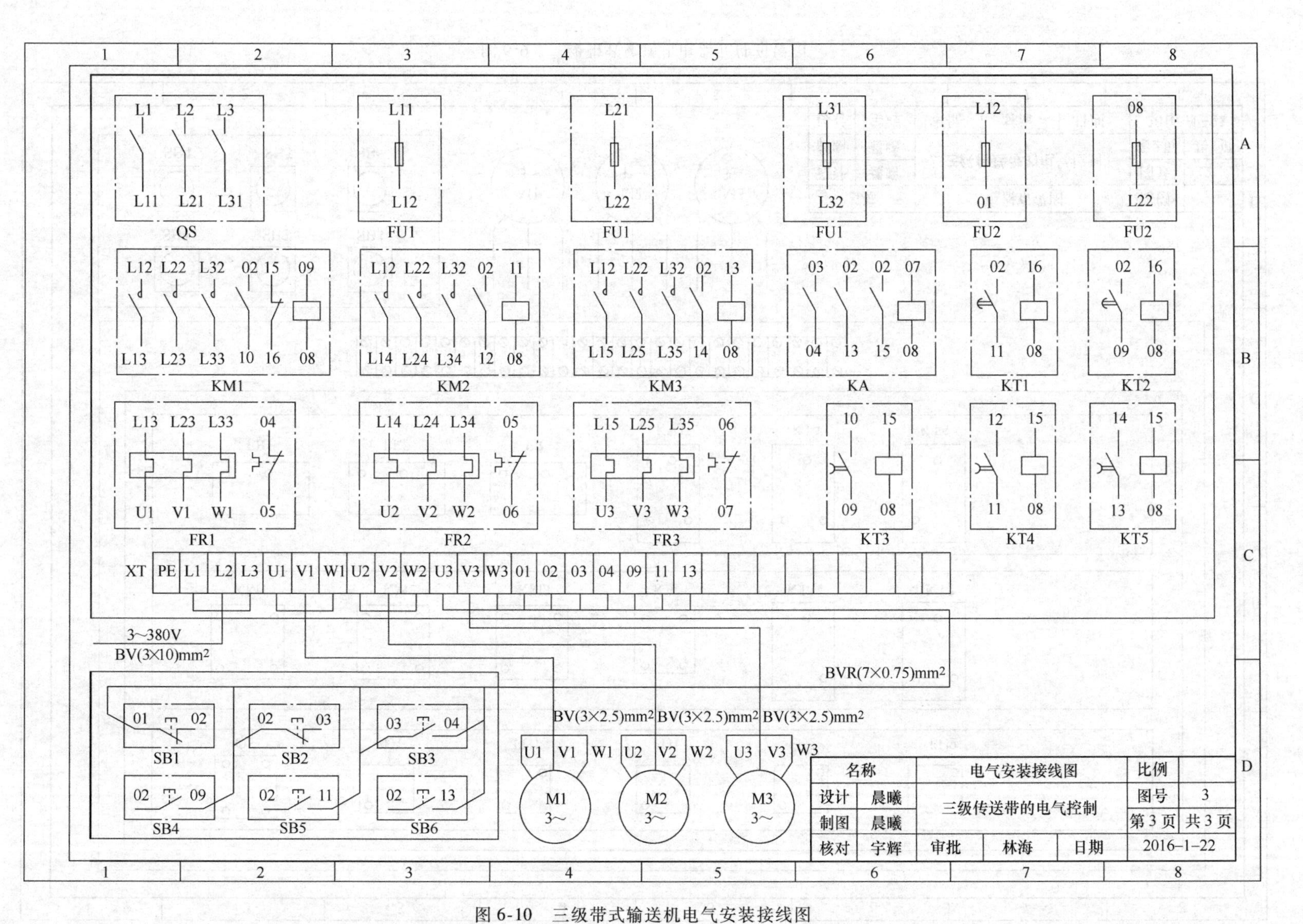

图 6-10　三级带式输送机电气安装接线图

6.5.6 电气控制柜的安装配线

1. 电气控制柜的安装接线

1）根据电器元件明细表中所列的元件，配齐电气设备和电器元件，并结合6.4.1所述电器元件检查的相关内容，逐件进行测试和检查，以确认电器元件的完好性。

2）制作安装底板。三级带式输送机的电气控制电路较复杂，根据电器布置图，其制作的安装底板有柜内电器板和操作控制面板，对于柜内电器板，可以采用4mm的钢板或其他绝缘板作其安装底板。

3）选配导线及配线方式。根据带式输送机的特点，其电气控制柜的配线方式选用线槽配线。根据表6-2所示内容及带式输送机安装接线图中选配的导线进行配线。

4）安装电器元件。根据安装尺寸线进行钻孔、固定电器元件并给电器元件编号。

5）接线。根据接线的要求，先接控制柜内的主电路、控制电路，再接柜外的其他电路和设备，包括控制面板和电动机等。必须注意，连接导线应带有标识线号的套管，电气板内需要接到板外的导线必须通过接线端子排，引入设备的导线需用金属导管保护。

2. 电气控制柜的电路检查

首先进行常规检查。根据三级带式输送机的电气原理图及安装接线图，对安装完毕的电气控制柜逐线检查，核对线号，防止错接、漏接；检查各接线端子是否有虚接情况，并及时加以改正。常规检查完毕，再用万用表欧姆档对电路进行断电检查。具体操作如下：

1）检查主电路。三级带式输送机主电路的检查方法同2.8.2节的单向运行控制电路。

2）检查控制电路。断开主电路三相电源和电动机接线，将万用表扳至$R\times100$档位。

① 万用表表笔分别跨接在控制电路电源L12－L22两端，应测得断路；按下SB3并保持，应测得KA线圈电阻值，此后按下SB1或SB2，均应测得电路由通转断。

② 松开SB3后按下KA触点架，由于KA三个常开触点均闭合，所测得电阻值应为KA、KM3及KT1～KT5各线圈并联后的阻值；保持KA触点架的压下状态，KT1延时后，其常开触点闭合，KM2线圈接通，万用表显示阻值减小；KT2延时后，其常开触点闭合，KM1线圈也接通，万用表显示阻值为最小，此时所有线圈并联。

③ 继续保持KA触点架的压下状态，再按下KM1触点架，因KM1常闭触点断开使KT1与KT2被切断，万用表显示阻值增大；再继续按下KM2和KM3触点架并释放KA触点架，因所有时间继电器和中间继电器线圈断开，万用表显示阻值继续增大。

④ KT3延时后，其常开触点断开切断KM1，万用表显示阻值继续增大，此时可松开KM1触点架；至KT5延时到，KM3被切断，万用表显示阻值为无穷大。

⑤ 万用表表笔分别跨接在线号02和L22两端，按下SB4，应测得KM1线圈电阻值，同样方法测量SB5与SB6对KM2和KM3的点动控制作用。

经上述检查如发现问题，应结合测量结果，分析电气原理图，进行故障排查。

6.5.7 电气控制柜的调试

经以上常规检查和断电检查准确无误后，方可进行通电调试。

1. 空操作试车

断开各电动机接线并合上电源开关QS，使控制电路得电。按下起动按钮SB3，KA、

KM3 与各时间继电器均通电吸合，KT1 延时后接通 KM2 线圈，KT2 延时后接通 KM1 线圈，KM1 常闭触点断开使 KT1 与 KT2 断电释放，完成顺序起动控制；按下 SB2，KA 线圈与 KT3 ~ KT5 线圈均断电释放，随 KT3 ~ KT5 延时时间到，KM1、KM2、KM3 依次断电停车；单独按下 SB3 可控制 KM1 点动运行，同样方法可测试 KM2 与 KM3 的点动电路。

2. 空载试车

空载试车应在各电动机与其连接的运动部件及其传动装置断开的情况下进行。合上电源开关 QS，按下 SB3，观察各拖动电动机的起动及运行情况，转速是否正常，有无异响异味等，如有异常立即停车检查。空载试车可检查整个电气控制电路功能的完成情况。

3. 负载试车

在设备电气控制电路和所有机械运动部件安装调试后，按照三级带式输送机的各项性能指标及工艺要求，进行逐项试车，直至全部完成各项工艺要求。

6.5.8 编写设计使用说明书

以下仅以电气控制部分的简要使用说明为例。

1）该三级带式输送机控制系统具备集中控制和单台控制两种工作方式。

2）采用集中控制时，可按下绿色起动按钮 SB3，设备将按照 3#→2#→1#的顺序并间隔 30s 顺序起动；正常停车时，按下红色停止按钮 SB2，延时 60s 后，设备将按照 1#→2#→3#的顺序并间隔 60s 逆序停车。

3）单台控制时，可视需要按下 SB4、SB5、SB6 中任意按钮，即可单独调整试车。

4）任何一台电动机发生过载时，电路会按正常停车顺序自动停车。

5）紧急情况下，可按下红色蘑菇按钮实现急停功能，此时电路全部自动断电停止。

6）发生短路、过载及失电压、欠电压故障时，线路相关保护环节会及时动作实现保护功能。

6.6 技能训练

电气控制系统的设计应用训练可使学生接触到工程设计中的关键环节，通过系统设计的整个过程将低压电器及电气控制电路相关知识有机结合起来，不仅可以加深对相关知识的理解，更提升了综合应用能力。因此，该技能训练的突出特征是在理论与实践有机融合的基础上，工程实践能力的初步培养。

6.6.1 电气设计应用任务书

以下给出电气设计应用任务书的参考格式与内容，供技能训练参考使用。

《电气设计应用》课程设计任务书

1. 设计题目

该部分给出电气控制系统设计的设计课题，并说明各项相关的工艺要求。

2. 基本要求

要求学生根据电气控制设备的工艺要求与控制要求，查找有关技术资料，确定系统控制方案，并进行电气控制系统的原理设计和工艺设计，包括设计电气控制电路，选择电器元件，安装调试电气控制电路，使用绘图软件设计绘制电气原理图、电器布置图和电气安装接线图，最后整理各项设计资料、撰写课程设计报告并进行答辩。

3. 设计报告内容

1）控制要求分析及控制方案确定。

2）电气原理图设计。

3）电器元件的选择及电器元件明细表。

4）电器元件布置图（包括电器板布置图、控制面板布置图、机床电器布置图）。

5）电气安装接线图（包括电器板接线图、控制面板接线图、机床电器接线图）。

6）设计使用说明书。

4. 设计报告要求

1）课程设计报告统一使用 A4 纸打印，左侧装订，并按照下列顺序进行装订：封面、课程设计任务书、目录、正文、参考文献。如有附图、附表等可放在正文之后。

2）页面设置上、下、左均为2.5cm，右为2cm；正文单独设置页码，页码下部居中。

3）设计题目用小 2 号宋体加粗居中；各级标题均首行缩进 4 个字符即两个汉字；一级标题用小 3 号黑体；二级标题用 4 号宋体；三级标题用小 4 号黑体；正文用小 4 号宋体；页码用 5 号宋体居中，全文 1.5 倍行距。

4）图题用 5 号宋体居中；表题用 5 号黑体居中，表格内容用 5 号宋体。

5）所有电气图均使用 Auto CAD 绘图软件进行绘制。电气图必须符合有关国家标准，包括线条、图形符号、项目代号、回路标号、技术要求、标题栏及图样的折叠与装订等。

5. 推荐参考资料

该部分列出推荐的参考书目及资料。

6. 课程实施

1）实训设计分别在维修电工实训室及计算机房进行，设计过程中未经允许不得擅自离开教室，应合理使用各实训设备与器材，通电调试必须在相关人员监护下方可进行。

2）本实训每人需完成一份实训设计报告。设计中，每一项目草稿审核后方可正式成稿。

3）设计报告的内容在所要求基本内容的基础上，根据个人情况可适当增加相关内容。

4）答辩涉及内容为设计报告及其相关内容。

6.6.2 横梁升降机构的设计与调试

1. 实训目的

1）培养学生综合运用所学电气控制相关知识分析解决实际工程技术问题的能力。

2）培养学生查阅图书资料、产品手册、技术标准和各种工具书的能力。

3）培养学生利用 Auto CAD 绘图软件进行电气工程绘图的能力。

4）培养学生书写技术报告和编写技术资料的能力。

5）锻炼学生熟练使用常用电工工具、电工仪表。

6）培养学生的独立工作能力、创新能力和团队合作精神。

2. 实训设备

实训所需基本设备有电工板、各种常用低压电器、接线端子排、导线、号码管、冷压端子、三相异步电动机、万用表、常用电工工具和计算机等。

3. 实训课题

横梁升降机构无论在机械传动或电力传动控制的设计中都具有普遍意义，在龙门刨床、立式车床、摇臂钻床等设备中均采用类似的结构和控制方法。本课题进行龙门刨床横梁升降机构的设计。

（1）横梁升降机构的结构与运动情况

龙门刨床上装有横梁机构，刀架装在横梁上。由于机床加工工件大小不同，要求横梁能沿立柱作上升与下降的调整运动，此调整运动由横梁升降电动机进行拖动。在加工过程中，横梁必须夹紧在立柱上，不允许松动。夹紧机构能实现横梁的夹紧与放松，横梁的夹紧机构由夹紧放松电动机进行拖动。

（2）横梁升降机构对电气控制的要求

1）按下上升或下降按钮后，夹紧机构应首先完成自动放松控制。

2）横梁完全放松到位后，应自动进行上升或下降的控制。

3）上升或下降到所需位置后，松开升降控制按钮，夹紧机构自动完成夹紧控制。

4）横梁升降的操作应为点动控制，以方便调整并保证调整的准确性。

5）横梁上升或下降运动时，应具有上升或下降的限位保护和各相关运动间的联锁。

4. 设计任务与要求

电气控制系统设计调试技能训练的各项设计任务与设计要求如表6-4所示。

表6-4　电气控制系统设计调试技能训练任务与要求

设计任务	设计要求	课时分配	完成情况		
			独立	合作	辅助
任务一 设计研讨	1）小组成员进行任务分工 2）查找资料，分析控制要求，制定设计方案	4			
任务二 原理设计	1）设计电气原理图草图 2）审核、修改电气原理图 3）选择电器元件并列出元器件明细表	4			
任务三 工艺设计	1）绘制电器布置图草图 2）绘制电气安装接线图草图	2			
任务四 安装调试	1）进行电气控制板的器件安装与接线 2）进行电气控制电路的运行控制与调试	6			
任务五 电气CAD制图	1）绘制电气原理图 2）绘制电器布置图 3）绘制电气安装接线图	4			
任务六 编写设计说明书	1）用Word撰写设计报告的各项内容 2）打印、整理、装订设计报告并上交	4			
说明	设计过程中，各项设计任务的课时分配及设计进度，根据课题难度差异、控制要求差异、各组成员能力差异及团队合作差异等实际情况可作适当调整				

5. 考核与评分标准

电气控制系统设计与调试技能训练的考核采用实践过程考核与实训设计报告相结合的考核方式。在实训总成绩中，实践过程考核成绩占50%，设计报告成绩占50%，实训总成绩为百分制，60分及以上为合格。电气控制系统设计调试成绩评定标准如表6-5所示。

表6-5 电气控制系统设计调试成绩评定标准

考评项目		考核要求	配分	得分
过程考核（50分）	原理设计	认真设计、修改并完善设计方案，设计方案合理可行	20	
	工艺设计	认真绘制工艺设计相关图样草稿，认真修改并完善设计方案	10	
	安装接线	安装操作规范，未出现设备损坏，能保持环境卫生良好	10	
	团队协作	设计态度积极认真、方法正确，动手能力强，团队协作良好	10	
设计报告（50分）	内容撰写	设计报告格式规范、结构合理、内容正确，不雷同	20	
	电气制图	独立完成个人承担的相关电气图的绘制任务，绘图规范	20	
	创新性	各项内容是否自主设计，是否有自己的主见	10	
说明	设计课题答辩可在设计全部完成后进行，也可在设计过程中随时进行		总分	

6. 说明

以下6.6.3~6.6.6节中各电气控制系统设计与调试技能训练，除设计课题及其控制要求不同外，其他内容如实训目的、实训设备、设计任务与要求及考核评定标准均相同。

6.6.3 小绞车电气控制系统的设计与调试

1. 设备简介

绞车是用卷筒缠绕钢丝绳或链条提升或牵引重物的轻小型起重设备，具有通用性高、结构紧凑、体积小、重量轻、起重大及使用转移方便等优点，广泛应用于建筑、水利工程、林业、矿山及码头等的物料升降或平拖。绞车可以单独使用，也可作为起重、筑路和矿井提升等机械设备中的组成部件，成为现代化自动控制作业线的配套设备。

2. 拖动与控制要求

绞车运行由一台三相笼型异步电动机拖动，其电气控制设计要求如下：

1）拖动电动机可实现正反向连续运行，且起动时需采用降压起动措施。

2）拖动电动机可实现正反向点动控制，以方便调整试车。

3）拖动电动机停车时采用反接制动停车措施。

4）设置短路保护、过载保护等必要的保护环节。

6.6.4 小型钻孔设备电气控制系统的设计与调试

1. 设备简介

小型钻孔加工设备的结构示意图如图6-11所示，主要由切削电动机M1、进给电动机M2、进给丝杠、工作台等部分组成，SQ2、SQ1分别为安装于原点位置A和终点位置B的行程开关。切削电动机M1拖动钻头的旋转运动，型号选定为Y132S－6，性能指标为：3kW，7.2A，960r/min；进给电动机M2拖动刀架的前进与后退，型号选定为Y132S－8，性能指标为：2. 2kW，5. 8A，710r/min。

2. 拖动与控制要求

小型钻孔加工设备由以上两台电动机拖动，加工过程的控制要求如下：

1）刀架起动后由原位 A 运行至终点 B 自动停车，主轴即钻头进行无进给切削，当孔的内表面精度达到要求后，刀架起动自动返回至原位停车，短时停车后又重新起动运行至终点，开始下一循环过程。

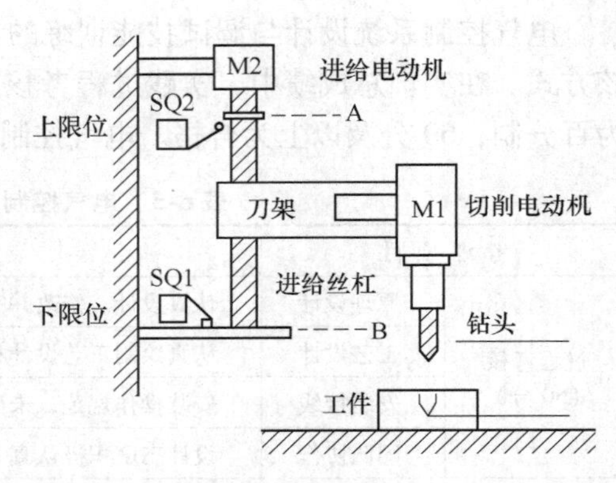

图 6-11　小型钻孔加工设备结构示意图

2）切削电动机为单向运行控制，并且切削电动机起动后方可起动进给电动机。

3）停车时，需先停止刀架的进给，再停止主轴的运行。

4）应设置短路保护、过载保护、限位保护等必要的保护环节。

6.6.5　电镀专用行车电气控制系统的设计与调试

1. 设备简介

电镀专用行车是电镀车间为提高工效、促进生产自动化和减轻劳动强度而设计的一种专用半自动起吊设备，采用远距离控制。起吊物品为待进行电镀或进行表面处理的各种产品零件。电镀专用行车的结构示意图如图 6-12 所示，该设备结构与普通小型行车结构类似，跨度较小，但要求能准确停位，以便吊篮能准确进入电镀槽内。

电镀生产过程是由人工在原始位置将待加工零件装入吊篮或挂在钩上，发出信号起动系统工作后，起吊设备便提升并逐段前进，在需要停留的槽位上停车并自动下降，下降到位并停留一定时间电镀后自动提升。如此完成电镀工艺规定的每一道工序后，返回起吊位置，卸下加工好的零件，为下一次加工做好准备。

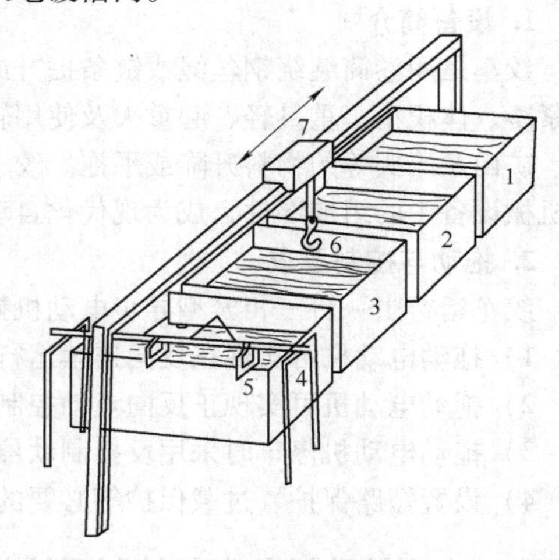

图 6-12　电镀专用行车结构示意图

2. 拖动与控制要求

电镀专用行车控制系统的动力配置两台电动机，行车架的前后移动由移动电动机 M1 控制，其功率为 4kW；起吊设备的升降由提升电动机 M2 控制，其功率为 2. 5kW。电镀专用行车控制系统的设计要求如下：

1）设备起动信号发出后，吊钩上升，提起待镀工件，其上升高度由行程开关控制。

2）行车架携待镀工件向前运动至镀槽 1 上方，由行程开关控制其制动停车。

3）吊钩下放到一定位置，需制动停车，待镀工件浸入镀槽内 3min 进行电镀。

4）吊钩提升工件到位后制动停车，在镀槽上方悬停 30s。

5）行车架携带工件运动至第一电镀液回收槽 2 上方，由行程开关控制其制动停车。

6）吊钩下放将工件放入第一电镀液回收槽内浸30s，再提起悬停15s。

7）重复步骤5与6，使工件依次在镀槽3、4内循环直至加工过程结束。

6.6.6 卧式镗床电气控制系统的设计与调试

1. 设备简介

镗床是一种精密加工机床，主要用来加工精确度高的孔，以及各孔间距离和各孔轴心线要求较为精确的零件。各种镗床中以坐标镗床和卧式镗床应用较为普遍，坐标镗床适合于加工高精度坐标孔距的多孔工件，而卧式镗床是一种万能性很广的机床，除了镗孔外，还可以进行钻孔、扩孔、铰孔、车削内外螺纹、车削外圆柱面和端面、铣削平面等。

2. 拖动与控制要求

1）卧式镗床的主运动和进给运动由一台双速电动机拖动，要求能实现正反转且可点动调整控制，制动要求准确、迅速，为此需设置制动停车控制环节。

2）为适应各种加工工艺的要求，卧式镗床主轴的转速及进给量都应有足够的调节范围。T68卧式镗床采用机电联合调速，即采用变速箱进行机械调速，用交流双速电动机完成电气调速。为缩短机床辅助工时，常在机床加工过程中进行变速操作。

3）为便于变速时齿轮的顺利啮合应设有低速冲动控制环节。

4）镗床还设置了快速移动电动机拖动工作台、镗头架及尾架等的快速移动。

5）由于镗床运动较多，故应有必要的联锁保护以及过载和限位保护。

6.7 小结

本章内容是对本门课程前期内容的一个整体集成与提高。主要介绍了继电接触式控制系统设计的基本原则、内容与步骤；电气控制系统原理设计，即使用分析设计法设计电气控制电路的方法、步骤和注意事项等；电气控制系统工艺设计的主要内容与实施方法，主要包括电器布置图和安装接线图的绘制，并以三级带式输送机电气控制系统设计为例，阐述了电气控制系统原理设计与工艺设计的整个过程、步骤、内容及相关注意事项。

通过本章内容的学习，可以熟悉电气控制系统设计的方法、步骤、注意事项；掌握电气原理图、电器布置图和安装接线图的设计与绘制方法；掌握电气控制电路的安装、调试和常见故障排除的一般方法；并初步具备查阅图书资料、产品手册的能力。通过完整的工程实践基本训练，培养理论联系实际、综合运用电气控制相关知识与技能分析、解决实际工程问题的一般能力，为从事专业工作打下一定的基础。

6.8 习题

6.8.1 判断题

（正确的在括号内画✓，错误的画✕）。

1. 用来表明电动机、电器元件实际位置的图是功能图。　　（　　）
2. 控制电路设计中，减少触点数量的唯一方法是合并同类触点。　　（　　）

3. 在控制电路中，如果两个常开触点并联连接，则它们是与逻辑关系。（　）

4. 电气控制电路在正常工作或事故情况下，发生意外接通的电路称为寄生电路。（　）

5. 两个型号规格完全相同的交流接触器，在控制电路中其线圈应该串联连接。（　）

6. 绘制电气安装接线图时，同一电器元件的各部件都要画在一起。（　）

7. 在控制电路的设计时，应使分布在线路不同位置的同一电器元件的触点尽量接到电源的同一极或同一相上，以避免在电器触点上引起短路。（　）

8. 绘制电气安装接线图时，控制按钮与接触器、中间继电器、时间继电器等板内电器元件的连接应通过接线端子排进行。（　）

6.8.2　问答题

1. 电气控制系统设计中应遵循的基本原则是什么？设计内容包括哪些方面？

2. 电气原理图的设计方法有几种？各是什么？

3. 经验设计法的内容是什么？如何应用经验设计法？

4. 在电气控制电路设计中，常用的保护环节有哪些？

5. 绘制电气设备及电器元件布置图有哪些注意事项？

6. 绘制电气安装接线图有哪些注意事项？

7. 电气控制柜的内部配线有哪些方式？

8. 电气控制柜调试前应进行哪些准备工作？

9. 电气控制柜调试的内容有哪些？调试中应注意什么？

附　录

附录A　常用电气符号国家标准（GB/T4728—2008）

名　称	图形符号 GB/T4728－2008	文字符号 GB7159－87	名　称	图形符号 GB/T4728－2008	文字符号 GB7159－87
直流电			电阻		R
交流电			可变电阻		R
交直流电			滑动触点电位器		RP
导线连接			电容器		C
接线端子板	1 2 3 4 5 6	XT	电抗器		L
可调压的单相自耦变压器		T	电流互感器		TA
有铁心的双绕组变压器		T	星形联结的三相自耦变压器		T
永磁式直流测速发电机	TG	TG	串励直流电动机	M	M
并励直流电动机	M	M	他励直流电动机	M	M
三相笼型异步电动机	M 3～	M3～	三相绕线转子异步电动机	M 3～	M3～

（续）

名　　称	图形符号 GB/T4728－2008	文字符号 GB7159－87	名　　称	图形符号 GB/T4728－2008	文字符号 GB7159－87
单相刀开关		QS	三相刀开关		QS
旋转开关		SA	三相断路器		QF
按钮的常开触点		SB	按钮的常闭触点		SB
行程开关常开触点		SQ	行程开关常闭触点		SQ
接触器线圈		KM	中间继电器线圈		KA
接触器主触点		KM	中间继电器常开触点		KA
接触器常开辅助触点		KM	中间继电器常闭触点		KA
接触器常闭辅助触点		KM	熔断器		FU
通电延时时间继电器线圈		KT	断电延时时间继电器线圈		KT
延时闭合的常开触点		KT	延时断开的常开触点		KT
延时断开的常闭触点		KT	延时闭合的常闭触点		KT

（续）

名　称	图形符号 GB/T4728－2008	文字符号 GB7159－87	名　称	图形符号 GB/T4728－2008	文字符号 GB7159－87
热继电器的热元件		FR	速度继电器常开触点		KS
热继电器的常闭触点		FR	速度继电器常闭触点		KS
电磁铁		YA	电磁离合器		YC
电磁阀		YV	电磁制动器		YB
照明灯		EL	插头		XP
信号灯		HL	插座		XS
二极管		VD	普通晶闸管		V
电铃		HA	稳压二极管		V

附录 B　维修电工职业概况

1. 职业名称

维修电工。

2. 职业定义

从事机械设备和电气系统线路及器件等的安装、调试与维护及修理的人员。

3. 职业等级

本职业共设五个等级，分别为：初级（国家职业资格五级）、中级（国家职业资格四级）、高级（国家职业资格三级）、技师（国家职业资格二级）、高级技师（国家职业资格一级）。

4. 职业环境

室内，室外。

5. 职业能力特征

具有一定的学习、理解、观察、判断、推理和计算能力，手指、手臂灵活，动作协调，并能高空作业。

6. 基本文化程度

初中毕业及以上学历。

7. 鉴定要求

（1）适用对象

从事或准备从事本职业的人员。

（2）申报条件

——初级（具备以下条件之一者）

1）经本职业初级正规培训达规定标准学时数，并取得毕（结）业证书。

2）在本职业连续见习工作 3 年以上。

3）本职业学徒期满。

——中级（具备以下条件之一者）

1）取得本职业初级职业资格证书后，连续从事本职业工作 3 年以上，经本职业中级正规培训达规定标准学时数，并取得毕（结）业证书。

2）取得本职业初级资格证书后，连续从事本职业工作 5 年以上。

3）连续从事本职业工作 7 年以上。

4）取得经劳动保障行政部门审核认定的、以中级技能为培养目标的中等以上职业学校本职业（专业）毕业证书。

——高级（具备以下条件之一者）

1）取得本职业中级职业资格证书后，连续从事本职业工作 4 年以上，经本职业高级正规培训达规定标准学时数，并取得毕（结）业证书。

2）取得本职业中级职业资格证书后，连续从事本职业工作 8 年以上。

3）取得高级技工学校或经劳动保障行政部门审核认定的、以高级技能为培养目标的高等职业学校本职业（专业）毕业证书。

4）取得本职业中级职业资格证书的大专以上本专业或相关专业毕业生，连续从事本职业工作 3 年以上。

——技师（具备以下条件之一者）

1）取得本职业高级职业资格证书后，连续从事本职业工作 5 年以上，经本职业技师正规培训达规定标准学时数，并取得毕（结）业证书。

2）取得本职业高级职业资格证书后，连续从事本职业工作 10 年以上。

3）取得本职业高级职业资格证书的高级技工学校本职业（专业）毕业生和大专以上本专业或相关专业毕业生，连续从事本职业工作时间满 2 年。

——高级技师（具备以下条件之一者）

1）取得本职业技师职业资格证书后，连续从事本职业工作 3 年以上，经本职业高级技师正规培训达规定标准学时数，并取得毕（结）业证书。

2）取得本职业技师职业资格证书后，连续从事本职业工作 5 年以上。

（3）鉴定方式

分为理论知识考试和技能操作考核。理论知识考试采用闭卷笔试方式，技能操作考核采用现场实际操作方式。理论知识考试和技能操作考核均实行百分制，成绩皆达 60 分以上者为合格。技师、高级技师鉴定还须进行综合评审。

（4）鉴定时间

理论知识考试时间为 120min；技能操作考核时间为：初级不少于 150min，中级不少于 150min，高级不少于 180min，技师不少于 200min，高级技师不少于 240min；论文答辩时间不少于 45min。

（5）鉴定场所设备

理论知识考试在标准教室进行，技能操作考核应在具备每人一套的待修样件及相应的检修设备、实验设备和仪表的场所里进行。

附录 C　中级维修电工等级标准

1. 知识要求

1）相电流、线电流、相电压、线电压和功率的概念及计算方法，直流电流表扩大量程的计算方法。

2）电桥和示波器、光电检流计的使用和保养知识。

3）常用模拟电路和功率晶体管电路的工作原理和应用知识。

4）三相旋转磁场产生的条件和三相绕组的分布原则。

5）高低压电器、电动机、变压器的耐压试验目的、方法及耐压标准的规范，试验中绝缘击穿的原因。

6）绘制中、小型单、双速异步电动机定子绕组接线图和用电流箭头方向判别接线错误的方法。

7）多速异步电动机的接线方式。

8）常用测速发电机的种类、构造和工作原理。

9）常用伺服电动机的构造、接线和故障检查知识。

10）电磁调整电动机的构造，控制器的工作原理，接线、检查和排除故障的方法。

11）同步电动机和直流电动机的种类、构造、一般工作原理和各种绕组的作用及连接方法，故障排除方法。

12）交、直流电焊机的构造、工作原理和故障排除方法。

13）电流互感器、电压互感器及电抗器的工作原理、构造和接线方法。

14）中、小型变压器的构造、主要技术指标和检修方法。

15）常用低压电器交、直流灭弧装置的原理、作用和构造。

16）机床电气连锁装置（动作的先后次序、相互的连锁）、准确停止（电气制动、机电定位器制动等）、速度调节系统的主要类型、调整方法和作用原理。

17）根据实物绘制 4 ~ 10 只继电器或接触器的机床设备电气控制原理图的方法。

18）交、直流电动机的起动、制动、调速的原理和方法。

19）交磁电机扩大机的基本原理和应用知识。

20）数显、程控装置的一般应用知识。

21）焊接的应用知识。

22）常用电器设备装置的检修工艺和质量标准。

23）节约用电和提高用电设备功率因数的方法。

24）生产技术管理知识。

2. 技能要求

1）使用电桥、示波器测量精度较高的电参数。

2）计算常用电动机、电器、汇流排及电缆等导线截面积，并核算其安全电流。

3）按图装接、调整一般的移相触发和调节器放大电路、晶闸管调速器电路。

4）检修、调整各种继电器装置。

5）拆装、修理55kW以上异步电动机（包括绕线式和防爆式电动机）、60kW以下直流电动机（包括直流电焊机），修理后接线及一般试验。

6）检修和排除直流电动机故障和其控制电路的故障。

7）拆装修理中、小型多速异步电动机和电磁调速电动机，并接线试车。

8）检查、排除交磁电机扩大机和其控制线路的故障。

9）修理同步电动机（阻尼环、集电环接触不良、定子接线处开焊、定子绕组损坏）。

10）检查和处理交流电动机三相电流不平衡的故障。

11）修理10kW以下的电流互感器和电压互感器。

12）保养1000kVA以下电力变压器，并排除一般故障。

13）按图装接、检查较复杂电气设备和线路（包括机床）并排除故障。

14）检修、调整桥式起重机的制动器、控制器及各种保护装置。

15）检修低压电缆终端头和中间接线盒。

16）无纬玻璃丝带、合成云母带等的使用工艺和保管方法。

17）电气事故的分析和现场处理。

3. 工作实例

1）对电动机零部件进行测绘制图。

2）大修75kW以上异步电动机，修理后接线并进行一般试验。

3）修理22kW四速异步电动机并接线和试车。

4）拆装并检修22kW以上直流电焊机或60kW以下直流电动机，修理后接线试车。

5）检修、调整电磁调速电动机控制器或各种稳压电源设备。

6）检查直流电动机励磁绕组、电枢绕组的故障和电刷冒火、不能起动、发热及噪声大的原因。

7）检查、修理交磁电机扩大机的故障（如电压过低、匝间短路等）。

8）装接、调整KTZ-20晶闸管调速器触发电路，并排除故障。

9）按图装接、调整30/5t桥式起重机、T610镗床、Z37摇壁钻床、X62万能铣床、M7475B磨床等电气装置，并排除故障。

10）修理电压互感器和电流互感器。

11）10/0.4kW、1000kVA电力变压器吊芯检查和换油。

12）调整电动机与机械传动部分的联接。

13）完成相应复杂程度的工作项目。

附录D　中级维修电工鉴定要求

1. 适用对象

使用电工工具和仪器仪表，对设备电气部分（含机电一体化）进行安装、调试及维修的人员。

2. 鉴定方式

1）知识：笔试。

2）技能：实际操作。

3. 考试要求

1）知识要求：60～120min；满分100分，60分为及格。

2）技能要求：按实际需要确定时间；满分100分，60分为及格；根据要求自备工具。

4. 鉴定内容

1）知识要求：如表D-1所示。

表D-1　知识要求

项　　目	鉴定范围	鉴定内容	鉴定比重
基本知识	1. 电路基础和计算知识	（1）戴维南定律的内容及应用知识 （2）电压源和电流源的等效变换原理 （3）正弦交流电的分析表示方法，如解析法、图形法、相量法等 （4）功率及功率因数，效率，相、线电流和相、线电压的概念和计算方法	10
	2. 电工测量技术知识	（1）电工仪器的基本工作原理、使用方法和适用范围 （2）各种仪器、仪表的正确使用方法和减少测量误差的方法 （3）电桥和通用示波器、光电检流计的使用和保养知识	10
专业知识	1. 变压器知识	（1）中、小型电力变压器的构造及各部分的作用，变压器负载运行的相量图、外特性、效率特性，主要技术指标，三相变压器联结组标号及并联运行 （2）交、直流电焊机的构造、接线、工作原理和故障排除方法（包括整流式直流弧焊机） （3）中、小型电力变压器的维护、检修项目和方法 （4）变压器耐压试验的目的、方法，应注意的问题及耐压标准的规范和试验中绝缘击穿的原因	10
	2. 电机知识	（1）三相旋转磁场产生的条件和三相绕组的分布原则 （2）中、小型单、双速异步电动机定子绕组接线图的绘制方法和用电流箭头方向判别接线错误的方法 （3）多速电动机出线盒的接线方法 （4）同步电动机的种类、构造，一般工作原理，各绕组的作用及联接，一般故障的分析及排除方法 （5）直流电动机的种类、构造、工作原理、接线、换向及改善换向的方法，直流发电机的运行特性，直流电动机的机械特性及故障排除方法	15

（续）

项　　目	鉴定范围	鉴定内容	鉴定比重
专业知识	2. 电机知识	（6）测速发电机的用途、分类、构造及工作原理 （7）伺服电动机的作用、分类、构造、基本原理、接线和故障检查知识 （8）电磁调速异步电动机的构造，电磁转差离合器的工作原理，使用电磁调速异步电动机调速时，采用速度负反馈闭环控制系统的必要性及基本原理、接线，检查和排除故障的方法 （9）交流电磁扩大机的应用知识、构造、工作原理及接线方法 （10）交、直流电动机耐压试验的目的、方法及耐压标准规范、试验中绝缘击穿的原因	
	3. 电器知识	（1）晶体管时间继电器、功率继电器、接近开关等的工作原理及特点 （2）额定电压为10kV以下的高压电器，如油断路器、负荷开关、隔离开关、互感器等耐压试验的目的、方法及耐压标准规范、试验中绝缘击穿的原因 （3）常用低压电器交直流灭弧装置的灭弧原理、作用和构造 （4）常用电器设备装置，如接触器、继电器、熔断器、断路器、电磁铁等的检修工艺和质量标准	10
	4. 电力拖动自动控制知识	（1）交、直流电动机的起动、正反转、制动、调速原理和方法（包括同步电动机的起动和制动） （2）数显、程控装置的一般应用知识（条件步进顺序控制器的应用知识，例如KSJ－1型顺序控制器） （3）机床电气联锁装置（动作的先后次序、相互联锁），准确停止（电气制动、机电定位器制动等），速度调节系统（交磁电机扩大机自动调速系统、直流发电机－电动机调速系统、晶闸管－直流电动机调速系统）的工作原理和调速方法 （4）根据实物测绘较复杂的机床电气设备电气控制线路图的方法 （5）几种典型生产机械的电气控制原理，如20/5T桥式起重机、T610型卧式镗床、X62W型万能铣床、Z37型摇臂钻床、M7475B型平面磨床	20
	5. 晶体管电路知识	（1）模拟电路基础（共发射极放大电路、反馈电路、阻容耦合多级放大电路、功率放大电路、振荡电路、直接耦合放大电路）及其应用知识 （2）数字电路基础（二极管、晶体管的开关特性，基本逻辑门电路、集成逻辑门电路、逻辑代数的基础）及应用知识 （3）晶闸管及其应用知识（晶闸管结构、工作原理、型号及参数；单结晶体管、晶体管触发电路的工作原理；单相半波及全波整流电路的工作原理）	15
相关知识	1. 相关工种工艺知识	（1）焊接的应用知识 （2）一般机械零部件测绘制图方法 （3）设备起运吊装知识	5

（续）

项　目	鉴定范围	鉴定内容	鉴定比重
相关知识	2. 生产技术管理知识	（1）车间生产管理的基本内容 （2）常用字电气设备、装置的检修工艺和质量标准 （3）节约用电和提高用电设备功率因数的方法	5

2）技能要求：如表 D-2 所示。根据考试要求确定时间和有关条件确定具体的鉴定内容，能按技术要求按时完成者，可得满分。

表 D-2　技能要求

项　目	鉴定范围	鉴定内容	鉴定比重
操作技能	1. 安装、调试操作技能	（1）主持拆装 55kW 以上异步电动机（包括绕线转子异步电动机和防爆电动机）、60kW 以下直流电动机（包括直流电焊机）并做修理后的接线及一般调试和试验 （2）拆装中、小型多速异步电动机和电磁调速电动机并接线、试车 （3）装接较复杂电气控制线路的配电板并选择、整定电器及导线 （4）安装、调试较复杂的电气控制电路，如铣床、磨床、钻床及起重机等电路 （5）按图焊接一般的移相触发和调节器放大电路、晶闸管调速器、调功器电路并通过仪器、仪表进行测试和调整 （6）计算常用电动机、电器、汇流排、电缆等导线截面积并核算其安全电流 （7）主持 10kV/0.4kV、1000kVA 以下电力变压器吊心检查和换油 （8）完成车间低压动力、照明电路的安装和检修 （9）按工艺使用及保管无纬玻璃带、合成云母带	40
	2. 故障分析、修复及设备检修技能	（1）检查、修理各种继电器装置 （2）修理 55kW 以上异步电动机（包括绕线转子异步电动机和防爆电动机）、60kW 以下直流电动机（包括直流电焊机） （3）排除晶闸管触发电路和调节器放大电路的故障 （4）检修和排除直流电动机及其控制电路的故障 （5）检修较复杂的机床电气控制线路，如 X62W 型铣床、M7475B 型磨床、Z37 钻床等或其他电气设备（如 30/5T 桥式起重机）等，并排除故障 （6）修理中、小型多速异步电动机、电磁调速电动机 （7）检查、排除交磁扩大机及其控制电路故障 （8）修理同步电动机（阻尼环、集电环接触不良，定子接线处开焊，定子绕组损坏） （9）检查和处理交流电动机三相绕组电流不平衡故障 （10）修理 10V 以下电流互感器、电压互感器 （11）排除 1000kVA 以下电力变压器的一般故障，并进行维护保养 （12）检修低压电缆终端和中间接线盒	40

（续）

项　目	鉴定范围	鉴定内容	鉴定比重
工具设备的使用与维修	1. 工具、设备的使用与维护	合理使用常用工具和专用工具，并做好维护保养工作	5
	2. 仪器仪表的使用与维护	正确选用测量仪表、操作仪表，做好维护保养工作	5
安全及其他	安全文明生产	（1）正确执行安全操作规程，如高压电气技术安全规程的有关要注、电气设备的消防规程、电气设备事故处理规程、紧急救护规程及设备起运吊装安全规程 （2）按企业有关文明生产的规定，做到工作地整洁，工件、工具摆放整齐 （3）认真执行交接班制度	10

附录 E　中级维修电工技能试卷及评分标准等

试题一　安装接线

一、试题

安装和调试通电延时带直流能耗制动的Y－△起动的控制电路，如图 E-1 所示。

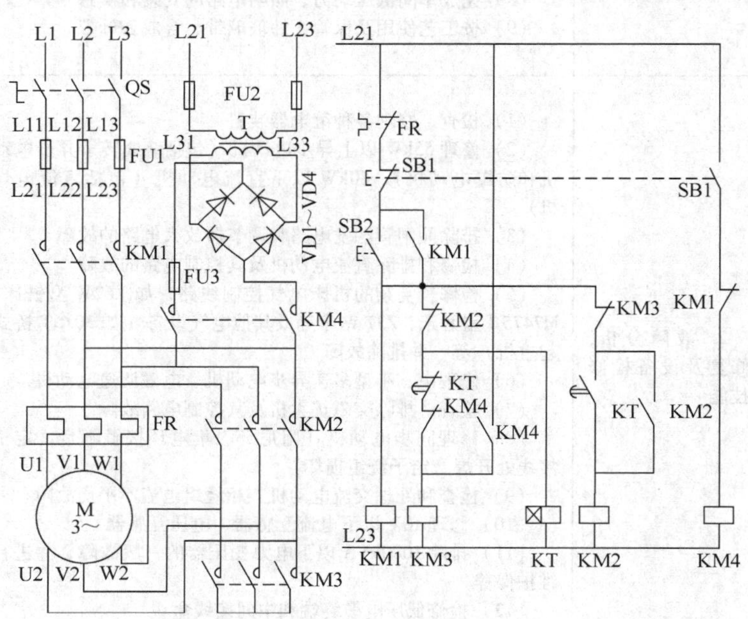

图 E-1　通电延时带直流能耗制动的Y－△起动控制电路

二、考核要求

1）按图样的要求进行正确熟练地安装，元器件在配线板上布置合理，安装要准确紧固，配线要求紧固、美观、导线要进入线槽。正确使用工具和仪表。

2）按钮盒不固定在板上，电源和电机配线、按钮接线要接到端子排上，进出线槽的导线要有端子标号，引出端要制径压端子。

3）安全文明操作。

4）满分 40 分，考试时间 210min。

三、评分标准

工作内容	评 分 标 准	配分	扣分	得分
元器件安装	（1）元件布置不整齐、不均匀、不合理，每只扣 1 分 （2）元件安装不牢固，安装元件时漏装螺钉，每只扣 1 分 （3）损失元件每只扣 2 分	5		
布线	（1）电动机运行正常，如不按电气原理图接线，扣 1 分 （2）布线不进线槽，不美观，主电路，控制电路每根扣 0.5 分 （3）接点松动、露铜过长，反圈、压绝缘层，标记线号不清楚，遗漏或误标，引出端无别径压端子每处扣 0.5 分 （4）损伤导线绝缘或线芯，每根扣 0.5 分	15		
通电试验	（1）时间继电器及热继电器整定值错误各扣 2 分 （2）主、控电路配错熔体，每个扣 1 份 （3）一次试车不成功扣 5 分；二次试车不成功扣 10 分；三次试车不成功扣 15 分；乱线敷设，扣 5 分	20		

试题二　排除故障

一、试题

从下列或其他机床电气控制电路中选择一种，由监考教师在线路板上接上电动机，设隐蔽故障三处，其中主回路一处，控制回路二处。考生向监考教师询问故障现象时，故障现象可以告诉考生，考生要单独排除故障。

1）X62W 万能铣床。2）M7130 平面磨床。3）Z35 摇臂钻床。4）CA6140 普通车床。

二、考核要求

1）从设故障开始，监考教师不得进行提示。

2）根据故障现象，在电气控制电路上分析故障可能的原因，确定故障发生的范围。

3）进行检修时，监考教师要进行监护，注意安全。

4）排除故障过程中如果扩大故障，在规定时间内可以继续排除故障。

5）正确使用工具和仪表。

6）安全文明操作。

7）满分 40 分，考试时间为 45min。

三、评分标准

评分标准	配分	扣分	得分
（1）排除故障不进行调查研究扣 1 分	1		
（2）错标或标不出故障范围，每个故障点扣 2 分	6		
（3）不能标出最小故障范围，每个故障点扣 1 分	3		
（4）实际排除故障中思路不清楚，每个故障点扣 2 分	6		
（5）每少查出一处故障点扣 2 分	6		
（6）每少排除一处故障点扣 3 分	9		
（7）排除故障方法不正确，每处扣 3 分	9		
（8）扩大故障范围或产生新的故障后不能自行修复，每个扣 10 分；已经修复，每个扣 5 分			
（9）损坏电动机扣 10 分			

试题三　工具、设备的使用与维护

一、试题

1）试题：用双臂电桥测试准确电阻值。

2）在各项技能考试中，工具、设备（仪器、仪表等）的使用与维护要正确无误。

二、考核要求

1）工具设备的使用与维护要正确无误，不得损坏。

2）安全文明操作。

3）满分 10 分，考试时间 10min。

三、评分标准

评分标准	配分	扣分	得分
（1）估计阻值选用电桥正确给 1 分	10		
（2）准确使用电桥得 3 分，测试中违反操作规程不得分			
（3）读数准确得 1 分			
（4）在各项技能考试中，工具与设备的使用与维护不熟练不正确，每次扣 1 分，扣完 5 分为止			
（5）在考试中损坏工具和设备扣 5 分			

试题四　安全文明生产

一、考核要求

1）安全文明生产：劳动保护用品穿戴整齐；电工工具佩戴齐全；遵守操作规程；尊重监考教师，讲文明礼貌；考试结束要清理现场。

2）当监考教师发现考生有重大事故隐患时，要立即予以制止。

3）考生故意违反安全文明生产或发生重大事故，取消其考试资格。

4）监考老师要在备注栏中注明考生违纪情况。

二、评分标准

评分标准	配分	扣分	得分
（1）在以上各项考试中，违反安全文明生产要求的任何一项扣2分，扣完为止；考生在不同的技能试题中，违反文明生产考核要求通一项内容的，要累计扣分 （2）当监考教师发现考生重大事故隐患时，要立即予以制止，并每次扣考生安全文明生产总分5分	10		

参考文献

[1] 张运波．工厂电气控制技术［M］．2版．北京：高等教育出版社，2004.
[2] 张勇．电机拖动与控制［M］．北京：机械工业出版社，2001.
[3] 田淑珍．工厂电气控制设备及技能训练［M］．北京：机械工业出版社，2010.
[4] 陈冠玲，曹菁．电气CAD［M］．北京：高等教育出版社，2005.
[5] 周元一．电机与电气控制［M］．北京：机械工业出版社，2006.
[6] 于润伟，詹俊钢．电气控制与PLC应用［M］．北京：机械工业出版社，2012.
[7] 许缪．工厂电气控制设备［M］．2版．北京：机械工业出版社，2006.
[8] 吴晓君，同志学．电气控制课程设计指导［M］．北京：中国建材工业出版社，2007.
[9] 何焕山．工厂电气控制设备［M］．北京：高等教育出版社，2004.
[10] 徐建俊，居海清．电机拖动与控制［M］．北京：高等教育出版社，2015.
[11] 程周．工厂电气控制设备［M］．北京：高等教育出版社，2012.
[12] 牛云陞．电气控制技术［M］．北京：北京邮电大学出版社，2013.
[13] 付家才．电气控制工程实践技术［M］．北京：化学工业出版社，2003.
[14] 闫卉，赵志刚．AutoCAD 2012中文版案例教程［M］．北京：高等教育出版社，2012.
[15] 徐超．电气控制与PLC技术应用［M］．北京：清华大学出版社，2009.
[16] 维修电工国家职业标准［M］．北京：中国劳动社会保障出版社，2002.
[17] 熊幸明．工厂电气控制技术［M］．北京：清华大学出版社，2005.
[18] 方承远．工厂电气控制技术［M］．2版．北京：机械工业出版社，2003.